公共空间设计系列教程

典型界面建构与实施

+ 建构篇

顾逊　主编

薛刚　杨静　王楠　编著

U0226557

上海人民美术出版社

图书在版编目（CIP）数据

典型界面建构与实施／顾逊主编；薛刚，杨静，王楠
编著．－上海：上海人民美术出版社，2014.3
ISBN 978-7-5322-8787-1

Ⅰ.①典…　Ⅱ.①顾…　②薛…　③杨…　④王…
Ⅲ.①室内装饰设计－教材　Ⅳ.①TU238

中国版本图书馆CIP数据核字（2013）第262484号

典型界面建构与实施

策　　划：王守平　李　新
主　　编：顾　逊
编　　著：薛　刚　杨　静　王　楠

责任编辑：潘　毅　霍　覃
版面设计：薛　刚
封面设计：张子健
技术编辑：朱跃良
出版发行：上海人民美術出版社
　　　　　（上海长乐路672弄33号）
　　　　　邮编：200040　电话：021-54044520
网　　址：www.shrmms.com
印　　刷：上海市印刷十厂有限公司
开　　本：700×910　1/12　20印张
版　　次：2014年3月第1版
印　　次：2014年3月第1次
印　　数：0001-3300
书　　号：ISBN 978-7-5322-8787-1
定　　价：68.00元

中国的设计教育起步于上个世纪80年代，当时少有的设计专业一直沿袭前苏联的绘画教育模式来培养学生。在国门开放之后，似乎瞬间就发生了改变，尤以照搬"包豪斯"设计教育思想为代表，在模仿、消化、交流中提升自身办学能力，从开始接受国外的先进教育模式，到各个学院、学校都在摸索，逐步开始形成自己的系统教学体系，慢慢形成了完整的教育理念和专业细化的各类专业教材。自己是这段过程的亲历者，处处感受到了设计教育在迅速成长。从满怀理想到市场迷茫，从青春少年到霜染双鬓。

我们的设计教育不断在扩军，以前所未有的步伐在大踏步地往前行进，从南到北，从文到理。设计人才为社会的发展作出了贡献，我们的设计专业甚至成为企业创新和振兴地方经济的发展战略，日趋受到社会的重视和认可。经济的飞速发展，给设计专业的学子提供了施展的舞台，但同时也提出了更高的要求，如何才能适应变化的市场要求，一贯制的人才培养模式严重制约了设计创意产业发展的广度和深度，当下的设计教育与飞速发展的市场已经脱节，显然已经落伍。对应求"变"和求"新"是各个专业院系现在思考的重点，检验着教育团队的反应能力，否则将会被淘汰。变是对策，会带来教育新意。变是动态的和自由的，变还应是科学的，变的追求体现在教学的每个阶段，包括我们选用的教材，教学的形式和教学的方式。

"公共空间"课目的设计与研究是环境艺术专业的主修课程。与其相关联的课目如材料、工艺、表现、表达、设计等等，是学生了解设计形成专业素养之关键。我们对这些知识重新进行整合，编写了一套专业课程系列教材，目的在于使学生掌握准确的设计理念、设计创新的思维方法和包括计划、调研、分析、创意、表现、表达以及评价在内的整个设计程序、方法与表达。

本套系列教材是我们环艺教学团队所为，他们是年轻的设计先行者、体验者、教育者，总结了多年从事设计教学与实践的经验，力图打造一套具有实用性、示范性、独创性、前瞻性的室内设计专业教材。在参阅国内外相关教材和成功的设计案例的基础上编写而成，有些是教学过程中的心得，内容和形式呈现出与众不同的活力。全套书重点强调的是实践教学环节和鲜活的设计个案，最大的变化是强调在设计中感受理论，让学生主动接受设计中的困难，然后寻找知识的重点和要点。"设计篇"一改传统教材先理论后实践的模式，避免教学中先讲课后作业的传统习惯，而是从欣赏开始，从训练切入，这样有利于提高学生兴趣，能够更好地理解和掌握相关内容。"表达篇"提升了传统教材仅仅是效果图的表现方法和电脑效果图的表现技术，这里表达的内容重点是让图"说话"，以及"说话"的形式和"说话"的技巧。"建构篇"区别于以往教材的枯燥，强调直观、生动、示意、趣味，让学生不到施工现场也同样能体会到很多相关信息。

希望这套教材的出版既是我们室内设计教学的汇报，同时又能够适应时代的需求，为推动本专业教材的创新起到"抛砖引玉"的作用。

顾逊

二〇一三年九月

序　言
FOREWORD

为了让学生能够更好地建立个人的学习基础，对公共空间的各类界面与工艺做法建立具体的感受，是编著《典型界面建构与实施》这本教材的意义所在。这部教材为"公共空间设计系列教材"的"建构篇"，本教材力求趣味不失原理，形象不失深度，甚至设想这本教材对于日后可能会涉及到的项目施工管理、工程监理都会建立更好的基础。作者结合平时的工程实践，通过积累的一些施工图片来编写。在编写的过程中，重点表达多年来学生的学习反馈意见，强调以下几点：

1.内容典型。大学期间，为配合设计方法的学习，对材料和界面建构的认知是必要的，这有助于学生从开始就明白设计的完整性、专业性，太过复杂的工艺内容对于刚刚开始接触设计的学生来说没有必要，本教材更关心学生的兴趣，以及二维图纸以外的实体空间的典型界面，从常见的界面着手，通俗易懂地表述。

2.工艺清晰。作者在多年社会实践中，记录下了典型工艺的一些施工过程，具体的实物、场景，尤如让学生亲历实践。当下虽然新材料不断涌现，但传统材料仍然大量使用，纷繁复杂的材料体系，会使设计新手阶段性地迷失方向。但基本的构造形式，是设计师权衡的内容，根据各种情况，提前做出最恰当的选择。本教材将以学生问话和图示的方式来叙述，将常见的问题和必须让学生掌握的内容涵盖在内，做到有趣味、生动、可信、权威。

3.形象直观。本教材生动的施工图片，直观地表述了施工过程的一些规范和要求，除了面层材料，一些基层材料、配件都有清晰的示意。教材采用系列图像程序化的展开，有助于拓宽学生的认知，给学生未来管理项目打下较好的基础。

环境艺术设计本科教育，不能只是停留在表现技术的培养上和以学生的表现精美为标准。我们对学生学习的思考、思维的方式的培养，综合素养的打造，要能更有高度。在学校学习期间就需要感受和建立一些责任，这些责任不仅仅是文化责任，更应是空间创造中的社会责任，诸如材料的环保性、危害性、安全性等。我国从上个世纪90年代就开始设立规范，而后发展为国家标准（GB）。了解并遵守设计、施工规范及验收的标准，是必要的专业学法守法的教育，是成熟设计师必不可少的，是未来职业设计师的道德守则所要求的，只有了解和遵守法律、法规的设计师才是合格和成熟的设计师，才能广泛被消费者接受，才能在竞争中立于不败之地。

建筑空间装饰的施工工艺包含的内容太多了，国家的规范、验收的标准也很详尽，在有限的时间，通过一部教材，好像很难面面俱到。所以，培养学生基本的素养才是更重要的，本书是辅助开始接触环境艺术设计的学生，选择典型的空间界面进行分析，更高层次的研究有待更直接的体验和对规范的深入学习。

前　言
PREFACE

顾逊、薛刚
二〇一三年十月

目　录
CONTENT

本章开展界面设计语言的学习与研究，围绕空间、界面、材料三个核心概念，分析相互支撑关系。

材料构造界面，界面塑造空间，空间为公共建筑室内设计的主要内容。由此开展材料的基本要素分析与界面设计语言的研究，发展空间界面结构关系的学习。

在教学安排上，根据本章对界面和空间概念的辨析，启发同学们思考空间设计的目的和进行自主设计思维；依托本章对建筑材料基本知识的梳理，引导同学们进行相关知识的拓展学习；参考本章对界面设计语言的剖析，促进同学们建立自己掌握的设计语言体系。本章需要一定量的课程主题调研和理论拓展学习。

第一章 界面设计语言

第一章 界面设计语言

第一章　界面设计语言

第一节

典型界面与空间

/ 界面的基本概念
/ 空间的基本概念

界面具有界定和塑造空间的作用，同时也能过渡空间关系。界面可大可小，小如一步台阶，大如整面墙；界面亦平亦曲，平如地平，曲如波漪；界面时灰时彩，灰如水泥，彩如虹彩；界面可为实为虚，实如坚实的石材立体建构，虚则空无东西，给人一种心理暗示。

空间是界面塑造的"场"，随着时空和认识的变化而定义变化。建筑空间是我们专业学习的空间，建筑内环境空间为本教材研究的具体空间内容。

图1-1 大空间中围合独立空间 / 同济大学新综合大楼 / 2006 / 上海

图1-2 大空间中围合开放空间 / 台北南港展览馆世界设计大展GreeTrans展区 / 2011 / 台北

图1-3 空间围合与开放设计 / 大连百年城南部精品区中庭 / 2013 / 大连

一、界面的基本概念

界面的实质是围合领域的边界。边界围合的方式，决定着空间的形态和封闭程度。界面围合形成空间，与其说界面将空间围合起来，不如说界面令空间得以显现。

这里我们提及的界面是指室内界面，即构成室内空间的六个界面体。六个界面体含室内空间的底面（地面）、侧面（墙面）和顶面（天棚）。人们使用和感受室内空间，通常直接看到甚至触摸到的界面则为界面实体。

每个界面都有其"结构"部分和"表皮"部分。"结构"是满足空间的形式和空间的功效，"表皮"具有功能意义和情感的诉求。两者是在统一思考后完整地实施过程，不同的界面承载着不同的空间使命，因此材料和工艺的确定必须是可行的、合理的、经济的。

界面的造型应满足整体空间主题表达的需要，可以是平滑的，也可以是起伏或变化的。界面材料可以是一种材料的变化表现，也可是几种材料形态、质地、色彩的对比表达。同一空间中的界面应该是整体协调的，相互间应有呼应。满足特色、个性、文化、意境的空间环境是商业设计的追求，更是人们情感表达的需要。界面设计可以成为空间表现的重点，也可成为空间的视觉中心。

二、空间的基本概念

广义的"空间"概念庞大而复杂，涉及到哲学、数学、物理学、心理学和艺术等多方面的内容，其涵义远不能用一个简单的定义来概括。一直以来，对空间的本质的认知都是人们不懈追问的课题之一。空间从来不是一个单一或固定的概念，它是随着人们的认识过程不断变化延伸的，多元而混杂。在此我们表达的"空间"仅仅指建筑内环境的空间概念。

空间的本质依赖并发端于围合界面。界面限定出空间的形式和空间的三度体积，是限制建筑空间的物质实体，界面的性质在很大程度上决定了空间的性质。每个界面的属性以及它们之间的空间关系，将最终决定这些界面所限定的空间的视觉特征，以及它们所围合起来的空间的质量。不同的界面围合形成不同的空间效果，围合可以是围而合，也可以是围而不合。

（一）围而合

实体围合，完全阻断视线，可谓封闭空间。实体围合是界定和组成空间的基本方法。如用墙等实体围合的场所，具有确定的空间感和内外的方位感。其在空间组织上的重要功能就是保证内部空间的私密性和完整性。也有称之为固定空间。

（二）围而不合

1. 主要界面实体围合，个别界面不围合（墙界面），这一构成方式可以称之为开敞空间。建立与周边空间的联系和交流，让空间得到有效的变化和延伸。

2. 以虚体分隔，既对空间场所起界定与围合的作用，同时又可保持较好的空间联系来丰富视角感官，可谓大型空间中灵活的构成形式。

大型公共空间设计，围合的目标主张避免呆板的建构。"实"中见"虚"，"虚"中透"实"。单靠边界围合是不够专业、缺少品质的，大多数设计会通过如镂空的墙、幔、装饰隔断以及各种形态的结构柱、装饰柱、装饰帘或绿化等来建构虚体限定空间，可使空间既有分隔又有联系。空间的形态是空间环境基础，决定空间整体效果，对空间环境气氛、格调起关键性作用。

第一章 界面设计语言

第二节

界面与设计分析

/ 空间界面语汇
/ 界面设计的共性与个性
/ 界面设计的艺术性
/ 界面设计的大局观
/ 界面设计的经济性

室内设计主要包含的内容可以归纳为三个组成元素：
一是固定的围合空间形式，称之为固定元素；
二是可移动的陈设，称之为半固定元素；
三是使用的群体，称之为非固定元素。

每一个空间的特质不同，设计的要求也是大不一样的，即使是同一类型的空间，不同的面积、位置、区域、文化等设计的定位也各不相同。界面设计不是室内设计的全部，也不是室内设计第一位的要求。作为室内空间形成的基础，界面很重要，既是视觉的、文化的，更是具体的、触觉的，是物与心的交流。

图1-4 地界面设计 / 北投图书馆地面 / 2011 / 台北

图1-5 天棚界面设计 / 台湾艺术大学图书馆阅览厅大厅 天棚 / 2011 / 台北

图1-6 墙界面设计 / 台北实践大学设计学院教学楼门厅 墙面 / 2011 / 台北

一、空间界面语汇

界面的语汇是空间文化形成的基础，而界面的功能是空间需求获得满足的保障。

（一）地界面

强调功能的意义，是空间划分最主要的界面之一。地面可以起着空间导向和空间视觉中心的作用，它是空间限定最有效、最明确的办法，也是表现空间变化最有效的手段。常见有两种处理手法：其一，将地面处理成不同的标高，利用地面高差，形成丰富的室内空间变化。这种手法在一些大型公共空间中经常用到，借以划分出不同功能的区域，或者用以区分不同私密程度的空间。其二，是地面的材料或者装饰语言的变化，形成心理区域。两种手法都应视具体情况来确定。小空间的地面设计一般不设高差，材料拼花不易过多，图案切忌复杂。

（二）天棚界面

天棚的内容丰富，是室内空间设计中风格形成的重要界面。在很多室内空间中，墙、地面往往会被大量的家具或者人流所遮挡，难以形成视觉的整体感受。唯有天棚比较容易完整呈现。因此，设计师往往通过天棚设计来叙说空间的故事。天棚可以是整体封装也可以是整体裸露和局部暴露，任何表达都必须满足设计理念，服从整体和大局。

（三）墙界面

墙界面是满足不同空间性质的要求，服从空间文化的需要。在围合之后，材料的确定是关键，既要满足功能的需要，又要满足精神之追求。墙界面常见的问题有门、窗、暖气、管道等。

室内界面之间的组合方式，在室内空间中也相当重要。它包括墙面的进退变化，天花的凹凸有致，墙、地、顶的彼此穿插，以及使用透明材质所形成的视线通透等，这些手法，使室内空间由简单的形体，变得层次丰

富、亲切宜人。而每个界面自身，各种材料的组合方法、施工工艺，往往携带着丰富的文化背景，增加了空间的视觉想象。

二、界面设计的共性与个性

界面是指围合空间的六个面，界面是构成室内空间环境的固定元素。通常能直接看到甚至触摸到界面实体存在着空间性质的差异、面积的差异、文化的差异、地域的差异和投入的差异等。界面的设计也是要求各异，既有共性的要求，更有个性的要求。

（一）各类界面的共性要求

1. 防潮、保温、隔热、吸声。
2. 耐久性。
3. 阻燃和防火性能。
4. 无毒、无副作用。
5. 易于制作安装和施工。
6. 装饰性。
7. 经济性。

（二）各类界面的个性要求

1. 地面设计

地面设计应用于什么空间性质？有着怎样的功能意义、有着怎样的个性要求？是否满足防滑、防水、防潮、防静电、耐磨、耐腐蚀、隔声、吸声、易清洁等等要求？

2. 墙面设计

墙面设计应用于什么空间性质？有着怎样的功能意义？是否为视觉中心？需要怎样的艺术形式？能否与空间的使用者有接触？有没有特殊的要求？如较高的隔声、吸声、保暖、隔热、反射等特点。

3. 天棚设计

天棚设计应用于什么空间性质？有着怎样的功能意义？确定天棚的造型是满足层高的需要，视觉的需要，心理的需要，布光的需要，还是风格的需要，材料确定要满足质轻、光反射率高、隔音、吸声、保暖、隔热等功能要求。

三、界面设计的艺术性

室内环境设计需要考虑的方面，随着社会的
发展和技术的进步，还会有许多新的内容。
一方面需要以相关的客观环境因素（如声、
光、热等）作为设计的基础，与有关工种专
业人员相互协调、密切配合，有效地提高室
内环境设计的内在质量。另一方面又需要富
有激情，考虑文化的内涵，运用建筑美学的
原理进行设计表达。界面设计的艺术性表现
可以从以下四个方面进行研究。

1. 界面结构与材料选择表现出空间的个性。
2. 材料质感与光影设计表现出空间的意境。
3. 创意色彩与装饰图形表现出空间的魅力。
4. 形态意境与细节丰富表现出空间的美感。

四、界面设计的大局观

在室内设计过程中，空间组织在先，界面处
理在后。也就是说，室内界面设计是在空间
主题概念确定之后的设计细化部分。

我们说空间是一个能被感知，却不能被触
摸的东西，它是一个很难分析、归纳或者
表达的抽象物。但是"围合空间"却有着
实实在在的界面，是具有尺度、色彩、材
质、形态的能被感知和触摸的实体。室内
界面主要包括四周的垂直面、底面和顶面
三部分。设计学习之初，往往重视这些界
面的区分，强调界面与风、水、电等管线
的协调配合。但现在更强调室内各界面之
间的联系和建立全新的关系，要么组合、
穿插、叠加，要么打散、重构。地界面、
墙界面、顶界面其实能整合出各种非常新
颖、前卫、个性的空间效果。

界面的形状与空间结构存在着不容忽视的组
织关系，这种关系可能出现于几段曲线墙
面，或是有序的一组形体，与设计直接相关
的各类空间构件是设计考虑必不可少的内
容。任何时候我们都强调空间风格的统一

图1-7 界面结构材料 / 台北南港展览馆设计展 / 2011 / 台北　图1-8 界面材料光影 / W酒店休息区过厅 / 2011 / 台北

图1-9 界面色彩光影 / 台北世界设计大会"台北之夜"晚会场LED设计 / 2011 / 台北　图1-10 界面结构细节 / 北投图书馆空间造型与界面建构 / 2011 / 台北

图1-11~14 界面整体设计 / 台湾艺术大学图书馆各楼层空间界面建构 / 2011 / 台北

图1-15~18 界面经济性设计 / 台湾实践大学设计学院教学楼空间界面建构 / 2011 / 台北

性、完整性，界面设计从一开始就要确定一个表现的概念，这样才能建立好彼此的关系。从整体大局出发，空间的品质才能建立，这是设计成熟的标志，没有空间整体意识，各个界面的组合可能就会杂乱无章。

五、界面设计的经济性

设计师可以通过许多方式表达自己的设计理念，对材料的谨慎选择，可以直接并且有效地控制造价。在新材料、新技术、新工艺日新月异的今天，熟悉各种材料的特性，掌握新技术和新的施工工艺，会让设计紧跟时代的步伐。然而材料、质地的确定，是室内设计中直接关系到实用效果和经济效益的重要环节。巧于用材是室内设计中的一大学问，只有当设计师构思出材料的本质特性时，他才能去塑造并提炼出所需要的物质形态。思考得越深入，这种形态表达得越纯粹，越能引发一次创造性的设计过程。

（一）"少费多用"原则

"少费多用"（more with less）是由美国建筑师、工程师R.B.富勒提出的。意在借助有效的手段，用尽可能少的材料、资源消耗来取得尽可能大的发展效益。在人类发展与资源危机的矛盾日渐突出的今天，它不失为一条重要的经济性设计原则。

（二）循环利用原则

从人类发展的长远利益着眼，将建筑的循环再利用与添建、新建相结合，形成建筑发展的动态循环机制，这不仅有利于环境的维护，对于提高建筑的经济性也有十分重要的意义。

因此，合理地选材、创意地搭配、科学地组构，以及从物质材料的循环利用，到绿色能源的转化应用，这种"可持续"作为重要的思维原则和价值标准，影响着设计的思考。

第一章 界面设计语言

第三节

材料的基本属性

/ 与质量有关的性质
/ 与水有关的性质
/ 材料的热工性质
/ 材料的基本力学性质
/ 材料的耐久性

材料是形成界面的基本要素，对材料的了解有助于对界面基础的掌握，对材料的分析有利于理解界面的构建，对材料的掌握便于组织界面的设计。本教程中对材料的研究主要是针对公共空间装饰主材。研究分析材料，本节我们从材料的基本属性开始，分析物理性质、化学性质、力学性质、耐久性等。

熟悉和掌握材料的性质，对于正确选择和合理使用材料至关重要。本节对材料的基本属性开展简明的梳理，从建筑装饰材料的角度进行分析，基本性质一般可归纳为：物理性质、化学性质、力学性质、耐久性等，更多的信息还需要参阅建筑材料的相关资料进行补充。

一、与质量有关的性质（表 1-1）

属性指标	基本概念	说明
1. 密度	指材料在绝对密实状态下单位体积的质量。	对于绝对密实而外形规则的材料如钢材、玻璃等，体积可采用测量计算的方法求得。对于可研磨的非密实材料，如砌块、石膏，体积可采用研磨成细粉，再用密度瓶测定的方法求得。绝对密实状态下的体积是指不包括孔隙在内的体积。材料的质量是指干燥至恒重的质量。
2. 表观密度（视密度）	指材料单位表观单位体积的干质量。	材料的表观体积是指包含闭口孔隙的体积。质量是指烘干后的质量。
3. 体积密度（容重）	指材料在自然状态下单位体积的质量。	材料在自然状态下的体积是指包含闭口孔隙和开口孔隙的体积。一般是指材料在自然状态下测定的容重，在试件烘干后测定的容重称为干容重；在含水状态下测定的容重，必须注明含水情况。
4. 堆积密度（散粒体）	指散粒状材料在堆积状态下单位体积的质量。	材料的堆积体积包含所有孔隙体积和颗粒之间或纤维之间的空隙体积。堆积密度反映材料堆积的紧密程度及材料可能的堆放空间。有干堆积密度及湿堆积密度之分。
5. 密实度与孔隙率	密实度是指材料体积内被固体物质所充实的程度，也就是固体物质的体积占总体积的比例。	密实度反映材料的致密程度。孔隙率是指材料中的孔隙体积占材料自然状态下总体积的百分率。材料的孔隙率与密实度的和为 1。
6. 填充率和空隙率	填充率是指散粒材料在某种堆积体积内被其颗粒填充的程度。	空隙率是指散粒材料在某种堆积体积内，颗粒之间的空隙体积所占的比例。材料的填充率与空隙率的和为 1。

二、与水有关的性质（表 1-2）

属性指标	基本概念	说明
1. 亲水性与憎水性	与水接触时，材料表面能被水润湿的性质称为亲水性，材料表面不能被水润湿的性质称为憎水性。	具有亲水性或憎水性的根本原因在于材料的分子结构。亲水性材料与水分子之间的分子作用力大于水分子相互之间的内聚力；憎水性材料与水分子之间的作用力小于水分子相互之间的内聚力。
2. 吸水性	材料在水中吸收水分的能力，称为材料的吸水性。吸水性的大小以吸水率来表示。	质量吸水率是指材料在吸水饱和时，所吸水量占材料在干燥状态下的质量百分比。体积吸水率是指材料在吸水饱和时，所吸水的体积占材料自然体积的百分率。 材料的吸水率与其孔隙率有关，更与其孔隙特征有关。因为水分是通过材料的开口孔吸入并经过连通孔渗入内部的。材料内与外界连通的细微孔隙愈多，其吸水率就愈大。
3. 吸湿性	指材料在潮湿空气中吸收水分的性质。	当空气中湿度在较长时间内稳定时，材料的吸湿和干燥过程处于平衡状态，此时材料的含水率保持不变，其含水率称为平衡含水率。
4. 耐水性	耐水性是指材料长期在饱和水的作用下不受破坏，其强度也不显著降低的性质。 用特征强度的软化系数 K_R 表示，软化系数反映了材料饱水后强度降低的程度，是材料吸水后性质变化的重要特征之一。	一般材料吸水后，水分会分散在材料内微粒的表面，削弱其内部结合力，强度则有不同程度的降低。当材料内含有可溶性物质时（如石膏、石灰等），吸入的水还可能溶解部分物质，造成强度的严重降低。软化系数的波动范围在 0 至 1 之间。工程中通常将 $K_R > 0.85$ 的材料称为耐水性材料，可以用于水中或潮湿环境中的重要工程。用于一般受潮较轻或次要的工程部位时，材料软化系数也不得小于 0.75。
5. 抗冻性	抗冻性是指材料在吸水饱和状态下，能经受反复冻融循环作用而不破坏，强度也不显著降低的性能。 材料吸水后，在负温作用条件下，水在材料毛细孔内冻结成冰，体积膨胀所产生的冻胀压力造成材料的内应力，会使材料遭到局部破坏。	影响材料抗冻性的因素： ①材料的密实度（孔隙率），密实度越高则其抗冻性越好。 ②材料的孔隙特征，开口孔隙越多则其抗冻性越差。 ③材料的强度，强度越高则其抗冻性越好。 ④材料的耐水性，耐水性越好则其抗冻性也越好。 ⑤材料的吸水量大小，吸水量越大则其抗冻性越差。
6. 抗渗性	材料在压力水作用下抵抗水渗透的性能。用渗透系数或抗渗等级表示。	影响材料抗渗性的因素： ①材料亲水性和憎水性，通常憎水性材料其抗渗性优于亲水性材料。 ②材料的密实度，密实度高的材料其抗渗性也较高。 ③材料的孔隙特征，具有开口孔隙的材料其抗渗性较差。 ④材料的渗透系数越小，说明材料的抗渗性越强。

三、材料的热工性质（表1-3）

属性指标	基本概念	说明
1. 导热性	当材料两面存在温度差时，热量通过建筑材料传递的性质，称为材料的导热性。	导热性用导热系数 λ 表示。单位厚度（1m）的材料、两面温度差为 1K 时，在单位时间（1s）内通过单位面积（1 m^2）的热量。
2. 热容量和比热	材料在受热时吸收热量，冷却时放出热量的性质称为材料的热容量。用热容量系数或比热表示。	
3. 热阻和传热系数	热阻是材料层抵抗热流通过的能力。热阻的倒数 $1/R$ 称为材料层的传热系数。传热系数是指材料两面温度差为 1K 时，在单位时间内通过单位面积的热量。	影响材料导热系数的因素：①物质构成，②微观结构，③孔隙构造，④湿度，⑤温度，⑥热流方向。 耐燃性（防失火）材料根据耐燃性可分为：①不燃烧类，②难燃烧类，③燃烧类。 耐火性（耐高温）（耐热性）材料按耐火性高低可分为：①耐火材料，②难熔材料，③易熔材料。
4. 温度变形性	指温度升高或降低时材料的体积变化。	材料的线膨胀系数与材料的组成和结构有关，常选择合适的材料来满足工程对温度变形的要求。

四、材料的基本力学性质（表1-4）

属性指标	基本概念	说明
1. 材料的强度	材料在应力作用下抵抗破坏的能力。	根据外力作用方式的不同，材料强度有抗拉、抗压、抗剪、抗弯（抗折）强度等。
2. 弹性和塑性	弹性，材料在外力作用下产生变形，当外力取消后能够完全恢复原来形状的性质称为弹性。这种完全恢复的变形称为弹性变形（或瞬时变形）。 塑性，材料在外力作用下产生变形，如果外力取消后，仍能保持变形后的形状和尺寸，并且不产生裂缝的性质称为塑性。这种不能恢复的变形称为塑性变形（或永久变形）。	
3. 脆性和韧性	材料受力达到一定程度时，突然发生破坏，并无明显的变形，材料的这种性质称为脆性。 脆性材料的另一特点是抗压强度高而抗拉、抗折强度低。在工程中使用时，应注意发挥这类材料的特性。	大部分无机非金属材料均属脆性材料，如天然石材、烧结普通砖、陶瓷、玻璃、普通混凝土、砂浆等。
4. 硬度和耐磨性	硬度是指材料表面的坚硬程度，是抵抗其他硬物刻划、压入其表面的能力。通常用刻划法、回弹法和压入法测定材料的硬度。 耐磨性是指材料表面抵抗磨损的能力。材料的耐磨性用磨耗率表示。	刻划法用于天然矿物硬度的划分，按滑石、石膏、方解石、萤石、磷灰石、长石、石英、黄晶、刚玉、金刚石的顺序，分为 10 个硬度等级。 回弹法用于测定混凝土表面硬度，并间接推算混凝土的强度；也用于测定陶瓷、砖、砂浆、塑料、橡胶、金属等的表面硬度并间接推算其强度。

五、材料的耐久性

材料的耐久性是泛指材料在使用条件下，受各种内在或外来自然因素及有害介质的作用，能长久地保持其使用性能的性质。耐久性是一个综合性能，包括抵抗上述各类因素的长期作用。不同材料有不同的耐久性特点。要根据材料所处的结构部位和使用环境等因素，综合考虑其耐久性，并根据各种材料的耐久性特点合理地选用。

材料在建筑物之中，除要受到各种外力的作用之外，还经常要受到环境中许多自然因素的破坏作用。环境因素是多种多样的，有物理、化学、机械以及生物等方面的作用。

1. 物理作用有干湿变化、温度变化及冻融变化等。
2. 化学作用包括大气、环境水以及使用条件下酸、碱、盐等液体或有害气体对材料的侵蚀作用。
3. 机械作用包括使用荷载的持续作用，交变荷载引起材料疲劳、冲击、磨损、磨耗等。
4. 生物作用包括菌类、昆虫等的作用而使材料腐朽、蛀蚀而破坏。

图1-19 材料耐久性因素示意图 / 依据霍曼琳主编的《建筑材料学》资料绘制

材料	密度 ρ (g/cm^3)	体积密度（容重）ρ' (kg/m^3)	堆积密度 ρ'_0 (kg/m^3)
石灰岩	2.60	1800~2600	——
花岗岩	2.60~2.80	2500~2700	——
碎石（石灰岩）	2.60	——	1400~1700
砂	2.60	——	1450~1650
黏土	2.60	——	1600~1800
普通黏土砖	2.50~2.80	1600~1800	——
黏土空心砖	2.50	1000~1400	——
水泥	3.10	——	1200~1300
普通混凝土	——	2100~2600	——
木材	1.55	400~800	——
钢材	7.85	7850	——
泡沫塑料	——	20~50	——

金属材料	抗剪强度（kgf/mm^2）		抗拉强度（kgf/mm^2）	
	软质	硬质	软质	硬质
铅	18~22	25~30	22~28	30~40
黄铜	22~30	35~40	28~35	40~60
青铜	32~40	40~60	40~50	50~75
洋银	28~36	45~56	35~45	55~70
银	19	——	26	
热轧钢板（SPH1~8）	>26		>28	
冷轧钢板（SPC1~8）	>26		>28	
深拉深用钢板	30~35		28~32	
构造用钢板（SS330）	27~36		33~44	
构造用钢板（SS400）	33~42		41~52	
钢 0.1%C	25	32	32	40
钢 0.2%C	32	40	40	50
钢 0.3%C	36	48	45	60
钢 0.4%C	45	56	56	72
钢 0.6%C	56	72	72	90
钢 0.8%C	72	90	90	110
钢 1.0%C	80	105	100	130

岩石种类	抗压强度（Kg/cm^2）
花岗岩（Granite）	1000 ~ 2500
正长岩（Syenite）	1000 ~ 2000
闪长岩（Diorite）	1500 ~ 2800
辉长岩（Gabbro）	1000 ~ 2800
辉绿岩（Diabase）	2000 ~ 3000
玄武岩（Basalt）	4000
结晶质石灰岩（Crystalline Limestone）	1000 ~ 2000
石英砂岩（Quartzose Sandstone）	2000
石英岩（Quartzite）	3000
片麻岩（Gneiss）	1000 ~ 200

第 四 节

材料与界面建构

/ 装饰木材　　/ 装饰塑料
/ 装饰涂料　　/ 装饰玻璃
/ 装饰陶瓷　　/ 装饰金属
/ 装饰石材

材料在公共室内空间界面的构造中，界面建构主要包括水平向度的地面和天花，垂直向度的墙面，还包括分割室内空间的隔断、门窗、室内陈设等界面。每个界面的建构，涉及到界面的形式、尺寸、材质以及界面之间的构造关系等诸多方面。

本节进行界面材料的分类介绍，对材料在公共空间设计和建筑装饰运用上进行梳理，以便对界面材料开展系统性的了解。同时，结合图例说明材料在界面建构中的效果分析等。

材料在界面构建中有着自己特有的属性，从性质上看有木材、竹材、石材、金属、胶合材料、玻璃、陶瓷、塑料、墙纸、织物等，从质感上又可以分为硬质（石材、金属、木材等）和软质（地毯、壁纸）等，从材料形成途径上看有有人工合成材料和天然材料等内容。我们从材料与公共室内空间的界面建构的关系上研究，可以进行下列分析。

天棚界面：塑料吊顶板（如钙塑装饰吊顶板、PS装饰板、有机玻璃板等），木质装饰板（如木丝板、软质穿孔吸声纤维板等），矿物吸声板（如珍珠岩吸声板、矿棉吸声板、石膏吸声板、石膏装饰板等），金属吊顶板（如铝合金吊顶板、金属微穿孔吸声吊顶板等）。

墙界面：墙面涂料（如有机涂料、无机涂料等），墙纸（如纸面纸基壁纸、纺织物壁纸、塑料壁纸等），装饰板（如木质装饰人造板、树脂浸渍纸高压装饰层积板、塑料装饰板、金属装饰板、矿物装饰板等），墙布（玻璃纤维贴墙布、麻纤无纺墙布等），石饰面板（天然和人造大理石饰面板等），墙面砖（陶瓷釉面砖、锦砖、马赛克等）。

地界面：木、竹地板（如实木条状地板、实木复合地板、人造板地板等），聚合物地坪（如聚醋酸乙烯地坪、环氧地坪、聚酯地坪等），地面砖（如水泥花阶砖、陶瓷地面砖等），塑料地板（如压花塑料地板、发泡塑料地板、塑料卷材等），地毯（如纯毛地毯、混纺地毯、合成纤维地毯、塑料地毯等）。

一、装饰木材
（一）木材类型（表1-8）

界面材料	特点、基本属性、技术指标、应用效果	例图
1. 软杂材	软杂材是日常生活中最常见的木材种类之一，各种软杂木除了个别品种外，多数是属于建筑与装修中常见的结构用材。 软杂材特点：总的特点是材质较轻，相对结构强度比较大，抗弯性比较强，耐腐蚀性能比较好。但是，多数木材的花纹和材色不理想，有的树种体积质量较轻，因此承受荷载能力较差。 主要树种：松木、杉木、杨木、柳木、椴木、色木、桦木等。	松木　杉木　杨木　柳木　椴木　桦木
2. 硬杂材	硬杂材多属于装饰用材，是中档装修的主要家具用材和装饰装修的重要饰面用材。 硬杂材最特点：主要的特点是，多数木材的花纹和材色漂亮，材质的重量适中，不易变形。 主要树种：梓木、刺楸、榔榆、黄菠萝、水曲柳等。	梓木　（梓木桌椅）　榔榆　黄菠萝　水曲柳　（水曲柳桌椅）
3. 名贵硬木	名贵硬木来源较少，价格比较昂贵。 名贵硬木特点：堆积密度较大，材质较坚硬，结构强度较好，能承受较重的荷载。多数花纹非常漂亮，纹理细腻，是高级家具和室内装修的高级饰面材料，并具有较强的耐久性和耐腐蚀性，材色也比较理想。 主要树种：铁梨木、花梨木、红木、榉木、楠木、樟木等。	铁梨木　花梨木　红木　榉木　楠木　樟木
4. 进口木材	进口木材相对比较昂贵，是比较少的饰面材料和结构材料。 主要树种：桃花心木、柳桉、柚木、橡木等。	桃花心木　（桃花心木墙面装饰）　柳桉　柚木　橡木　胡桃木

（二）人造板（表1-9）

人造板是利用原木、木质纤维、木质边角碎料或其他植物纤维等为原料，加黏结剂和其他添加剂，经过机械加工或化学处理而成的板。

界面材料	特点、基本属性、技术指标、应用效果	例图
1.胶合板（夹板）	将原木蒸煮软化后，沿年轮切成大张薄片（1cm），经特殊处理，每片沿垂直方向黏结。层数在12mm以下常为奇数，通常有3夹板、5夹板、9夹板、12夹板。 特性：幅面大而平整美观，不易开裂，保持了木材固有的低导热性，具有防腐、防蛀和良好的隔音性。易于加工，如锯切、胶粘、铁钉或射钉固定、表面涂装。 较薄的三层、五层胶合板，在一定弧度内可进行弯曲造型。厚胶合板可通过喷蒸加热使其软化，然后液压、弯曲、成型，并通过干燥处理，使其形状保持不变。 应用：各类家具、门窗套、踢脚板、隔断造型、地板等基材，其表面可用薄木片、防火板、PVC贴面板、涂料等贴面涂装。	胶合板构造 胶合板可弯曲形态
2.细木工板	上下两层夹板，中间用实木条拼接压挤连接的芯材组合，俗称"大芯板"。 厚度：15、18、22、25mm等。 特点：具有较大硬度和强度，可耐热胀冷缩，板面平整，结构稳定，易于加工。 应用：家具、门窗套、墙面造型、地板等基材或框架。	细木工板构造
3.刨花板	利用木材废料加工成一定规格的碎木，经过黏合、热压而成的板材。强度、硬度较低。 覆面：单面、双面黏结其他材料（纸贴面、饰面板）。 不覆面：造价低，不宜用于潮湿处，安装握钉力差。 厚度：6、8、10、16、20、25、30mm。	刨花板构造
4.纤维板（密度板）	纤维板以木质纤维或其他植物纤维材料为主要原料，加入一定的胶料和添加剂，经热压成型、干燥等工序制成的一种人造板材。 按纤维板的体积密度不同可分为硬质纤维板（高密度）、中密度纤维板、软质纤维板（低密度）三种；按表面不同可分为一面光板和两面光板两种；按原料不同可分为木材纤维板和非木材纤维板。 厚度：3、5、10、12、16mm。	纤维板构造
5.饰面板（薄木贴面板）	是以珍贵树种经过刨切而得的具有美丽纹路的微薄木片（厚度0.3~0.8mm）作饰面，以胶合板、刨花板、纤维板为基材。 应用注意：使用前上1~2遍透明清漆，刷涂前不宜用砂纸打磨表面，否则会损坏表面纹理。薄木贴面板用于其他板材贴面时，可采用压胶或胶粘与射钉相结合的方法粘贴，射钉采用头小的纹钉。	
6.防火板（浸渍胶膜纸饰面人造板）	是以专用纸浸渍氨基树脂，经干燥后铺装在优质刨花板、纤维板等人造板基材表面，并经热压而成的板材。 特点：耐磨、耐烫、耐污染、易清洗，表面无需油饰，板面有多种色彩和图案。 厚度：3~36mm。	

（三）地板（表 1-10）

界面材料	特点、基本属性、技术指标、应用效果	例图
1. 实木地板	实木地板是木材经烘干，加工后形成的地面装饰材料。 优点：调节湿度，冬暖夏凉，绿色无害，经久耐用。 缺点：难保养，需要定期打蜡，价格较高。 规格：910x120~125x18mm，910x90~95x18 mm，1210x143x15mm，1210x140x12.2 mm 等。 品牌：大自然、方圆、世友、安信、林昌等。	
2. 实木复合	是在实木地板的基础上，经过科技加工处理，将木材分解再组合的新一代木地板。 优点：保持了木材的美丽花纹，尺寸稳定性好，耐磨耐热，适合地暖。 缺点：脚感偏硬，环保性差。 品牌：圣象、生活家、方圆、安心、富林等。	
3. 强化（复合）地板	采用高密度板为基材，材料取自速生林，2~3年生的木材被打碎成木屑制成板材使用。 优点：耐磨性好，耐污渍，便于清洁打理，价格低，铺设方便，易搭配。 缺点：脚感稍差，遇水或暴晒等都可能产生反翘变形现象，不环保，存在一定的甲醛释放问题。 品牌：圣象、菲林格尔、德尔、世友、肯帝亚等。	
4. 竹地板	与木材相比，竹材作为地板原料有很多特点: 竹材材质坚硬，有较好的弹性，脚感舒适，装饰自然大方。有优良的物理力学性能，干缩湿胀小，尺寸稳定性高，不易变形开裂，耐磨性好。 竹地板是一种很好的地面装饰材料，常用于住宅、宾馆和办公室。但加工成本较高，价格维持在较高水平，所以主要以出口为主。	
5. 软木地板	质地柔软、舒适，被称为是"地板中的顶级产品"。原料为橡树皮，与实木地板比较更具有环保性、隔声性，防潮效果更好，带给人极佳的脚感。 软木地板柔软、安静、舒适、耐磨，对老人和小孩的意外摔倒，可起到极大的缓冲作用，其独有的吸声效果和保温性能也非常适用于卧室、会议室、图书馆、录音棚等场所。	

（四）装饰型材（表 1-11）

界面材料	特点、基本属性、技术指标、应用效果	例图
1. 木线条	木线条是选用质硬、木质较细、耐磨、耐腐蚀、不劈裂、切面光滑、加工性质良好、油漆性上色性好、黏结性好、钉着力强的木材，经过干燥处理后，用机械加工或手工加工而成的。 木线条包括，天花线：天花上不同层次面的交接处的封边，天花上各不同料面的对接处封口，天花平面上的造型线，天花与设备的封边。天花角线：天花与墙面，天花与柱面的交接处封口。墙面线：墙面上不同层次面的交接处封边，墙面上各不同材面的对接处封口、墙裙压边、踢脚板压边、设备的封边装饰边、墙面面材料压线、墙面装饰造型线。形体、装饰隔墙、屏风上的收口线和装饰线，以及各种家具上的收边线装饰。	
2. 木方	木方，俗称为方木，将木材根据实际加工需要锯切成一定规格形状的方形条木，一般用于装修及门窗材料，结构施工中的模板支撑及屋架用材，或做各种木制家具都可以。主要由松木、椴木、杉木等树木加工成截面长方形或正方形的木条。天花吊顶的木方一般松木方较多，一般规格都是 4cm 长，有 2x3cm、3x4cm、4x4cm 的等。 木方的规格为 30x50mm 的，叫 35 方，这个一般是用来吊棚做木龙骨用的，或者做一些造型的内部结构用的。还有 60x90mm 的，老式家具的框架就是用这个做的，但是现在在家庭装修里几乎很少会见了。还有就是 120x40mm 的，这个叫门边方。就是用来做门的骨架的，两面再贴上板子喷油漆，一门就做成了。 在装修工程中主要是做木龙骨（包括顶棚龙骨和地板龙骨），在土建工程中主要是做混凝土模板的楞木，被广泛应用于吊顶、隔墙、实木地板骨架的制作中。	

二、装饰涂料

（一）概念特点

涂料是指涂敷于物体表面，与基体材料很好地黏结并形成完整而坚韧保护膜的物质。由于在物体表面结成干膜，故又称涂膜或涂层。用于建筑物装饰和保护的涂料称为建筑涂料。建筑涂料与其他饰面材料相比具有重量轻、色彩鲜明、附着力强、施工简便、省工省料、维修方便、质感丰富、价廉质好以及耐水、耐污染、耐老化等特点。

（二）涂料分类

一般按使用部位分为外墙涂料、内墙涂料和地面涂料等；按主要成膜物质中所包含的树脂可分为油漆类、天然树脂类、醇酸树脂类、丙烯酸树脂类、聚脂树脂类和辅助材料类等共 18 类；根据主要成膜物质的化学成分分为有机涂料、无机涂料和复合涂料，其中有机涂料又分为溶剂型、无溶剂型和水溶型或水乳胶型，水溶型和水乳胶型统称为水性涂料；根据漆膜光泽的强弱又把涂料分为无光、半光（或称平光）和有光等品种；按形成涂膜的质感分为薄质涂料、厚质涂料和粒状涂料三种。

（三）涂料组成

涂料最早是以天然植物油脂、天然树脂如亚麻子油、桐油、松香、生漆等为主要原料，故以前称为油漆。目前，许多新型涂料已不再使用植物油脂，合成树脂在很大程度上已经取代天然树脂。因此，我国已正式采用涂料这个名称，而油漆仅仅是一类油性涂料而已。

主要成膜物质，也称胶黏剂或固着剂。其作用是将涂料中的其他部分黏结成一体，并使涂料附着在被涂基层的表面形成坚韧的保护膜。次要成膜物质，主要部分是颜料和填料（有的称为着色颜料和体质颜料）。助剂，常用的有以下几种类型：催干剂、固化剂、催化剂、引发剂、增塑剂、紫外光吸收剂、抗氧剂、防老剂等。辅助材料，主要是溶剂和水，溶剂与水是液态建筑涂料的主要成分，涂料涂刷到基层上后，溶剂和水蒸发，涂料逐渐干燥硬化，最终形成均匀、连续的涂膜。

4. 装饰涂料主要类型（表 1-12）

界面材料	特点、基本属性、技术指标、应用效果	例图
1. 外墙涂料	外墙涂料的主要功能是装饰和保护建筑物的外墙面，使建筑物外貌整洁美观，从而达到美化城市环境的目的。同时能够起到保护建筑物外墙的作用，延长其使用时间。具有以下特点：①装饰性好，②耐水性好，③耐玷污性好，④耐气候性好。此外，外墙涂料还应有施工及维修方便、价格合理等特点。	
2. 内墙涂料	内墙涂料的主要功能是装饰及保护室内墙面，使其美观整洁，让人们处于舒适的居住环境中。为了获得良好的装饰效果，内墙涂料应具有以下特点：①色彩丰富，细腻，调和。②耐碱性、耐水性、耐粉化性良好，且透气性好。③涂刷容易，价格合理。	
2-1. 乳胶漆	①醋酸乙烯乳胶漆 由醋酸乙烯均聚液加入颜料、填料及各种助剂，经研磨或分散处理而制成的一种乳液涂料。该涂料具有无毒、不燃、涂膜细腻、平滑、透气性好、价格适中等优点，但它的耐水性、耐碱性及耐候性不及其他共聚乳液，故仅适宜涂刷内墙，而不宜作为外墙涂料使用。 ②乙—丙有光乳胶漆 以乙—丙共聚乳液为主要成膜物质，掺入适当的颜料、填料及助剂，经过研磨或分散后配制而成半光或有光内墙涂料。用于建筑内墙装饰，其耐水性、耐碱性、耐久性优于醋酸乙烯乳胶漆，并具有光泽，是一种中高档内墙装饰涂料。	
2-2. 聚乙烯醇类水溶性内墙涂料	①聚乙烯醇水玻璃涂料 聚乙烯醇水玻璃涂料的颜色有白色、奶白色、湖蓝色、果绿色、蛋青色、天蓝色等。适用于住宅、商店、医院、学校等建筑物的内墙装饰。 ②聚乙烯醇缩甲醛内墙涂料 是以聚乙烯醇与甲醛进行不完全缩醛化反应生成的聚乙烯醇缩甲醛水溶液为基料，加入颜料、填料及其他助剂经混合、搅拌、研磨、过滤等工序制成的一种内墙涂料。聚乙烯醇缩甲醛内墙涂料的生产工艺与聚乙烯醇水玻璃内墙涂料相类似，成本相仿，而耐水洗擦性略优于聚乙烯醇水玻璃内墙涂料。	
3. 特种涂料	特种涂料对被涂物不仅具有保护和装饰的作用，还有其特殊作用。例如，对蚊、蝇等害虫有速杀作用的卫生涂料，具有阻止霉菌生长的防霉涂料，能消除静电作用的防静电涂料，能在夜间发光起指示作用的发光涂料等等。 ①防火涂料。 ②发光涂料，发光涂料是指在夜间能指示标志的一类涂料。 ③防水涂料，用于地下工程、卫生间、厨房等场合。 ④防霉涂料及灭虫涂料，适用于城乡住宅、部队营房、医院、宾馆等的居室、厨房、卫生间、食品贮存室等处。	

三、装饰陶瓷

（一）陶瓷制品特点

陶瓷，或称烧土制品。是指以黏土为主要原料，经成型、焙烧而成的材料。陶瓷强度高，耐火、耐久、耐酸碱腐蚀、耐水、耐磨，易于清洗。

从产品种类分，陶瓷可以分为陶器与瓷器两大类。陶器通常有较大的吸水率（大于10%），断面粗糙无光，不透明，敲之声音粗哑，可施釉或不施釉。瓷器坯体致密，基本上不吸水，强度高，耐磨，半透明，通常施釉。另外还有一类产品介于陶器与瓷器之间，称为炻器，也称半瓷。炻器与陶器的区别在于陶器坯体是多孔的，而炻器坯体孔隙率很低；而它与瓷器的主要区别是炻器多数带有颜色且无半透明性。

（二）陶瓷原料

黏土是由多种矿物组成的混合物，是陶瓷坯体生产的主要原料。

石英主要成分为 SiO_2。石英可提高釉面的耐磨性、硬度、透明度及化学稳定性。长石在陶瓷生产中可作助熔剂，以降低陶瓷制品的烧成温度。它与石英等一起在高温熔化后形成的玻璃态物质是釉彩层的主要成分。

滑石的加入可改善釉层的弹性、热稳定性。

硅灰石在陶瓷中使用较广，加入制品后，能明显地改善坯体收缩，提高坯体强度和降低烧结温度。此外，它还可使釉面不会因气体析出而产生釉泡和气孔。

釉：陶瓷艺术的重要组成部分，涂刷覆盖在表面，具有色彩和光泽的玻璃体薄层物质。能使表面光滑、光亮、不吸水；提高物品的装饰性、艺术性、强度、抗冻性；对改善物品热稳定性、化学稳定性等，有重大意义。

（三）瓷砖主要种类（表 1-13）

界面材料	特点、基本属性、技术指标、应用效果	例图
1. 釉面砖	又称内墙面砖，是用于内墙装饰的薄片精陶建筑制品。它不能用于室外，否则经日晒、雨淋、风吹、冰冻，将导致破裂损坏。釉面砖不仅品种多，而且有白色、彩色、图案、无光、石色泽等多种品种并可拼接成各种图案，装饰性较强，多用于厨房、卫生间、浴室、理发室、内墙裙等处的装修及大型公共场所的墙面装饰。	
2. 墙地砖	墙地砖是陶瓷锦砖、地砖、墙面砖的总称，它们强度高，耐磨性、耐腐蚀性、耐火性、耐水性均好，又容易清洗，不褪色，因此广泛用于墙面与地面的装饰。	
3. 陶瓷劈离砖	劈离砖又称劈裂砖，是近几年来开发的新型装饰材料品种，分彩釉和无釉两种。可用于建筑物的外墙、内墙、地面、台阶等部位。具有一定的强度、抗冲击性、抗冻性和可黏结性，而且表面可以施釉。上世纪 60 年代初，劈离砖首先在德国兴起并得到发展。由于制造工艺简单、能耗低、使用效果好，逐渐在欧洲各国流行。	
4. 大型陶瓷饰面板	大型陶瓷饰面板是一种新型的高档建筑装饰材料，具有单块面积大、厚度薄、平整度好、吸水率小、抗冻、抗化学腐蚀、耐急冷急热以及施工方便等优点，另有绘制绘画、书法和壁画等多种装饰的功能产品。表面可做成平滑或浮雕花纹图案，并施以各种彩色釉，可用作建筑物外墙、内墙、墙裙、廊厅和立柱的装饰，尤其适用于宾馆、机场、车站和码头的装饰。	
5. 地砖	地砖常用于人流较密集的建筑物内部地面，如住宅、商店、宾馆、医院及学校等建筑的厨房、卫生间和走廊的地面。地砖还可用作内外墙的保护、装饰。	
6. 建筑琉璃制品	建筑琉璃制品是一种低温彩釉建筑陶瓷制品，既可用于屋面、屋檐和墙面装饰，又可作为建筑构件使用。主要包括琉璃瓦（板瓦、筒瓦、沟头瓦等）、琉璃砖（用于照壁、牌楼、古塔等贴面装饰）、建筑琉璃构件等。具有浓厚的民族艺术特色，融装饰与结构件于一体，集釉质美、釉色美和造型美于一身。	
7. 卫生陶瓷	卫生陶瓷是以磨细的石英粉、长石粉和黏土为主要原料，注浆成型后一次烧制，然后表面施乳浊釉的卫生洁具。它具有结构致密、强度大、吸水率小、抗无机酸腐蚀（氢氟酸除外）、热稳定性好等特点，可分为洗面器、大便器、小便器、洗涤器、水箱、返水弯和小型零件等。产品有白色和彩色两种，可用于厨房、卫生间、实验室等。	
8. 陶瓷锦砖	陶瓷锦砖俗称马赛克，是以优质瓷土烧制成的小块瓷砖。按表面性质分为有釉和无釉两种，目前各地的产品多为无釉。产品边长小于 40mm，又因其具有多种颜色和多种形状，拼成的图案似织锦，故称作锦砖（什锦砖的简称）。陶瓷锦砖具有抗腐蚀、耐磨、耐火、吸水率小、强度高以及易清洗、不褪色等特点。可用于工业与民用建筑的清洁车间、门厅、走廊、卫生间、餐厅及居室的内墙和地面装修，并可用来装饰外墙面或内墙的横竖线条等处。施工时可以不同花纹和不同色彩拼成多种美丽的图案。	

四、装饰石材

（一）花岗岩（火成岩）

常呈整体均粒状结构，按结晶颗粒大小，可分为细粒、中粒、粗粒及斑状等多种。结构细密、性质坚硬、耐酸、耐腐蚀、耐磨、抗压、抗冻、耐久性好。缺点为自重大，某些含有微量放射元素，对人体有害。

花岗石荒料经锯切加工制成花岗石板材后，可根据不同的用途，用不同的工序将花岗石板材加工成多种品种。

（二）沉积岩

沉积岩是由冰川、河流、风、海洋和植物等有机体中的碎屑脱离出来，沉积形成岩石矿床，并经过数百万年的高温高压固结而成。沉积岩种类很多，其中最常见的是页岩、砂岩和石灰岩，它们占沉积岩总数的95%。

（三）大理石（变质岩）

大理石是一种由方解石和白云石组成的变质岩，磨光加工后的大理石板材颜色绚丽，有美丽的斑纹或条纹，具有很好的装饰性。但大理石比花岗石软且不耐酸碱。具体分以下几类。

A 类：优质的大理石，具有相同的、极好的加工品质，不含杂质和气孔。

B 类：特征接近前一类大理石，但加工品质比前者略差；有天然瑕疵；需要进行小量分离、胶粘和填充。

C 类：加工品质存在一些差异；瑕疵、气孔、纹理断裂较为常见。修补这些差异的难度中等，通过分离、胶粘、填充或者加固这些方法中的一种或者多种即可实现。

D 类：特征与 C 类大理石的相似，但是它含有的天然瑕疵更多，加工品质的差异最大，需要同一种方法进行多次表面处理。这类大理石也有许多色彩丰富的石材，它们具有很好的装饰价值。

界面材料	特点、基本属性、技术指标、应用效果	例图
花岗岩 1. 剁斧板材	经剁斧加工，表面粗糙，具有规则的条纹状斧纹。一般用于室外地面、台阶、基座等处。	
2. 机刨板材	经机械加工，表面平整、有相互平行的机械刨纹。一般用于地面、台阶、基座、踏步等处。	
3. 粗磨板材	经过粗磨，表面光滑、无光泽，常用于墙面、柱面、台阶、基座、纪念碑、铭牌等处。	
4. 磨光板材	经过磨细加工和抛光，表面光亮，晶体裸露，有的品种同大理石一样具有鲜明的色彩和绚丽的花纹。多用于室内外地面、墙面、立柱等装饰及旱冰场地面、纪念碑、基座、铭牌等处。	
沉积岩 1. 石灰石	主要矿物成分为方解石。矿物颗粒和晶体结构不多见，表面平滑，呈小颗粒状。硬度不一，有些致密石灰石可以抛光。颜色有黑、灰、白、黄和褐色。石灰石含海水形成的石灰，故而得名。	
2. 砂岩	由石英颗粒（沙子）形成，结构稳定，通常呈淡褐色或红色，主要含硅、钙、黏土和氧化铁。	
3. 皂石	由各种滑石形成，很软。它是耐磨的致密矿，不易产生污迹。	
4. 化石	含海洋贝类、植物天然化石，被认为是石灰石。	
5. 石灰华（孔石）	一般是奶油色或淡红色，由温泉的方解石沉积而成。因水流从石头中穿过而形成很多小孔，这些小孔常用合成树脂或水泥填满，否则需要大量的养护工作。	
大理石	大理石质地密，抗压性能好，一般杂质多，应用于室内。质地较纯的汉白玉等可用于室外 。大多数大理石宜用于室内饰面，如墙面、柱面、地面、楼梯的踏步面，服务台和吧台的立面或台面。有些色泽较纯的大理石板还被广泛地应用于高档卫生间、洗手间的台面。	

天然石材分类表（表1-14）

（四）人造石材

一般人造石材是人造大理石和人造花岗岩，由于天然石材的成本较高，现代建筑装饰业中常采用人造石材，其具有重量轻、强度高、装饰性强、耐腐蚀、耐污染、生产工艺简单、施工方便等优点，得到了广泛的应用。

特点：密度是天然石材的80%，厚度是40%，耐酸，容易制造。保留天然石材高贵、典雅的特性，更具有色泽艳丽、颜色均匀、尺寸精确、光洁度高、抗压耐磨、透气性好、环保、可多次翻新等特点。生产工艺与设备不复杂，原料易得，色调和花纹可根据需要设计，也可以比较容易地制成各种形状复杂的制品。

人造大理石由改性树脂与碎石组成，呈中性或偏碱性。人造石结构致密，因此毛孔细小，其病症出现的概率很小，就防护来说，主要是防污。其优点是可调节色彩，利于饰面装饰。其缺点是硬度不够，光度不一致。

按生产所用原材料及生产工艺，一般可分为四大类型：1.水泥型，2.聚酯型，3.复合型，4.烧结型。

上述四种人造大理石中，最常用的是聚酯型，其产品物理和化学性能最好，花纹容易设计，有重现性，适应多种用途，但价格相对较高；水泥型价格最低廉，但耐腐蚀性能较差，容易出现微龟裂，适用于作板材，而不适用于作卫生洁具；复合型则综合了前两种的优点，既有良好的物化性能，成本也较低；烧结型虽然只用黏土作黏结剂，但需要高温焙烧，因而耗能大，造价高，产品破损率高。

人造石材分类表（表1-15）

界面材料	特点、基本属性、技术指标、应用效果	例图
1. 水泥型人造理石	这种大理石是以各种水泥或石灰磨细砂为黏结剂，沙为细骨料，碎大理石、花岗岩、工业废渣等为粗骨料，经配料、搅拌、成型、加压蒸养、磨光、抛光而制成。"水磨石"：用碎大理石、花岗岩或工业废料等与沙、水泥、石灰粉搅拌、成型、磨光、抛光后，嵌入铜条或图案，可以是预制或者现浇两种。	
2. 聚酯型人造理石	这种人造大理石多是以不饱和聚酯树脂为黏结剂，与石英砂、大理石、方解石粉等搅拌混合，浇铸成型，在固化剂作用下产生固化作用，经脱模、烘干、抛光等工序而制成。	
3. 复合型人造理石	这种人造大理石的黏结剂中既有无机材料，又有有机高分子材料。用无机材料将填料黏结成型后，再将坯体浸渍于有机单体中，使其在一定条件下聚合。对板材而言，底层用低廉而性能稳定的无机材料，面层用聚酯和大理石粉制作，材料不同，内外不同。"蒙特列板"，由天然矿石粉、高性能树脂和天然颜料聚合而成。具有仿石质感的效果，表面光洁如陶瓷，可以像木材一样加工，因而上市后被住宅和其他空间的装饰工程广泛应用。主要特点有：表面没有毛细孔，容易清洁、色彩多样、无毒、阻燃、可塑性强。	
4. 烧结型人造理石	烧结方法与陶瓷工艺相似。将斜长石、石英、辉石、方解石粉和赤铁矿粉及部分高岭土等混合，一般配比为黏土40%、石粉60%，用泥浆法制备坯料，用半干压法成型，在窑炉中以1000℃左右的高温焙烧。	
"文化石"	文化石是用于室内外的、规格尺寸小于400x400mm、表面粗糙的天然或人造石材。其中"规格尺寸小于400x400mm、表面粗糙"是其最主要的两项特征。人造文化石的应用范围：建筑外饰：外墙、门廊、门柱、窗沿、烟道等；景致标志：花园围栏、立柱、路径、小桥、公共标牌等；室内装饰：背景墙、火炉、电视墙、走廊、厨房等。	
"微晶石"	天然无机材料两次烧结而成，高档环保，有弧形。也叫微晶玻璃、玉晶石、水晶石。主要特点有：①性能优良，质地均匀，密度大，硬度高，经久耐用，没有天然石常见的细碎裂纹。②质地细腻，既有特殊的微晶结构，又有玻璃结构，对热射光线能扩散漫反射，使人感觉柔美和谐。③色彩丰富。④耐酸碱。⑤易受污染，染色容易，易透入侵入。⑥弯变形。⑦含放射性元素。	

（五）装饰水泥和砂浆（表1-16）

水泥：是指白色水泥和彩色水泥。在建筑装饰工程中，常用白水泥、彩色水泥配成水泥色浆或装饰砂浆，或制成装饰混凝土，用于建筑室内外表面装饰，以材料本身的质感、色彩美化建筑，有时也可以用各种大理石、花岗岩碎屑作为骨料配置成水刷石、水磨石等。

抹面砂浆：涂抹在基底材料表面，具有保护基层和增加美观作用的砂浆。

常见灰浆类饰面的种类：

1. 拉毛灰；
2. 甩毛灰；
3. 搓毛灰（像是石材加工的效果）；
4. 拉条（良好的音响效果）；
5. 假面砖、假大理石（改变色形）。

界面材料	特点、基本属性、技术指标、应用效果	例图
无机胶凝材料 1. 石灰	以氧化钙为主要成分的气硬性无机胶凝材料，用石灰石、白云石、白垩、贝壳等碳酸钙含量高的原料煅烧而成。	
2. 水泥	①硅酸盐水泥，代号 P.I 和 P.II。 ②普通硅酸盐水泥，代号 P.O。 ③白水泥，去除氧化铁等氧化物。 ④彩色水泥，白水泥或普通水泥加颜料。	
3. 石粒	天然石材机械破碎加工的有色颗粒。又叫色石渣、色石子、石末。用来做石粒装饰砂浆的骨料。	
4. 砂浆	由一定比例的沙子和胶结材料（水泥、石灰膏、黏土等）加水合成，也叫灰浆、沙浆，有筑砂浆、抹面砂浆、防水砂浆等。	
水泥制品 1. 不燃平板	也叫埃特板，由废纸浆和水泥混合而成，性能优于石膏板，用于室内吊顶、内外墙隔墙、壁板。	
2.tk板	tk板是中碱玻璃纤维短矿棉低碱度水泥平板，耐火隔声效果佳。	
3.莱特板（FC板）	以纤维、水泥为主要原材料，配以其他辅料，经制浆、抄取、加压、养护等工序生产而成。	
4. 硅钙板	石膏复合板，一般由天然石膏粉、白水泥、胶水、玻璃纤维复合而成，具有防火、隔音、隔热和适当调节室内干、湿度等性能。	
5. 矿棉水泥装饰板	矿物纤维棉、水泥等为原料制成，最大的特点是具有很好的吸声、隔热效果，其表面有滚花和浮雕等效果。	
6. 水泥木屑刨花装饰板	以水泥为胶结材料，以木质刨花等为加强筋材料制成的板材。具有轻质、隔声、隔热、防火、抗虫蛀、易加工、无污染等特点。	

五、装饰塑料

（一）塑料

指以合成树脂或天然树脂为主要原料，加入或不加入添加剂，在一定温度、压力下，经混炼、塑化、成型且在常温下保持制品形状不变的材料。装饰塑料是指用于室内装饰装修工程的各种塑料及其制品。

（二）塑料按制品的形态分类

1. 薄膜制品，主要用作壁纸、印刷饰面薄膜、防水材料及隔离层等；
2. 薄板，装饰板材、门面板、铺地板、彩色有机玻璃等；
3. 异型板材；
4. 管材，主要用作给排水管道系统；
5. 异型管材，主要用作塑料门窗及楼梯扶手等；
6. 泡沫塑料，主要用作绝热材料；
7. 模制品，主要用作建筑五金、卫生洁具及管道配件；
8. 复合板材，主要用作墙体、屋面、吊顶材料；
9. 盒子结构，主要由塑料部件及装饰面层组合而成，用于卫生间、厨房或移动式房屋；
10. 溶液或乳液，胶黏剂和建筑涂料等。

（三）塑料的特性

塑料之所以在装饰装修中得到广泛的应用，是因为它具有如下优缺点。

1. 塑料的优点：加工特性好、质轻、强度大、导热系数小、化学稳定性好、电绝缘性好、性能设计性好、富有装饰性、有利于建筑工业化。

2. 塑料的缺点：易老化、易燃、耐热性差、刚度小。

（四）塑料的基本品种（表1-17）

界面材料	特点、基本属性、技术指标、应用效果	例图
1. 聚氯乙烯（PVC）	聚氯乙烯塑料机械强度较高，电性能优良，耐酸碱，化学稳定性好。其缺点是热软化点低。聚氯乙烯是家具与室内装饰中用量最大的塑料品种，软质材料用于装饰膜及封边材料。硬质材料用于各种板材、管材、异型材和门窗。半硬质、发泡和复合材料用于地板、天花板、壁纸等。	
2. 聚苯乙烯（PS）	具有一定的机械强度和化学稳定性，电性能优良，透光性好，着色性佳并易成型。缺点是耐热性太低，只有80℃，不能耐沸水；性脆不耐冲击；制品易老化出现裂纹；易燃烧，燃烧时会冒出大量黑烟，有特殊气味。聚苯乙烯的透光性仅次于有机玻璃，大量用于低档灯具、灯格板及各种透明、半透明装饰件。硬质聚苯乙烯泡沫塑料大量用于轻质板材芯层和泡沫包装材料。	
3. 聚乙烯（PE）	聚乙烯有优良的耐低温性和耐化学药剂侵蚀性，突出的电绝缘性能和耐辐射性以及良好的抗水性能。但它对日光、油类影响敏感，而且易燃烧。聚乙烯常用于制造防渗防潮薄膜、给排水管道，在装修工程中，可用于制作组装式散光格栅、拉手件等。	
4. 聚酰胺（PA）	聚酰胺俗称"尼龙"，常用品种有尼龙6、尼龙66、尼龙610及尼龙1010等。聚酰胺坚韧耐磨，抗拉强度高，抗冲击韧性好，有自润滑性，并有较好的耐腐蚀性能。聚酰胺可用于制作各种建筑小五金、家具脚轮、轴承及非润滑的静摩擦部件等，还可喷涂于建筑五金表面起到保护装饰作用。	
5. ABS塑料	ABS为不透明的塑料，呈浅象牙色，具有良好的综合机械性能：硬而不脆，尺寸稳定，易于成型和机械加工，表面能镀铬，耐化学腐蚀。缺点是不耐高温，耐热温度为96～116℃，易燃、耐候性差。ABS塑料可用于制作压有美丽花纹图案的塑料装饰板材及室内装饰用的构配件；可制作电冰箱、洗衣机、食品箱、文具架等现代日用品；ABS树脂泡沫塑料尚能代替木材，制作高雅而耐用的家具等。	
6. 聚甲基丙烯酸甲酯（PMMA）	PMMA俗称"有机玻璃"，是透光率最高的一种塑料，透光率达92%，但它的表面硬度比无机玻璃差得多，容易划伤。PMMA具有优良的耐候性，处于热带气候下暴晒多年，它的透明度和色泽变化很小，易溶于有机溶剂中。PMMA塑料在建筑中大量用作窗玻璃的代用品，用在容易破碎的场合。此外，PMMA尚可以用作室内墙板，中、高档灯具等。	
6-1. 塑料墙纸	最常见的有塑料地板、铺地卷材、塑料地毯、塑料装饰板、塑料墙纸、塑料门窗型材、塑料管材等。塑料墙纸是以一定材料为基材，在其表面进行涂塑后再经过印花、压花或发泡处理等多种工艺而制成的一种墙面装饰材料。塑料墙纸的特点：①装饰效果好；②性能优越，根据需要可加工成具有难燃隔热、吸音、防霉且不容易结露，不怕水洗，不易受机械损伤的产品；③适合大规模生产；④粘贴施工方便，纸基的塑料墙纸，可用普通107胶黏剂或乳白胶即可粘贴，且透气性好；⑤使用寿命长，易维修保养。	
6-2. 塑料地板	塑料地板是发展最早、最快的建筑装饰塑料制品，目前常用的是PVC塑料地板。由于PVC具有较好的耐燃性、自熄性，加上它的性能可以随增塑剂、填充剂的加入量而变化，所以成为塑料地板理想的原材料。塑料地板是建筑塑料制品之一，由高分子树脂及其助剂通过适当的工艺所制成的片状地面覆盖材料。对塑料地板可以按以下方式分类：①按所用树脂种类分有聚氯乙烯塑料地板、氯乙烯—醋酸乙烯塑料地板、聚乙烯—聚丙烯塑料地板三种。目前，绝大部分塑料地板属第一种。②按生产工艺分有压延法塑料地板、热压法塑料地板和涂布法塑料地板等。③按地板外形分有块状塑料地板和塑料卷材地板。	

六、装饰玻璃

（一）概述性能应用

玻璃是以石英砂、纯碱、石灰石等无机氧化物为主要原料，与某些辅助性原料经高温熔融，成型后经过冷却而成的固体。与陶瓷不同的是，它是无定形非结晶体的均质同向性材料。

玻璃是现代室内装饰的主要材料之一。随着现代建筑发展的需要和玻璃制作技术上的飞跃进步，玻璃正在向多品种多功能方面发展。例如，其制品由过去单纯作为采光和装饰功能，逐渐向着控制光线、调节热量、节约能源、控制噪音、降低建筑自重、改善建筑环境、提高建筑艺术等多种功能发展，具有高度装饰性和多种适用性的玻璃新品种不断出现，为室内装饰装修提供了更大的选择性。

（二）玻璃的基本分类

1. 钠玻璃，其品种很多，可以按化学组成、制品结构与性能来分类，由氧化硅、氧化钠、氧化钙组成。钠玻璃的力学性质、热性质、光学性质及热稳定性较差，用于制造普通玻璃和日用玻璃制品。

2. 钾玻璃，硬度较大，光泽好，又称作硬玻璃。钾玻璃多用于制造化学仪器、用具和高级玻璃制品。

3. 铝镁玻璃，是以部分氧化镁和氧化铝代替钠玻璃中的部分碱金属氧化物、碱土金属氧化物及氧化硅制成的。它的力学性质、光学性质和化学稳定性都有所改善，用来制造高级建筑玻璃。

4. 铅玻璃，称铅钾玻璃、重玻璃或晶质玻璃。它是由氧化铅、氧化钾和少量氧化硅组成的。这种玻璃透明性好，质软，易加工，光折射率和反射率较高，化学稳定性好，用于制造光学仪器、高级器皿和装饰品等。

界面材料	特点、基本属性、技术指标、应用效果	例图
1. 平板玻璃	平板玻璃包括拉引法生产的普通平板玻璃和浮法玻璃。浮法玻璃比普通平板玻璃具有更好的性能，主要用作汽车、火车、船舶的门窗风挡玻璃，建筑物的门窗玻璃，制镜玻璃以及玻璃深加工原片。	
2. 钢化玻璃	钢化玻璃是将玻璃加热到接近玻璃软化点的温度（600~650℃），以迅速冷却或用化学方法钢化处理所得的玻璃深加工制品。它具有良好的机械性能和耐热冲击性能，又称为强化玻璃。	
3. 夹层玻璃	夹层玻璃系两片或多片平板玻璃之间嵌夹透明塑料薄片，经加热、加压，黏合而成的平面或弯曲的复合玻璃制品。夹层玻璃的抗冲击性比普通平板玻璃高出几倍。玻璃破碎时不裂成碎块，仅产生辐射状裂纹和少量玻璃碎屑，而且碎片仍粘贴在膜片上，不致伤人。因此夹层玻璃也属于安全玻璃。夹层玻璃的透光性好，如2+2mm厚玻璃的透光率为82%。夹层玻璃还具有耐久、耐热、耐湿、耐寒等性质。	
4. 中空玻璃	中空玻璃中由两层或两层以上的平板玻璃原片构成，四周用高强度气密性复合胶黏剂将玻璃及铝合金框与橡皮条、玻璃条黏结、密封，中间充入干燥气体，还可以涂上各种颜色或不同性能的薄膜，框内充以干燥剂，以保证玻璃原片间空气的干燥度。玻璃原片可以采用普通平板玻璃、钢化玻璃、压花玻璃、热反射玻璃、吸热玻璃和夹丝玻璃等。	
5. 热反射玻璃	热反射玻璃是将平板玻璃经过深加工处理得到的一种新型玻璃制品。它既具有较高的热反射能力，又保持了平板玻璃的透光性，具有良好的遮光性和隔热性能。具有单向透视功能。它用于建筑的门窗及隔墙等处。	
6. 吸热玻璃	既能保持较高的可见光透过率，又能吸收大量红外辐射的玻璃称为吸热玻璃。吸热玻璃按颜色分为灰色、茶色、绿色、古铜色、金色、棕色和蓝色等。	
7. 玻璃马赛克	玻璃马赛克又称玻璃锦砖，玻璃马赛克是将长度不超过45mm的各种颜色和形状的玻璃质小块铺贴在纸上而制成的一种装饰材料。色泽绚丽多彩，典雅美观，质地坚硬，性能稳定，具有耐热、耐寒、耐候、耐酸碱等性能，价格较低，施工方便。玻璃马赛克适用于宾馆、医院、办公楼、礼堂、住宅等建筑的外墙装饰。	

5. 硼硅玻璃，又称耐热玻璃，它是由氧化硼、氧化硅及少量氧化镁组成。它有较好的光泽和透明性，力学性能较强，耐热性、绝缘性和化学稳定性好，用来制造高级化学仪器和绝缘材料。

6. 石英玻璃，由纯净的氧化硅制成，具有很强的力学性质，热性质、光学性质、化学稳定性也很好，并能透过紫外线，用来制造高温仪器灯具、杀菌灯等特殊制品。

（三）玻璃的性质

1. 玻璃的力学性质，理论抗拉强度极限为 12000Mpa，实际强度只有理论强度的 1/300~1/200，一般为 30~60Mpa，玻璃的抗压强度约为 700~1000Mpa。

2. 玻璃的光学性质，是玻璃最重要的物理性质。光线照射到玻璃表面可以产生透射、反射和吸收三种情况。光线透过玻璃称为透射；光线被玻璃阻挡，按一定角度反射出来称为反射；光线通过玻璃后，一部分光能量损失在玻璃内部称为吸收。

3. 玻璃的热工性质，是导热系数较低的材料。当发生温度变化时，玻璃产生的热应力很高。在温度剧烈变化时玻璃会产生碎裂，玻璃的急热稳定性比急冷稳定性要强一些。

4. 玻璃的化学性质，具有较高的化学稳定性，它可以抵抗除氢氟酸以外所有酸类的侵蚀，硅酸盐玻璃一般不耐碱。玻璃遭受侵蚀性介质腐蚀，也能导致变质和破坏。通过改变玻璃的化学成分，或对玻璃进行热处理及表面处理，可以提高玻璃的化学稳定性。

（四）常用装饰玻璃材料和制品 [表1-18(左)、1-19（右）]

界面材料	特点、基本属性、技术指标、应用效果	例图
8. 磨砂玻璃	磨砂玻璃又称为毛玻璃，它是将平板玻璃的表面经机械喷砂、手工研磨或用氢氟酸溶蚀等方法处理成均匀毛面而成。由于表面粗糙，只能透光而不能透视，多用于需要隐秘或不受干扰的房间，如浴室、卫生间和办公室的门窗等，也可用作黑板。	
9. 压花玻璃	压花玻璃又称为滚花玻璃，是在平板玻璃硬化前用带有花样图案的滚筒压制而成的。常用于办公室、会议室、浴室及公共场所的门窗和各种室内隔断。	
10. 夹丝玻璃	将编织好的钢丝网压入已软化的玻璃即制成夹丝玻璃。这种玻璃的抗折强度高，抗冲击能力和耐温度剧变的性能比普通玻璃好。破碎时其碎片附着在钢丝上，不致飞出伤人。适用于公共建筑的走廊、防火门、楼梯、厂房天窗及各种采光屋顶等。	
11. 光致变色玻璃	在玻璃中加入卤化银，或在玻璃与有机夹层中加入铝和钨的感光化合物，就能获得光致变色性。光致变色玻璃受太阳或其他光线照射时，颜色随着光线的增强而逐渐变暗；照射停止时又恢复原来的颜色。目前，光致变色玻璃的应用已从眼镜片开始向交通、医学、摄影、通信和建筑领域发展。	
12. 泡沫玻璃	泡沫玻璃是以玻璃碎屑为原料，加少量发气剂，经发泡炉发泡后脱模退火而成的一种多孔轻质玻璃。不透水、不透气，能防火，抗冻性强，隔声性能好。可锯、钉、钻。是良好的绝热材料，可用作墙壁、屋面保温，或用于音乐室、播音室的隔声等。	
13. 镭射玻璃	是国际上十分流行的一种新型建筑装饰材料。它是以平板玻璃为基材，采用高稳定性的结构材料。镭射玻璃的特点在于，当它处于任何光源照射下时，都将因衍射作用而产生色彩的变化；而且，对于同一受光点或受光面而言，随着入射光角度及人的视角的不同，所产生的光的色彩及图案也将不同。五光十色的变幻给人以神奇、华贵和迷人的感受。镭射玻璃是用于宾馆、饭店、电影院等文化娱乐场所以及商业设施装饰的理想材料，也适用于民用住宅的顶棚、地面、墙面及封闭阳台等的装饰。此外，还可用于制作家具、灯饰及其他装饰性物品。	
14. 玻璃砖	玻璃砖又称特厚玻璃，分为实心砖和空心砖两种。玻璃砖可用于建造透光隔墙、隔断、楼梯间、门厅、通道等和需要控制透光、眩光和阳光直射的场合。	

七、装饰金属（表1-20、21）

金属材料是指金属元素材料或其合金材料，金属材料一般分为黑色金属及有色金属两大类。黑色金属基本成分为铁及其合金，钢材主要是作房屋、道路、桥梁等建筑工程的结构性材料，不锈钢和彩色钢板多用作装饰性材料。有色金属是除铁以外的其他金属，如铝、铜、铅、锌、锡等及其合金。

金属材料具有较高的强度和独特的色泽，能抵抗较大的变形，能制成各种形状的制品和型材。在现代建筑空间中，金属装饰材料被广泛采用，开发出多种多样的材料产品，设计出丰富多彩的装饰语言和样态。角钢、槽钢及工字钢等受力结构件，不在本教材中赘述，装饰金属材料和制品详见右表。

（一）不锈钢及彩钢材料

以普通钢材为基体添加多种元素，或在普通钢材表面进行涂层处理，可使普通钢材成为一种全新的、功能独特的装饰材料。建筑装饰工程中常用的钢材制品主要有不锈钢板与钢管、彩色不锈钢板和彩色压型钢板等。

不锈钢是加铬元素为主并加其他元素的合金钢，通常是指含铬12%的具有耐腐蚀性能的铁基合金。铬含量越高，钢的抗腐蚀性越好。除铬外，不锈钢中还含有镍、锰、钛、硅等元素，这些元素都能影响不锈钢的强度、塑性、韧性和耐蚀性。

（二）铝及铝合金材料

铝是有色金属中的轻金属，银白色。铝的导电性能和导热性能都很好，化学性质也很活泼，在空气中表面易生成一层氧化铝薄膜。纯铝具有很好的塑性，可制成管、线、板和箔等。铝的抛光表面对白光的反射率达80%以上，对紫外线、红外线也有较强的反射能力。铝还可以进行表面着色，从而获得良好的装饰效果。但铝的强度和硬度较低。铝一般不作为结构材料使用，经常加入镁、锰、铜、锌、硅等合金元素形成铝合金。铝合金保持

界面材料	特点、基本属性、技术指标、应用效果	例图
不锈钢及彩钢材料 1. 不锈钢薄板	不锈钢薄板包括光面或镜面不锈钢、雾面板、丝面板、腐蚀雕刻板、凹凸板和半球形板（弧形板）。现代装饰中主要用于壁板及天花板、门及门边收框、台面的薄板、隔屏等。	
2. 不锈钢型材	不锈钢管材的产品包括平管、花管、方管、圆管、圆管两端斜管、方管两端斜管、彩色管及半球管等。不锈钢角材与槽材的产品有等边和不等边材。常用作栏杆或扶手、防盗门、家具的支架或收边、招牌或招牌字、展示架、灯架和花台等。	
3. 彩色不锈钢制品	在不锈钢板上进行技术性和艺术性的着色处理，使其表面成为具有各种绚丽色彩的不锈钢装饰板，有蓝、灰、紫、红、青、绿、金黄、橙、茶色等多种。可用作厅堂墙板、天花板、建筑装潢、招牌等装饰之用。 具有抗腐蚀性强、较高的机械性能、彩色面层经久不褪色、色泽随光照角度不同会产生色调变幻等特点。	
4. 彩色涂层钢板	通常是指将基板进行表面处理后涂敷涂料或黏结有机薄膜并烘烤而成的产品，"彩板"由基材、镀层、涂层三部分组成，性能主要取决于涂层的性能。有涂装钢板、PVC钢板、隔热涂装钢板、高耐久性涂装钢板等品种。 主要用于护墙板，直接用它构成围护墙则需做隔热层，还可作为屋面板、瓦楞板、防水防气渗透板、耐腐蚀设备、构件等。	
5. 彩色压型钢板	采用彩色涂层钢板，经辊压冷弯成型各种波形的压型板。可以单独使用，用于不保温建筑的外墙、屋面或装饰，也可以与岩棉或玻璃棉组合成各种保温屋面及墙面。厚度为0.5~1.2mm，板长不限。主要特点：施工期短，造价低，外型美观，保温性能好，色彩鲜艳，耐腐蚀性强，寿命可达到20年以上。	
6. 轻钢龙骨	轻钢龙骨是以冷轧钢板、镀锌钢板或彩色喷塑钢板，采用冷弯工艺生产的薄壁型材，经组合装配而成的一种金属骨架。按用途分为隔墙龙骨及吊顶龙骨。 具有强度大、自重轻、通用性强、抗震性能好、耐火性好、安装简易等优点，可装配各种类型的石膏板、钙塑板、吸音板等。	
铝及铝合金材料 1. 铝合金门窗	由表面处理的铝合金型材，经过下料、打孔、铣槽、攻丝、制窗等加工工艺而制成的门窗框架。在现代建筑装饰工程中，尽管铝合金门窗比普通门窗的造价高3~4倍，但因其长期维修费用低、性能好、美观、节约能源等，故仍得到广泛应用。	

了铝质量轻的特性，机械性能明显提高，耐腐蚀性和低温变脆性得到较大改善，主要缺点是弹性模量小、热膨胀系数大、耐热性低、焊接需采用惰性气体保护焊等。铝合金有隔墙龙骨等结构的应用，门窗类结构的应用，还有装饰和绝热材料的应用。

（三）铜及铜合金材料

铜是我国历史上使用最早、用途较广的一种有色金属。铜合金最初是用手制造武器而发展起来的，也做宗教祭具、货币和装饰品等，也是一种古老的建筑材料。在古建筑中，铜材是一种高档的装饰材料，用于宫廷、寺庙、纪念性建筑以及商店铜字招牌等。在现代建筑装饰方面，铜材集古朴和华贵于一身。

纯铜由于表面氧化而呈紫红色，故称紫铜，具有很高的导电性、导热性、耐蚀性及良好的延展性、易加工性，可压延成薄片（紫铜片）和线材，是良好的止水材料和导电材料。在工程中更广泛使用的是在铜中掺入锌、锡等元素制成的铜合金，铜合金主要有黄铜、白铜和青铜，其强度、硬度等机械性能得到了明显提高。

（四）其他金属装饰材料与制品

铁艺装饰来源于欧洲，线条流畅、简洁，古典与现代相结合，深受大家的喜爱。从户外的防盗门、窗外的护栏到家庭内部装饰。铁艺饰品集功能性与装饰性于一体，呈现出古典美与现代美的结合。

装饰金箔可用于欧式风格的建筑，也可以用于传统中式风格或日式风格的建筑。金箔装饰，这一古老、传统、华贵的装饰工艺，在现代建筑装饰工程中发挥着特有的风采。

金属面装饰板的种类有很多，如金属铜面压花装饰板、金属雕花复合装饰板、金属饰面实木复合门等。这种既环保又隔热、隔声、阻燃的高级装饰板材，其装饰效果高贵华丽，美观大方，风格独特，经久耐用，给人们以全新的艺术感受和生活享受。

界面材料	特点、基本属性、技术指标、应用效果	例图
2. 铝合金装饰板	铝合金装饰板具有质量轻、不燃烧、耐久性好、施工方便、装饰效果好等优点，适用于公共建筑室内外墙面和柱面的装饰。颜色有本色、金黄色、古铜色、茶色等。近年来在装饰工程中用得较多的铝合金板材有花纹板、压型板、铝扣板、铝合金穿孔板。	
3. 铝合金其他装饰制品	①铝合金吊顶龙骨。②铝箔。铝箔有很好的防潮性能和绝热性能，铝箔波形板、铝箔泡沫塑料板等有很好的装饰作用。③铝合金百叶窗。④镁铝饰板、镁铝曲板。⑤铝合金栏杆、扶手、屏幕、格栅。另外，铝合金还可压制五金零件以及标志等装饰制品，既美观，金属感强，又耐久不腐。	
铜及铜合金材料 1. 铜合金型材	有空心型材和实心型材，也具有与铝合金型材类似的特点，可用于门窗的制作。以铜合金型材作骨架，以吸热玻璃、热反射玻璃、中空玻璃等为立面形成的玻璃幕墙。另外，利用铜合金板材制成铜合金压型板应用于建筑物外墙装饰，同样使建筑物金碧辉煌、光亮持久。	
2. 铜质制品	具有金色感，常替代稀有的、价值昂贵的金在建筑装饰中作为点缀使用。铜质的把手、门锁、执手、楼梯扶手栏杆、踏步上附有铜质防滑条、浴缸龙头、坐便器开关、淋浴器配件，各种灯具、家具的铜合金，无疑会在原有豪华、高贵的氛围中添增了装饰的艺术性，使其装饰效果得到淋漓尽致的发挥。	
3. 铜粉	俗称"金粉"，是一种由铜合金制成的金色颜料，主要成分为铜及少量的锌、铝、锡等金属。常用于调制装饰涂料，可替代"贴金"。	
其他金属装饰材料与制品 1. 铁艺装饰	有铁栅栏、铁屏风、楼梯、茶几、花架、桌椅扶手、门窗等，适合于个性化需求。铁艺饰品在空间装饰中一定要与整体美感相吻合。例如，铁艺饰品装在门框上，要同时考虑门套、门页、门扶手的用材、造型，处理手法是否一致。在突出个性审美情趣时，更要营造整体和谐美。	
2. 金箔装饰	金箔是以黄金为原料制成的一种极薄的饰面材料。黄金的天然延展性很强，用黄金打造而成的金箔，裁成10×10cm左右大小的金箔纸片，夹在专用的毛边纸中，配以专用的镊子夹起。金箔目前较多的是在国家重点文物和高级建筑物的局部使用。	
3. 金属面装饰板	是一种新型的金属复合装饰材料，由金属面板、金属底板、非金属夹芯层和夹芯层的两个表面上附着的黏结膜组成。金属面板可选用彩钢、不锈钢等材料，表面可进行涂层、雕花、压花处理，以加强装饰效果。内芯采用不同的新型功能性材料，根据要求分别达到阻燃防火、保温隔热、隔声等功效。金属雕花保温复合板的主要优点有耐久性、防火性、隔热性、隔声性、环保性。主要用途有轻体房、售票亭、物业管理房、邮政报刊亭、公园商亭、移动公共卫生间等。	

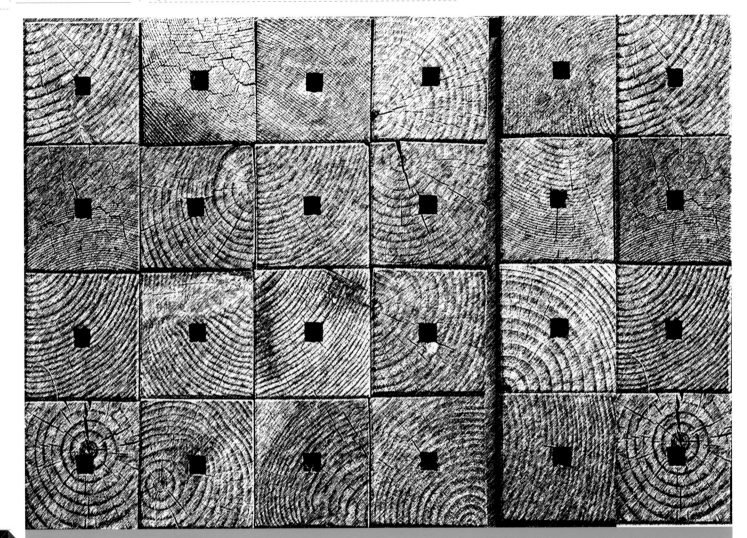

第一章 界面设计语言

第 五 节

材料的设计语言

/ 材料设计语言的分析
/ 材料设计语言的元素
/ 材料设计语言的构成
/ 材料设计语言的运用

材料是形成界面的基本要素，对材料的了解有助于对界面基础的掌握，对材料的分析有利于理解界面的构建，对材料的掌握便于组织界面的设计。本教程中对材料的研究主要是针对公共空间装饰主材，研究分析材料。本节我们从材料的基本属性开始，分析材料与形成界面的关系，研究材料的设计语言与界面设计应用等。

材料情感分析表（表1-22）

空间界面例图				
材料	麻面石材	光亮石材	木材质	水体
情感	——浑厚、坚硬、天然、凝重	——高贵、华丽、稳重	——醇厚、朴实、怀旧	——流畅、随意、自然
空间界面例图				
材料	亚光皮革（压花）	光亮皮革（人造革）	棉麻制品	
情感	——奢侈、华贵	——前卫、时尚	——触感、温暖、亲切	
空间界面例图				
材料	透明塑料	高反射金属	亚光金属	高透光材料玻璃等
情感	——时尚、活泼	——夺目、前卫、科技感	——科技感实足	——纯净、高贵、典雅

一、材料设计语言的分析

材料的设计语言学习，我们可以从物理、情理和事理三个方面综合分析。

首先是从材料的物理量方面考察，不同材料自身天然有着不同的效果，与周围事物相比有着自身的特点和意义。材料在自然方面的这一属性，我们已在前面部分进行了分析，需要同学们进行合理的学习和充分的记忆。

其次是在材料的心理体验和情感量上的分析，是一个重要的方面。材料设计语言的情感量是充分与"人"有关的，材料的情感语言实际上是"人"的情感，人们在情感体验上的经验是由材料来提示、代言和营造的。所以，材料的情感设计语言是人的"移情"和"因人而异"的，需要合理分析情感形成的情景。材料的心理体验和情感是一个综合的效果，除材料自身的特点外，与人的个体经验和社会意识有关。感受材料的积极、消极、冷暖等情感可以整理和收集经典例子，如上表的材料情感分析；同时注意情感情景的形成机制，才能更有效地把握材料情理分析。

第三是材料设计语言的事理分析，也就是材料语言需要在具体设计中进行应用性思考分析。在公共空间的设计中，除了材料要素外，还有空间、场所、环境、人文、经济等许多因素，材料的设计语言需在这些因素的整体系统下分析。材料设计语言有着"语言场合"的调整和再定义。例如，装饰在卫生间的马赛克也有装点在酒吧墙壁上，将原来精致和高档的语言转移到另一空间内的同时，增加空间的质感和力量。文化石在主题空间中，时常表述着"文化"风情的意义，在公共卫生间内则叙述着"原始"的自由。

035

二、材料设计语言的元素

材料也是一个整体的概念，观察和选择层面的不同，材料的定义和获得的信息也将不同。材料设计语言的研究，我们可以从材料不同层面的元素剖析。

材料设计语言元素有：材料形态、材料质地、材料肌理与触觉、材料色彩与花纹（包括图案）和材料气息与声音等。材料设计语言的这些元素是在不同层面和角度定义的，

从属于材料的整体，元素间相互区别的同时也是相互影响的。我们通过下表对材料语言元素的分解，进行解读与学习。

材料设计语言的元素分析（表1-23）

语言元素	1. 材料形态	2. 材料质地	3. 材料肌理与触觉	4. 材料色彩与花纹	5. 材料气息与声音
概念特征	指材料的大小、形状、体量、空间尺度等信息。不同材料在设计使用中常体现不同的形态状况，同种材料也时常以不同的形态出现，展现材料形态的特征，适合人们需求。	是材料内在的本质特征，由其物理属性引发人们的感受差别，主要体现为材料的硬软、轻重、冷暖、干湿、粗细等。如有机玻璃和玻璃，光泽、色彩、肌理都相同，但因物理化学性能不同，人们感受的质地是不同的。	指物体的表面组织构造（形体和色彩），有凹凸立体的形状和光影色度的变化。肌理是一种"造型"，与一般的相比具有"小、多、棋布"的特点。有三种类型的肌理，"偶然形、几何形、有机形"。	指物体表面的色彩状况和图样变化，是"平"的。	材料在视觉和触觉外的被感知信息也是非常重要的，特别是在特种空间的设计中。如气味、磁场、辐射、扩散和反射等情况。材料在震动和撞击时发出声响，对声音的反射情况也是各异的，反映出材料的不同气息。如自然的气息、温和的气息、阴冷的气息等。
图例分析					

三、材料设计语言的构成

研究材料的属性时，多以物质的自然属性为基础，确定功能后对材料进行选择和设计，然后分析材料的艺术特性。在设计运用中，通常是结合这两类属性，以材料设计语言的元素进行研究。其中以形体为基础将材料分为点（粒）材、线（管）材、面（片）材和体（块）材等，进行设计语言的构成学的研究。这样有助于对材料在整体层面的理解和把握，综合性运用设计语言，摆脱繁琐的具体属性的困扰。

点状材料，能在视觉上产生感觉的小形体，灵动而活泼。线状材料，由各种天然纤维和化学纤维制成的线形材料，纤细而舞动。面（片）状材料，以金属和其他材料制成的呈片状的材料，波动而韧性。体（块）状材料，天然存在或通过化学方法合成的呈块状的材料，敦实又有体量感（例见下表分析整理）。

材料设计语言的构成分析（表1-24）

语言构成	1.点（粒）材	2.线（管）材	3.面（板）材	4.体（块）材
空间应用例图				
特征语言	金属颗粒——坚硬、耐压，具有小稳定感	金属丝——有强度、光感强，易弯曲、易成形，部分可做软质材的框架	铜板——强度好，不变形，可弯可折，可抛光，难加工，价格昂贵，用于特殊场合	铜块——表面抛光时，有一定的反射度，光泽好；粗糙效果时，显得古老稳重
空间应用例图				
特征语言	塑料颗粒——晶莹、透明、质脆，具有轻松活泼的感觉	玻璃棒——透明、易碎，难加工，光感强	铝板——强度较差，易加工，便于使用	不锈钢块——表面光洁度好，现代感强，反射周围的景观，造成一定的意境
空间应用例图				
特征语言	植物颗粒——质朴、饱满，往往给人以温馨的感觉	木条——朴实、温暖，可做线、层排列，也可做框架	木板——色泽纹理丰富，便于加工	木块——软木质地松软，容易切削；硬木质地细密，加工费时
空间应用例图				
特征语言	藤条——有强度，有韧性，可编结使用	纺织纤维——柔软、温暖、色泽丰富，可排列组合，需要依赖硬质材料做框架	金属网——通透、轻盈，能给人以稳定的朦胧感	石膏——质地细白，加水溶解后凝固成型，可翻制各种体块，也可做模具
空间应用例图				
特征语言	有机玻璃板——有透明、不透明和半透明多种效果，质地细腻，加热弯曲成型	塑料管——透明、不透明和半透明多种效果，亲切、有弹性，易加工	布料——作为不同材质效果的追求时使用，依赖硬质材料固定成一定的形态	石头——坚硬，有分量

材料与界面的塑造，在实际设计中融入三维形体要素，组织形态、视觉与触觉效等要素进行"点、线、面、体"的构成语言分析。另外还需要整体分析界面构成语言，认知材料的构成语言和设计信息。

在形态构成学中，有系统的形式法则和设计语言研究。不妨延展分析一下，材料在建构空间和形成界面的过程中，对空间主题塑造和情感氛围营造的作业和方法。下面四个设计案例是对不同种材料和同种材料在空间界面设计中的运用分析。对材料的可塑性开发，大量挖掘材料的形式表现和界面语言，是掌握设计的基本途径之一。

例1：
商业中心——塑造家居温馨舒适

亚光驼色 PVC 地面卷材
抛光松木实木地板
亚光红胡桃防火板
亚光白桦木防火板
白色烤漆金属板吊顶
拉丝不锈钢
钢化白玻璃

例3：
小餐饮店外墙——建造素雅和质朴的效果

白色乳胶漆顶面
新米黄肌理纹石膏墙
老旧实木板扶手
普通磨砂玻璃窗
白色油漆细条窗框

图1-20 东京中城中庭 / 2009 / 日本

例2：
酒吧——营造奢华和浪漫的主题

仿红木防火板
光亮金属板台面
高级光亮马赛克
金属丝质纱幔
米黄色肌理皮革
灰色亚光地砖

例4：
店中店——构造素雅和自然的品位

麻灰色肌理地砖
浅灰色肌理地砖
自然木色地板和展架
驼色细毛地毯
米色涂料墙面和顶棚

图1-21 某度假酒店 / 2013 / 三亚

四、材料设计语言的运用

材料设计语言的效果，最终得在设计应用中起作用。在具体设计运用中的材料，需要结合空间、光影、环境、风格等要素综合考虑。这个事理角度的思考，是在物理和情理相结合的基础上形成的。不同的材料有不同的基本属性，也具备不同的情感体验。因此在不同设计空间、环境、社会风格下，同样有着不同的注解。

材料设计语言的应用、材料原料的选择、材料空间的设计，一般来说需要综合考虑以下几个方面。

（一）空间功能与界面装饰

材料设计语言的应用必须从属于建筑空间的功能，分析空间装饰区域和部位，形成界面装饰的定位。在有限制的条件下进行创新，形成各种界面与装饰，不能为创新而创新。

（二）地域特征与气候条件

我国的资源材料在较为缺乏的情况下，设计选材大量应用原材，不是合适的方向。更不能打着"绿色"的旗号来进行所谓的接轨，挥霍材料资源。北欧等国家，由于其独特的自然环境以及丰富的森林资源，在设计中会经常以木材作为主要的建筑及装饰材料。但是，在我国，这不是我们选择的发展方向，组合性运用材料和运用设计语言，是材料运用的主要途径。

（三）区域场所与空间性质

在具体空间和场所性能的设定下，材料设计语言一般遵循空间尺度的认知体验，合理安排材料尺度和比例。例如，很少看到有大堂铺着马赛克，因为这与空间的尺度是有关系的；卫生间也很少看到铺着60cm的地砖。

（四）标准与功能

材料的选择要有准确的定位，该豪华的时候就应该选豪华的材料。就是说采用的材料要和周围相对应，符合主题功能要求。

（五）人文与民族性

文化认同和语意风格在材料设计语言上是一个"精神"定位的作用，需要依据客户需求，拟定主题风格，运用材料设计语言元素和构成等方法来塑造。

（六）经济性

要从经济角度考虑材料的选择，应树立一个可持续发展的观念。我认为真正有水平的设计师是在甲方给你很多困难的情况下，还可以处理得非常好，而不是依着设计的性子做。一个设计十全十美是不可能的，但总有相对合理的办法，这些都是要注意的。

目前材料品种繁多，大家平时关注的材料除了饰面材料，还要对一些骨架材料进行关注，这个是不能忽视的。不管是普通材料还是相对好一点的材料，做出来的视觉效果没有太大的变化。但是随着时间的推移，低档的材料可能就出现问题了，所以大家要尽量关注骨架材料的运用。骨架材料可以影响到空间内在功能质量，从而也是提升设计品质的所在。

图1-22 拉面店外墙 / 2012 / 名古屋

图1-23 表参道服装品牌店 / 2009 / 东京

039

/ 问题与解答

[提问1]:

老师，有同学说空间是一种语言，为什么是一种语言，这样的表达贴切吗？我们在空间设计时如何表达这种语言？

[解答1]:

通常我们认为语言是用来交流的，不能发声的空间怎能是一种语言，答案是肯定的。不是所有发生在空间中的行为都意味着交流，但大多数的空间行为都包含了某些程度的交流。

众所周知，依靠技术的支持，我们的生活产生了巨变。人与人之间有了全新的交流方式。电话、传真、电子邮件、微信、博客等等，这些交流的方式有利有弊，不在同一地点的时候，它们发挥作用，但更多的时候人们还是希望"面对面"交流，这样就需要有一个"交流现场"，这个现场就是满足"面对面"的"空间"。"空间"的形式是多元的，空间特质可以是商业的、行政的、教育的、娱乐的、休闲的等等。人们通过对空间语言的运用达到各种各样的目的，通过它既可以表达出我们的个性，也可以传达出与其他人的共性。设计师对空间的认知和控制都应是娴熟的，哪怕是通过布置和装饰的方式也同样能传递空间的信息。我们常常需要空间告诉我们如何行动，好的室内设计不是在浪费空间，而应该是让人改变心境建立关系、区分活动和提示引导恰当的行为。空间语言是建筑师的基本行业工具，就像肢体语言对于演员一样。同学们现在的任务首先是能很好地阅读空间语言、浅显地述说空间语言，希望同学们能够将日常生活中暗含的知识与自己的专业知识重新联系起来。

[提问2]:

商业空间设计通过有效的"主题内涵"是提升空间品质的有效手段，没有主题的创意难以体现设计的原创性，这种文化的追求仅仅靠表面的形式就能实现吗？界面的设计是表达内涵取得满意效果的最好途径吗？

[解答2]:

回答是否定的。这是因为界面的首要任务是界定空间的实体，其次是满足个性和共性的要求。各类空间都有明确的使用功能，这些不同的使用功能所体现的内容构成了空间的基本特征，这些特征决定了室内设计的审美趋向以及设计概念构思的确立。

室内设计的"主题内涵"是室内空间中所有实体和虚体的总体形象，通过人的视觉、听觉、嗅觉、触觉感官反应到大脑所形成的氛围感来实现的。其中视觉、触觉在所有的审美感官中起的作用较大。因此构成典型室内六个界面的形、色、质就成为设计中主题表达的重要内容。但不是全部内容，这是因为室内的光、色、内含物等对烘托室内主题，形成内涵同样起到举足轻重的作用。如果仅仅在界面的"表皮"做文章，而不深入地去接受、去思考，做出来的设计是平庸和乏味的。设计的目标是让更多的人产生共鸣，内涵丰富与否，决定了意境高远与否。

[提问3]:

面对图纸，我们习惯数字说话，面对实际空间我们首先应实际测量才能做出判断。图纸尺寸对比现实空间时，我们往往会发现现实空间与图面的空间感觉有出入，空间形态与尺度的把握光靠"人体工程学"是不够的，听说有很多书本之外的"功夫"是吗？设计师除了理论知识吸纳还有什么更好的办法和途径吗？

[解答3]:

室内空间的整体印象是界面围合的形式、围合空间中的光照来源、界面本身的材质、围合空间中的陈设物等等。平面布局中的功能实体的合理距离、软装规划，都与尺度、比例有着密切的关系。一个好的设计必须有效控制室内空间的尺寸和距离，人的行为满足仅仅满足生理尺度是不够的，心理尺度在很多时候同样重要。

我们对于一个没有摆放任何家具的固定空间的体量感知是有偏差的。尺度并不仅与尺寸相关，在小建筑里出现大尺度和在大建筑里出现小尺度都是很有可能的。

无论空间如何界定，它的依据是人体尺度和物体的数据，设计一定要有尺度和数据的概念，切不可以随心所欲，否则空间划分是徒劳的和不可行的。有时尺度的含义还包括富有、荣誉、实力等。例如，人民大会堂、巴黎歌剧院等建筑，其尺度是建筑反映其使用者在世界上的社会角色的重要部分。

尺度已经成为室内设计中最重要的概念之一，尺度的掌握没有千百次的体验、琢磨是很难达到的。

[提问4]:

设计可以说是从"抄袭"开始的,各种"风格"、"流派"的借用成为空间设计的满足,我们在困惑和迷茫之后,开始追求一些探索性的设计,空间的形态应该怎样去思考和表现?

[解答4]:

设计不单只是一种形式,设计应该是创意过程中生活品位、品质的享受过程。不单是选择哪一种材料或这种材料用完之后是否合适,只有你了解文化底蕴最深刻的内容,不断做探索性的设计,那才是永恒的。探索性的设计要靠自己不断地去完善,不是单纯要做简约就不要经典,做中式的就否定西式的,最有民俗性的东西就是最国际级的。多彩的生活方式与迥然不同的审美观,这些都为设计师创造表达提供了条件和依据。

空间形态是空间环境的基础,决定空间总体效果,对空间环境气氛、格调起关键性作用。空间的形态是依据主题而设定并采用与主题内涵相宜的造型形式的结果,随之赋予该形式特定的材料。

"态"与建筑相关,建立在内环境允许的范围内。"态"与文化相关,通过设计语言转换为对物化空间形态的解析。"态"与空间性质相关,含蓄、隐喻地传递"灵魂"。"态"与人相关,能够供人使用的完整的"场域"。

[提问5]:

当某一建筑材料的孔隙率增大时,材料的密度、表观密度、强度、吸水率、抗冻性及导热性是下降、上升还是不变?

[解答5]:

孔隙率是指孔隙在材料体积中所占的比例。一般孔隙率增大时,材料的原密度不变,但表现密度下降,因为含空体积增大;强度下降,随着表现密度的下降,材料组织稀松;吸水率上升,抗冻性下降;导热性下降,保温隔热性越好,吸声隔音能力越高。

[提问6]:

亲水性材料与憎水性材料是怎样区分的?举例说明怎样改变材料的亲水性与憎水性?

[解答6]:

看材料与水之间的作用力,具体看水在材料表面的润湿角θ。当θ≤90°,说明材料与水之间的作用力要大于水分子之间的作用力,材料可被水浸润,称该种材料是亲水的;当润湿角θ>90°,说明材料与水之间的作用力要小于水分子之间的作用力,则材料不可被水浸润,称该种材料是憎水的。

改变材料的这种亲水与憎水性,则需要改变材料与水之间的作用力,通过改变材料孔隙率来实现。例如提高环境温度,家居材料膨胀,提高孔隙率,从而提高亲水性;同样将材料的空隙减少或压实加密,可提升憎水性。

[提问7]:

影响材料的耐久性的因素应有哪些？在空间设计中怎样具体分析某种材料的耐久性？

[解答7]:

耐久性是指材料在使用过程中，在内外部因素的作用下，经久不破坏、不变质，保持原有性能的性质。

影响材料耐久性的外部作用因素：环境的干湿、温度及冻融变化等物理作用会引起材料的体积胀缩，周而复始会使材料变形、开裂甚至破坏。与材料耐久性有关的内部因素，主要是材料的化学组成、结构和构造的特点。影响材料耐久性的外部因素，往往又是通过其内部因素而发生作用的。例如混凝土的耐久性，主要以抗渗性、抗冻性、抗腐蚀性和抗碳化性来体现。钢材的耐久性，主要决定于其抗锈蚀性，而沥青的耐久性则主要取决于其大气稳定性和温度敏感性。

[提问8]:

界面材料有许多，在空间设计中，怎样梳理材料品种才能有效记住啊？

[解答8]:

界面材料的掌握，除了对材料的基本属性的了解外，可以从基本材料和基本界面两个角度去梳理。基本材料就是从界面用材的材料类型认识，一般由石材、木材、金属、塑料、纤维和其复合材料组成，再在大类中细分，形成整体观念梳理。基本界面是指从材料营造界面类型，以天棚、地、墙等界面构造方式上去梳理，从构造原理分析。

[提问9]:

材料的设计语言元素有哪些？材料语言的情感体验，在设计运用时怎样把握？

[解答9]:

材料形态、材料质地、材料肌理与触觉、材料色彩与花纹（包括图案）和材料气息与声音等。材料的设计元素是分解着讲述的，而实际运用时在材料上是同时存在的，有主次选择的差异。

材料的情感是"人"的情感，所以理解材料的情感必须认识人的情感形成和交流过程。也就是分析材料对人形成的情感体验和人们的经验认识来把握，用材料和空间界面营造情感语境来把握材料语言的情感和寓意。

第一章　界面设计语言

/ 教学关注点

1. 界面设计的共性与个性的关注

较多的理论书籍已经告知界面设计其共性与个性的特点，我们的思维不要被过多的理论所束缚，我们学习的是方法更是思考。原创的设计来自对生活的观察和发现，人性化设计在室内设计中既有大空间的分割、动线的流畅，同时也有细处的关爱、细节的设置。发掘生活的体验，关注人们的共性，更要体会空间主题的个性和每个人的个性和特殊性，我们才能感悟空间真正的需要并通过设计给予满足。

2. 关注"技术"

天棚的封装使我们明白了一些原理，"裸露"的形式看似简单，但绝非"节约成本"，需要设计师对空间有更深入的解读，设计师光有艺术修养是不够的，同时需要建立技术素养。现在多元的表现形式、技术美感的表现成为界面结构的常态，因此，设计的学习，对形态、语义的满足是远远不够的，了解和掌握技术信息是所有设计师必备的，它有利于设计师绝妙创意的思维开发。但技术的转换需要一定的前提，与地区相适应，与具体情况相适应。

技术的约束统领着整个室内设计的全过程，从整体到局部。从形态的起伏、伸展到材质的刚柔粗细，都应满足技术上的基本规范，当然为了取得整体环境的良好品质，技术的满足只是开始，展示设计师的文化视野才是关键。

3. 材料类型与界面

材料是我们空间界面建构的重要设计语言，界面创意时常来源于材料的深层次挖掘与不断的否定。界面的空间叙说不应是教条的，我们从大师的设计中得到启示。西班牙建筑师卡拉特拉瓦的作品《里昂火车站》以诗般

的浪漫表现建筑的结构韵律与秩序，赋予冰冷的"黑钢"和"水泥"以人文情感与优雅的形态，尽显自然的神韵，给视觉和心灵的震撼是无法言表的，自然的气息犹如清风拂面，其独树一帜的视角处处体现感动，室内的垃圾桶不是立在地面上，而是设置在通道的墙壁上，小小的细节设计隐透着建筑师人性的关爱。

4. 界面设计语言的"对与错"

界面设计语言是不断发展的，不能用"对与错"的简单化标准。当经历丰富，体验不断增多之后，我们的内心会开始评判"这个做得更好"、"这个空间做得很有感觉"。这种抽象的"分寸感"听起来有点"模糊"。就作品而言，它具备多义性，开拓出无限的想象空间。就设计师而言，它是有趋向但又不明晰的追求。就受众而言，它是可以释读却不能一目了然地期待，这个期待很关键，那些现代设计精品的诀窍在于：既打破受众习惯的审美期待，又不粉碎这种期待可能转换出来的新期待。所有空间中的界面必须整体地思考、有效地控制，在任何一个空间对待不同界面应该是有区别的。形态、材料、工艺的控制就是潜在的"分寸"，设计师的"水准"就此分出高低，就是看他在多大程度上解决了设计表现中分寸的微妙，所谓环境的意境美，就是各种不同意义的和谐美，也就是看设计师在多大程度上把握了这种"和谐分寸"。

/ 训练课题

材料界面与设计语言的研究

分析整理某类或某一具体材料，进行性能、形态、设计语言与应用实例的关联性分析，可以从材料的物理、情理和事理的内在联系等角度进行。

要求制作图文对照的分析材料，进行合理配图和撰写自己理解的分析性说明文字。

/ 参阅资料

[1]《建筑设计的材料语言》，褚智勇，中国电力出版社，2006
[2]《建筑材料学》，霍曼琳，重庆大学出版社，2009
[3]http://www.baidu.com百度网
[4]http://www.nipic.com昵图网

室内空间的顶界面称之为天棚，也被称之为天花。天棚是室内空间意境表达的重要组成部分，是情感要求较高的典型界面，它在创造室内环境氛围和精神品质方面具有举足轻重的作用。

天棚设计要与室内的物质环境和室内精神环境相适应。所谓物质环境即建筑的梁、板、柱、墙、桁架、天窗等实际构件，还有现代建筑不可或缺的环境系统，涉及到水、电、风、光、声等多种技术领域。只有全方位、综合地考虑各种因素，才能使天棚获得特定的空间机能、视觉效果和环境个性。

第二章 天棚典型界面

1. 天棚界面建构与实施
2. 典型天棚界面工艺与图示
3. 典型天棚界面施工实践图例

/ 问题与解答
/ 教学关注点
/ 训练课题
/ 参阅资料

第二章 天棚典型界面

第 一 节

天棚界面建构与实施

/ 直接式顶棚工艺构造
/ 悬吊式顶棚工艺构造
/ 其他顶棚工艺构造

天棚是位于承重结构下部的装饰构件，位于房间的上方，而且其上布置有照明灯光、音响设备、空调及其他管线等，因此天棚构造与承重结构的连接要求牢固、安全、稳定。天棚的建构涉及到声学、热工、光学、空气调节、防火安全等方面，天棚装饰是技术要求比较复杂的装饰工程项目，应结合装饰效果的要求、经济条件、设备安装情况、建筑功能和技术要求以及安全问题等各方面来综合考虑。

一、直接式顶棚工艺构造

直接式天棚是在屋面板、楼板等的底面直接进行喷浆、抹灰或粘贴壁纸、面砖等饰面材料和工艺。有时不使用吊挂件，直接在楼板面铺设固定搁栅所做成的天棚，也归于此类。如直接式石膏装饰板天棚，PVC、新型合成材料等等。这一类天棚构造比较简单，属于简单装饰装修。构造的关键技术是如何保证饰面与基层粘贴牢固。

（一）抹灰、喷刷、裱糊类直接式天棚

1. 基层处理

基层处理的目的是为了保证饰面的平整和增加抹灰层与基层的黏结力。

2. 中间层、面层

其做法和构造与悬吊式顶棚及部分墙面装饰技术类同。

（二）装饰板、条类直接式天棚

这类天棚与悬吊式天棚的区别是不使用吊挂件，直接在楼板底面铺设基层和面层。

1. 铺设固定龙骨（或基层板）

直接式装饰板天棚多采用木方作龙骨，间距根据面板规格确定，固定方法一般采用冲击钻打孔，埋设锥形木楔的方法固定，另一种方法是选择木方短料直接用射钉枪固定。直接铺设基层板，对建筑基层的平整度要求较高。

2. 铺钉装饰面板

胶合板、合成板、石膏板、金属板（条）等板材均可直接与木龙骨钉接。空间和成本允许的情况下，先满铺一层基层板，面层的装饰面板工艺更佳。

3. 板面修饰

板与板拼接，阳角与阴角的处理。

（三）原结构天棚工艺构造

将屋盖或楼盖结构暴露在外，不另做封闭天棚，利用结构本身的形态、起伏、韵律作装饰，称为结构顶棚。例如大空间中的网架结构、拱形结构的透光屋盖等（见图2-1）。

建筑的底梁不做任何修饰，室内必需的水、电、风、光、消防、弱电等等所有物理人工设备与构件全部暴露在外，其施工工艺精致规范，甚至还涂装鲜艳的色彩，这一做法被称之暴露式天棚。

增强结构天棚的表现力和装饰效果，以下四种处理手法行之有效。

（1）利用色彩强调构件的装饰性，如见图2-2和图2-3；

（2）利用灯具及其光照强调空间的层次和结构的丰富性；

（3）采用适当工艺，渲染构造的技术之美，如见图2-4；

（4）借助一些软装饰品来调节空间的装饰效果。

图2-1 故宫门厅天花设计 / 台北 / 2011

图2-2 蓬皮杜国家艺术和文化中心天棚设计 / 法国 / 2012

二、悬吊式顶棚工艺构造

悬吊式天棚，是指这种天棚的装饰表面与屋面板、楼板等之间留有一定距离的天棚类型。在这一段空间中，通常要满足各种管道、设备的安装，如强弱电走线、空调管、通风管、消防管、烟感器走线等。悬吊的目的就是将杂乱的管线全部封装，通常在可能的情况下还利用这一段悬吊高度，使顶棚在空间高度上产生造型变化，错落有致，形成一定的立体感。

一般来说，悬吊式天棚可塑性大，形式感较强，变化丰富，装饰效果较好，适于中高档次的建筑环境中的天棚装饰。悬吊式天棚一般由吊筋、基层、面层三大基本部分组成。

（一）天棚的吊杆

吊杆是连接龙骨和承重结构的承重传力构件。吊杆的作用主要是承受顶棚的荷载，并将这一荷载传递给屋面板、楼板、屋顶梁、屋架等部位。其另一作用是调整、确定悬吊式顶棚的空间高度。

吊杆的形式和材料选用，与顶棚的自重及天棚所承受的灯具、风口等设备荷载的重量有关，也与龙骨的形式和材料，屋顶承重结构的形式和材料等有关。

吊杆可采用钢筋、型钢、镀锌铅丝或木方等加工制作。钢筋用于一般顶棚；型钢用于重型顶棚或整体刚度要求特别高的顶棚；木方一般用于木基层顶棚（局部空间使用，要求是阻燃木方），并采用铁制连接件加固。

（二）天棚基层

顶棚基层即顶棚骨架层，是一个包括由主龙骨、次龙骨（或称为主搁栅）所形成的网格骨架体系。其作用主要是承受天棚面层的荷载，保证面层的质量，并由它将这一荷载通过吊杆传递给楼盖或屋顶的承重结构。

常用的顶棚基层有木基层及金属基层两大类。公共空间中，除特殊造型或者异型构造外，木基层原则禁用或慎用，轻钢龙骨被广泛使用。

（三）天棚面层

面层是视觉完全感受到的，其作用是室内空间整体装饰的一部分。室内空间中有时天棚面层常常还要具有一些特定的功能，如防潮、保温、吸声、反射等。此外，面层的构造设计还要结合灯具、风口、烟感器、喷洒头等一起进行思考。

顶棚面层一般可分为五大类：
1. 大白乳胶漆类；
2. 板材类；
3. 软膜类；
4. 组合类；
5. 其他类。

第二章 天棚典型界面

图2-3 蓬皮杜国家艺术和文化中心天棚设计 / 法国 / 2012

图2-4 东方酒店餐厅天棚设计 / 巴塞罗那 / 2012

三、其他顶棚工艺构造

这类天棚受到经济、技术、材料的影响，构造工艺比较多元，选择的余地比较大，有些情况我们的天棚表现不一定是某种单一的构造形式，有时可能是多种工艺构造的结合体，例见图2-5。

（一）格栅式顶棚工艺构造

格栅类顶棚也称半开敞式天棚。它是在藻井式天棚的基础上，发展形成的一种独立的顶棚体系，是一种半暴露式吊顶形式，具有既遮又透的感觉，减少天棚的压抑感，格栅的尺度（厚度）决定视觉者观察棚内的明晰性。格栅类顶棚与照明设计的关系建立较为重要，既可以表现格栅的光晕，又要避免其往上的散光影响天棚视觉美观，统一向下的点光源或线光源给大型的空间环境带来了节奏和韵律之美。

半开敞式天棚上部空间处理，对于室内空间装饰效果的影响很大，上部空间的设备、管道及结构情况，往往近距离垂直向上是清晰可见的，通常的做法是利用灯光的灯罩反射，使上部发暗，空间内的设备、管道变得模糊。再有的做法是将顶板的混凝土及设备管道刷上一层灰暗的深色，借以模糊人的视线。

（二）发光天棚工艺构造

发光天棚是指通过灯光设计使天棚整体变亮，可以是大面积有规则透亮或自由无规则透亮。这种透亮是人工照明所为，因此要求光透均匀，光线柔和。这一天棚构造能减少室内空间的压抑感，例见图2-6。

传统的发光天棚设计多采用灯箱片、透明有机板、磨砂玻璃等等。这些材料在小面积的天棚和规则的形态造型相对容易完成，但遇到大面积的光体和异型、曲面等受到的局限太大。新型的软体材料品种多样，装饰效果丰富，可以根据需要大面积使用和不规则成型，既适合大型空间的天棚创意设计，也适合营造精致的小空间天棚。

（三）软体天棚工艺构造

软体天棚是一种个性的天棚构造。一般没有成型的产品，属设计师专门打造。这一天棚的造型形式比较自由，以渲染文化性和艺术性空间见长，可用纱、麻、布等，形成规则或不规则的幔，装饰室内顶部。

这类顶棚别具装饰风格，同时也有较好的吸声效果。但软体织物天棚有易燃的缺点，应选用阻燃织物或涂刷防火阻燃剂，大型空间慎用。

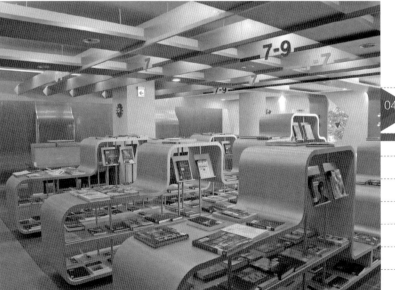

049

图2-5 六本木共享空间天棚设计 / 东京 / 2009

图2-6 国立台湾艺术大学图书馆天棚设计 / 台湾 / 2011

第二章 天棚典型界面

第二节

典型天棚界面工艺与图示

/ 直接抹灰天棚施工工艺
/ 装饰板、条类直接式天棚施工工艺
/ 金属装饰板天棚施工工艺
/ 矿棉板天棚施工工艺
/ 轻钢龙骨石膏板天棚施工工艺
/ 格栅式天棚施工工艺
/ 透光软膜天棚施工工艺

本节总结了七种典型天棚装饰工程的常见做法，总结出各类天棚施工项目中的法规、规范、标准和技术要求等，并通过图示直观剖析天棚工程内部构造层次及施工工艺流程。

通过学习、训练要求学生能够了解典型天棚工程的种类以及材料，掌握各类天棚的施工工艺流程及施工方法。

一、直接抹灰天棚施工工艺

天棚抹灰是天棚施工工艺中最简易的一种，它是土建施工过程中最常见的传统做法，属普通天棚施工工艺。顶棚抹灰所用的材料有水泥石灰砂浆、双飞灰胶浆、石灰砂浆、纸筋灰、麻刀灰和石膏灰等。熟悉的材料和工艺在设计师奇思妙想的创意下，往往可以使平凡生辉。

施工进程	施工项目	具体要求
（一） 施工准备	1. 技术准备	① 隐蔽管线铺设是否到位，施工建筑部位具备天棚抹灰条件。 ② 检查建筑基层误差情况。
	2. 材料准备	① 胶凝材料。② 细骨料。③ 纤维材料。④ 有机聚合物。所采购和进入施工现场的材料须正式报验，色泽、质量，除应有产品合格证外，还应自检和经监理工程师认可。
	3. 主要机具	① 红外线水平仪、铁皮抹子、木抹、托灰板、水平尺、小铁锤、木锤、錾子、木斗、线锥等。 ② 其他工具同内外墙面一般抹灰。
（二） 施工条件	1. 作业条件	① 根据室内高度和抹灰现场的具体情况，提前搭好抹灰使用的架子，架子施工要求满足一定高度，离开墙面及墙角一段距离以利操作。 ② 冬季施工应保持温度在5℃以上方可进行顶板抹灰，零下有冻结的现象不能施工。 ③ 施工时室内应保持良好通风，但不宜有过堂风。
	2. 安全条件和措施	① 高度作业超过2m应按规定搭设脚手架。 ② 现场卫生状况良好，专人清扫，要求洒水后作业，不得有扬尘污染。 ③ 打磨作业时操作工人应配戴相应的保护设施。
（三） 质量控制要点	1. 技术关键要求	① 抹灰工程进行之前结构工程必须经监理工程师、主管的质量监督部门验收合格。 ② 抹灰前应督促承包单位做好以下检查和修正：检查门窗框位置是否正确，过梁、梁垫、圈架、组合柱及其他需抹面部分剔平，对混凝土蜂窝、麻面、露筋等做好修补；管道穿越的墙洞、脚手眼、模板洞和楼板洞用相应的材料嵌实。
	2. 质量注意问题	① 钢筋混凝土模板顶棚抹灰时，要清理板底并混水刷刷水泥砂浆。 ② 抹灰前应在四周墙面上画出水平线，以墙上水平线为依据，先抹顶棚四周、圈边抄平。 ③ 顶棚表面顺平，压光压实，无纹和气泡，揉搓不平现象，顶棚与墙面相交的阴角成一条直线。
（四） 质量验收指标	1. 主控项目	① 天棚批腻粉刷所用材料的品种和性能应符合设计及国家规范、标准的要求。 ② 粉刷层与混凝土基体之间须黏结牢固，粉刷层应无掉皮、脱层、空鼓，面层应无裂缝。
	2. 一般项目	① 天棚薄抹灰工程的表面质量应符合国家相关规定。 ② 天棚孔洞、槽、盒周围的表面应边缘整齐、方正、光滑。 ③ 抹灰层的总厚度应符合设计要求且不宜大于10 mm。
	3. 成品保护	① 天棚薄抹灰工序与其他工序要合理安排，避免刷后其他工序又进行修补工作。 ② 干燥前，应防止尘土玷污和热气侵袭。

（五）直接抹灰天棚施工工艺流程图

弹水平线→平整基础面→刷结合层（仅适用于混凝土基层）+抹底灰、中灰→抹面灰。

（六）操作工艺

1.弹水平线。按抹灰层的厚度在四面墙上弹出水平线（一般距顶棚 100mm 左右）作为控制抹灰层厚度的基准线，同时确保顶棚阴角线成顺直的直线。

2.平整基础面。楼板底面凡是有突出的砂浆或混凝土，均应刮平，表面的凹坑，应先清洗后用1:2水泥砂浆分层补平。

3.刷结合层。太光滑的混凝土顶棚基层需先凿毛。扫净浮灰再浇水湿润，满刷一道素水泥浆（内掺水重 3%~5%的108胶）并用扫帚拉毛。

4.抹底灰。通常不做灰饼。抹灰前先用清水湿润基层。抹底灰的方向与楼板接缝及木模板木纹方向相垂直并用力抹压，使砂浆进入细小缝隙内。底灰要抹得薄、不漏抹。底灰抹完后，紧跟着抹中灰找平。先抹顶棚四周，再抹大面。抹完后要用木刮尺顺平，再用木抹子搓平。

5.抹面灰。待中灰干至六七成时，即可用纸筋石灰或麻刀石灰抹面层。如发现中灰过于发白，应适当浇水湿润。顶棚面层宜两道完成，控制灰层厚度不大于 3mm。第一道尽量薄，紧跟着抹第二道。第二道抹的方向与第一道垂直。待第二道稍干后，用铁抹子满压一遍，然后再按同一方向抹压赶光。

6.混凝土楼板顶棚抹灰分层做法：

分层做法	厚度（mm）
①1:0.5:4水泥石灰砂浆打底（两遍）	8
②纸筋灰罩面	2
①1:1水泥砂浆加2%醋酸乙烯乳液	2
②1:3:9水泥石灰砂浆找平	6
③纸筋纸灰罩面	2

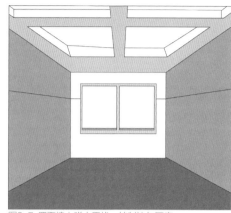

图2-7 四面墙上弹水平线，控制抹灰厚度

图2-8 清理凸起的基础面

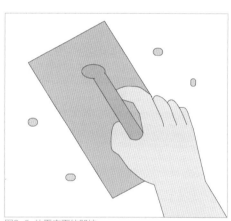

图2-9 补平表面的凹坑

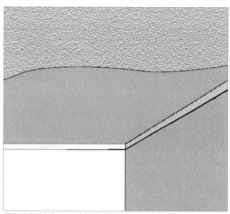

图2-10 抹底灰，先抹顶棚四周，由边缘往中部过渡

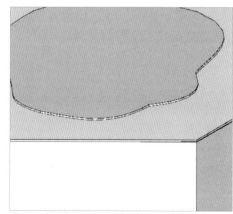

图2-11 抹面灰分两次，厚度要薄

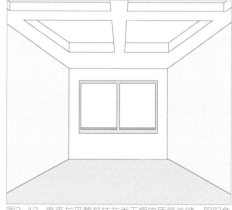

图2-12 垂直与平整是抹灰类天棚的质量关键，阴阳角要平滑规范

二、装饰板、条类直接式天棚施工工艺

装饰板、条类直接式天棚与悬吊式天棚的区别是前者不使用吊挂件，这种做法的优势是节省空间的高度，但公共空间使用会受到很大局限。常见于小型空间和一些特殊空间直接在楼板底面铺设固定龙骨和面板，随形就铺贴在原建筑的天棚表层。

施工进程	施工项目	具体要求
（一） 施工准备	1. 技术准备	① 了解材料性能。对日后的热胀冷缩有预判。 ② 隐蔽管线铺设结束，灯线预留位置准确。 ③ 检查楼板、梁的误差是不是在可控的范围内。
	2. 材料准备	① 材料选择要求符合国家规范（建议选用金属板、合成板和免漆板，避免选用木面板搓色刷油）。 ② 基层木龙骨和基层板一定要选择阻燃的符合防火要求的材料。
	3. 主要机具	红外线水平仪、板锯、电动自攻钻、电动无齿锯、手电钻、射钉枪、线坠、靠尺等。
（二） 施工条件	1. 作业条件	① 在顶棚施工前各专业的管线设施，按专业施工图安装完毕，并经隐检验收。 ② 地面没有其他施工的工种。
	2. 安全条件和措施	① 高度作业超过2m应按规定搭设脚手架。 ② 施工现场周边应根据噪声敏感区域的不同，选择低噪声设备或其他措施，同时应按国家有关规定控制施工作业时间。 ③ 施工时室内应防止烟火，保持良好通风。 ④ 临时用电专人管理。
（三） 质量控制要点	1. 技术关键要求	基层与楼板、梁的连接，木龙骨基层平整度，减少原有天棚的施工误差，确保天棚面层的平整度。
	2. 质量注意问题	① 面板接缝的处理及材料间相接的方式。 ② 阴角、阳角工艺技术。
（四） 质量验收指标	1. 主控项目	① 骨架木材和罩面板的材质、品种、规格、式样，应符合设计要求和施工规范的规定。 ② 木骨架必须安装牢固，无松动，位置正确。 ③ 罩面板无脱层、翘曲、折裂等缺陷。
	2. 一般项目	① 罩面板表面应平整、洁净，无污染、麻点、锤印，颜色一致。 ② 罩面板之间的缝隙或压条，宽窄应一致、整齐、平直，压条与板接缝严密。
	3. 成品保护	① 工程竣工后不能受到外力锐器碰撞，否则会影响天棚美观。 ② 改善室内卫生条件，现场清扫设专人洒水，不得有扬尘污染。

053

（五）装饰板、条类直接式天棚施工工艺流程图

弹水平线→基层处理→预埋固定件→基层龙骨（基层板）→面板。

（六）操作工艺

1.弹标高水平线

根据楼层标高水平线，顺墙高量至顶棚设计标高，沿墙四周弹顶棚标高水平线。

2.铺设固定龙骨

直接式装饰板顶棚多采用木方作龙骨，间距根据面板规格确定，固定方法一般采用胀管螺栓或射钉。轻型顶棚也可以采用冲击钻打孔，埋设锥形木楔的方法固定。所有露明的固定铁件，钉罩面板前未作防锈处理的必须刷好防锈漆，木骨架与结构接触面应进行防腐处理。

3.铺钉装饰面板

木板、石膏板、金属板、合成板等板材均可直接与木龙骨钉接。在木骨架底面安装顶棚罩面板，罩面板的品种较多，应按设计要求选择品种、规格，固定方式分为圆钉钉固法、木螺丝拧固法、胶结粘固法三种方式。

4.板面修饰

除金属板和免漆板外，木板、胶合板、石膏板还应作板面处理和修饰，具体的方法参照设计要求。

5.阴阳角处理

根据设计要求，采用同种材料或同类线形材料封装。

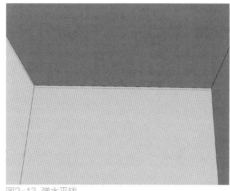

图2-13 弹水平钱

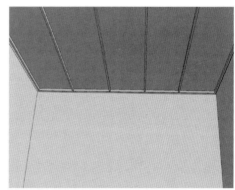

图2-14 小面积的空间考虑不影响顶棚高度，一般选择铺设木龙骨

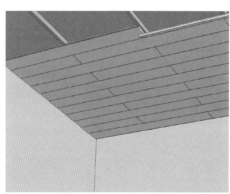

图2-15 面板铺设由一边开始，也可以由入口处向内推进

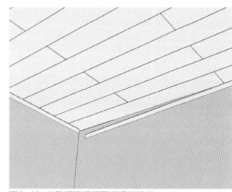

图2-16 龙骨间距根据面板规格确定

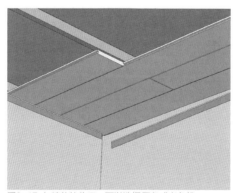

图2-17 与墙体的收口，可以选择压条或者角线

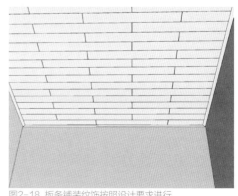

图2-18 板条铺装纹饰按照设计要求进行

三、金属装饰板天棚施工工艺
（也称集成吊顶）

金属装饰板是以不锈钢板、铝合金板、薄钢板等为基材，经冲压加工而成。表面作静电粉末喷涂、烤漆、滚涂、覆膜、拉丝等工艺处理。金属装饰板自重轻、刚性大、阻燃、防潮、色泽鲜艳、气派、线形刚劲明快，是其他材料所无法比拟的。多用于候车室、候机厅、办公室、商场、展览馆、游泳馆、地铁等公共空间的天棚装饰。

施工进程	施工项目	具体要求
（一） 施工准备	1. 技术准备	① 吊杆固定与其他各种隐蔽管线是否有冲突，若发生冲突后，确定现场解决方案。 ② 材料二次加工所需的场地与技术条件。
	2. 材料准备	符合国家材料规范要求。选择业绩比较好的企业比对材料价格、规格、信誉。材料运输、堆放、保管要有专业的要求，切勿踩踏。
	3. 主要机具	红外线水平仪、冲击钻、无齿锯、钢锯、射钉枪、刨子、螺丝刀、吊线锤、角尺、锤子、水平尺、白线、墨斗等。
（二） 施工条件	1. 作业条件	① 顶棚内的各种管线及设备安装调试完毕，确定好灯位、通风口及各种照明孔口的位置。 ② 顶棚罩面板安装前，墙、地湿作业工程项目应该已经完成。 ③ 大面积施工前，对顶棚的起拱度、灯槽、窗帘盒、通风口等处进行构造处理研究。
	2. 安全条件和措施	① 高度作业超过2m，应按规定搭设脚手架。 ② 中小型机具必须经检验合格，履行验收手续后方可使用。同时应由专门人员使用操作并负责维修保养。必须建立中小型机具的安全操作制度。 ③ 中小型机具的安全防护装置必须保持齐全、完好、灵敏有效。
（三） 质量控制要点	1. 技术关键要求	施工使用红外水平仪，确定空间水平位置，弹线必须精确，经复验后方可进行下道工序。金属板工艺误差必须符合规范要求，安装时拉空间整体贯通的基准线（简称通线）。
	2. 质量注意问题	① 吊顶的平整度：安装主龙骨吊杆要调直，长短一致；主龙骨安装后要调平、锁紧扣件和螺母，并拉通线检查标高和平整度，要达到施工规范的要求。 ② 金属扣板施工时应注意板块的规格，板安装要拉线找正，保证板缝平整对直。
（四） 质量验收指标	1. 主控项目	① 暗龙骨吊顶工程。质量要求符合《建筑装饰装修工程质量验收规范》（GB50210-2001）的规定。 ② 明龙骨吊顶工程。质量要求符合《建筑装饰装修工程质量验收规范》。
	2. 一般项目	① 表面应平整，不得有污染、折裂、缺棱掉角或锤伤等缺陷，接缝应均匀一致。 ② 装饰线条接缝光滑、顺畅，色差小，阴阳角接口严密。
	3. 成品保护	① 工程竣工后不能受到外力碰撞，否则会影响天棚美观。 ② 隐蔽工种需要维修天棚内部的管线时需有装修专业施工人员配合，不得擅自自行拆除。 ③ 灯具安装、风口安装等与棚面的连接要严密，必要时应由装修人员协助施工。

（五）金属装饰板天棚施工工艺流程图

基层弹线→安装吊杆→安装主龙骨→安装边龙骨→安装次龙骨→安装金属板→饰面清理。

（六）操作工艺

1. 弹线。根据楼层标高水平线，按照设计标高，沿墙四周弹顶棚标高水平线。并找出房间中心点，并沿顶棚的标高水平线，以房间中心点为中心在墙上画好龙骨分档位置线。

2. 安装主龙骨吊杆。在弹好顶棚标高水平线及龙骨位置线后，确定吊杆下端头的标高，安装预先加工好的吊杆，吊杆安装用φ8 膨胀螺栓固定在顶棚上。吊杆选用φ6.5 圆钢,吊筋间距控制在1200mm 范围内。

3. 安装主龙骨。主龙骨一般选用C38 轻钢龙骨，间距控制在1200mm 范围内。安装时采用与主龙骨配套的吊件与吊杆连接。

4. 安装边龙骨。按天花净高要求在墙四周用水泥钉固定烤漆龙骨，水泥钉间距不大于300mm。

5. 安装次龙骨。根据金属扣板的规格尺寸，安装与板配套的次龙骨，次龙骨通过吊挂件吊挂在主龙骨上。当次龙骨长度需多根延续接长时,用次龙骨连接件，在吊挂次龙骨的同时，将相对端头相连接，并先调直后固定。

6. 安装金属板。金属扣板安装时在装配面积的中间位置垂直次龙骨方向拉一条基准线，对齐基准线向两边安装。安装时，轻拿轻放，必须顺着翻边部位顺序将方板两边轻压，卡进龙骨后再推紧。

7. 清理。金属扣板安装完后,需用布把板面全部擦拭干净，不得有污物及手印等。

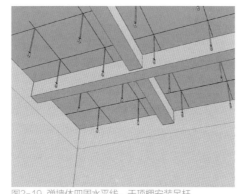

图2-19 弹墙体四周水平线，于顶棚安装吊杆

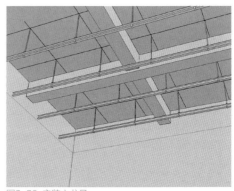

图2-20 安装主龙骨

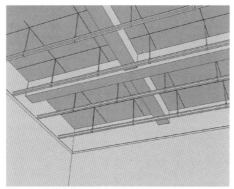

图2-21 安装边龙骨

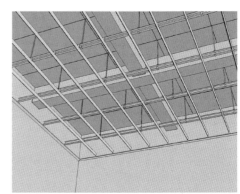

图2-22 安装次龙骨

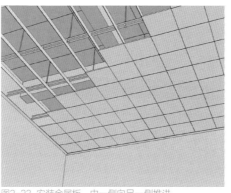

图2-23 安装金属板，由一侧向另一侧推进

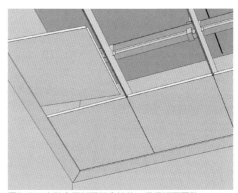

图2-24 安装金属板要轻拿轻放，保证板面平整

四、矿棉板天棚施工工艺

矿棉板是一种常见的吊顶形式，属经济型天棚构造。公共空间天棚广泛采用，尤其是办公空间、教育空间、商业空间。矿棉板具有质轻、施工方便、吸声、美观等优势。

施工进程	施工项目	具体要求
（一） 施工准备	1. 技术准备	① 图纸会审，检查隐蔽项目与面板的关系是否合理，发现问题及时提出，为确保装修效果，在不影响其他设备功效的情况下提出修改意见。 ② 检查标高与现场是否相符。
	2. 材料准备	① 矿棉板的规格、品种、表面形式、吸声指标必须达到设计要求和使用功能的要求。 ② 零配件：吊杆、花篮螺丝、射钉、自攻螺丝等，规格、质量应符合装修设计要求。 ③ 材料堆放的现场要求通风、干燥。
	3. 主要机具	红外线水平仪、电锯、冲击钻、手锯、钳子、螺丝刀、方尺、钢尺、钢水平尺、壁纸刀、拖线等。
（二） 施工条件	1. 作业条件	① 室内湿作业结束，地面施工完毕。 ② 顶棚内的各种设备安装工程必须施工完毕，通风管道的标高与吊顶标高无矛盾，检查口、风洞口以及各种明露孔位置确定。 ③ 安装矿棉板或安装边龙骨前墙面必须刮两遍腻子找平，否则造成墙面与顶棚阴角处不易处理好，尤其是石膏或乳胶漆残留在边骨上，日后会出现黄斑和泛锈，影响美观。
	2. 安全条件和措施	① 现场临时用电设专人管理。 ② 使用人字梯攀高作业时只准一人使用，禁止两人同时合用。
（三） 质量控制要点	1. 技术关键要求	① 吊筋点位合理，龙骨设置平整。 ② 在安装龙骨时，在灯具和风口位置的周边加设 T 形加强龙骨。
	2. 质量注意问题	① 主龙骨安装时要认真调平吊杆，避免造成各吊杆点的标高不一致。 ② 施工时应严格检查各吊点的紧挂程度，并拉线检查标高与平整度是否符合设计和施工规范要求。
（四） 质量验收指标	1. 主控项目	① 吊顶的标高、尺寸、起拱和造型符合设计要求。 ② 矿棉板的材质、规格、品种、图案符合设计要求。 ③ 吊杆，主、次龙骨的安装牢固。吊杆、龙骨的规格、安装间距及连接方式符合设计要求。
	2. 一般项目	① 罩面板表面洁净、色泽一致，没有翘曲、裂缝及缺损。 ② 饰面板上的灯具、烟感器、喷淋头、风口算子等设备的位置合理、美观。
	3. 成品保护	① 施工完成后的室内避免有积水现象，确保不变形、不受潮。 ② 吊顶龙骨上禁止铺设机电管道、线路。 ③ 确保室内清洁、无尘。

（五）矿棉板天棚施工工艺流程图

基层清理→弹线→安装吊筋→安装主龙骨→
安装次龙骨→校正调平→安装矿棉板。

（六）操作工艺

1.弹线。首先确定室内水平标高，然后根据
吊顶设计标高弹吊顶线作为安装的标准线。

2.吊杆制作安装。根据设计图纸要求确定
吊杆的位置，安装吊杆预埋件，刷防锈漆，
吊杆采用直径为8mm的钢筋制作，吊点间距
900~1200㎜。安装时上端与预埋件焊接，下
端套丝后与吊件连接。安装完毕的吊杆端头
外露长度不小于3㎜。

3.安装主龙骨。一般选用C38龙骨，吊顶主
龙骨间距为900~1200㎜。安装主龙骨时，应
将主龙骨吊挂件连接在主龙骨上，拧紧螺
丝，并根据要求吊顶起拱1/200，随时检查
龙骨的平整度。房间内主龙骨沿灯具的长方
向排布，注意避开灯具位置；走廊内主龙骨
沿走廊短方向排布。

4.安装次龙骨。配套次龙骨选用烤漆T形龙
骨，间距与板横向规格相同，将次龙骨通过
挂件吊挂在大龙骨上。

5.安装边龙骨。采用L形边龙骨，与墙体用
塑料胀管自攻螺钉固定，固定间距200㎜。

6.隐蔽检查。在水电安装、试水、打压完毕
后，应对龙骨进行隐蔽检查，合格后方可进
入下道工序。

7.安装饰面板。矿棉板选用认可的规格形
式，明龙骨矿棉板直接搭在T形烤漆龙骨上
即可。随安板按配套的小龙骨，安装时操作
工人戴白手套，以防止污染。

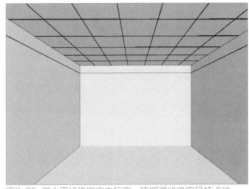

图2-25 弹水平线确定室内标高，顶棚弹线确定吊杆点位

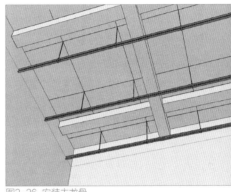

图2-26 安装主龙骨

图2-27 安装次龙骨和边龙骨

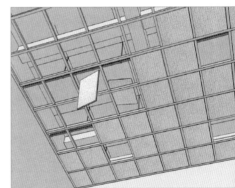

图2-28 隐蔽项目验收完毕后上装饰矿棉板

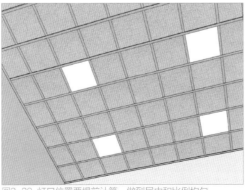

图2-29 灯口位置要提前计算，做到居中和比例均匀

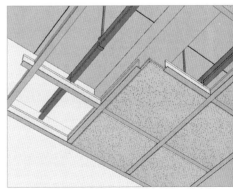

图2-30 面板施工要仔细，要求戴白手套，防止产生污染而影响美观

五、轻钢龙骨石膏板天棚施工工艺

轻钢龙骨石膏板天棚施工方便、速度快，而且
造价合理，且材料符合国家防火规范要求。这
一类型的天棚工艺适合很多公共空间的需要，
是绝大部分空间天花构造的首选。

施工进程	施工项目	具体要求
（一） 施工准备	1. 技术准备	① 对于天棚原有孔洞应填补完整，无裂漏现象。 ② 对上道工序安装的管线，应进行工艺质量验收；所预留出口、风口高度等应符合吊项设计标高。 ③ 图纸与施工班组的交底。对复杂天棚结构有所了解并作相应准备。
	2. 材料准备	① 轻钢骨架分U形骨和T形骨两种，按荷载分上人和不上人两种。 ② 轻钢骨主件为大、中、小龙骨，配件有吊挂件、连接件、挂插件。 ③ 零配件有吊杆、螺丝、射钉、自攻螺钉。
	3. 主要机具	红外线水平仪、电锯、无齿锯、射钉枪、手锯、手电钻、钢尺、钢水平尺等。
（二） 施工条件	1. 作业条件	① 室内窗门齐全，隐蔽工种施工接近尾声。 ② 确定好灯位、通风口及各种露明孔口位置。 ③ 顶棚罩面板安装前应是在墙、地湿作业工程项目结束之后，并以防石膏板安装后受潮。
	2. 安全条件和措施	① 高度作业超过2m，应按规定搭设脚手架。超过7m以上的施工高度工人最好配备安全带。 ② 施工现场地面整洁，设专人清扫，扫前地面均匀洒水，不得有扬尘污染。 ③ 施工现场周边应根据噪声敏感区域的不同，选择低噪声设备或其他措施。 ④ 施工时室内应保持良好通风。
（三） 质量控制要点	1. 技术关键要求	① 轻钢龙骨天棚骨架施工，先高后低。 ② 主龙骨和次龙骨要求达到平直，为了消除顶棚由于自重下沉产生挠弯和目视的视差，可在每个房间的中间部位，用吊杆螺栓进行上下调节，预先给予一定的起拱量，短向起拱为1/200，待不平度全部调好后，再逐个拧紧吊杆螺帽。 ③ 施工天棚轻钢龙骨时，不能一开始将所有卡夹都夹紧，以免校正主龙骨时，左右一敲，夹子松动且不易再紧，影响牢固。正确的方法是：安装时先将次龙骨临时固定在主龙骨上，每根次龙骨用两只卡夹固定，校正主龙骨平正后再将所有的卡夹一次全部夹紧，顶棚骨架就不会松动，减少变形。遇到大面积房间采用轻钢龙骨吊顶时，需每隔12m在大龙骨上部焊接横卧大龙骨一道，以加强大龙骨侧向稳定及吊顶整体性。 ④ 在吊顶施工中应注意工程之间的配合，避免返工拆装损坏龙骨及板材。吊顶上的风口、灯具、烟感探头、喷淋洒头等可在吊顶板就位后安装，也可预留周围吊顶板，待上述设备安装后再行安装。 ⑤ 表面平整无凸状四边与墙连接部位的标高、平整度达到要求。 ⑥ 吊顶板与灯周边接合得平整、严密、美观。 ⑦ 上下阳角对齐，整体目测美观，纵向阳角平直、方正，纵向阴角方正、通顺。

施工进程	施工项目	具体要求
（三） 质量控制要点	2.质量注意问题	① 施工时应检查各吊点的紧挂程度，并接通线，检查标高与平整度是否符合设计和施工规范要求。 ② 在留洞、灯具口、通风口等处，应按图相应节点构造设置龙骨及连接件，使构造符合图册及设计要求，确保施工后的维护与保养要求。 ③ 顶棚的轻钢骨架应吊在主体结构上，并应拧紧吊杆螺母以控制固定设计标高；顶棚内的管线、设备件不得吊固在轻钢骨架和吊筋上。
（四） 质量验收指标	1.主控项目	① 吊顶标高、尺寸、起拱和造型应符合设计要求，饰面材料的材质、品种、规格、图案和颜色应符合设计要求。 ② 吊杆、龙骨和饰面材料的安装必须牢固。 ③ 吊杆、龙骨的材质、规格、安装间距及连接方式应符合设计要求。金属吊杆、龙骨应经过表面防腐处理，木吊杆、龙骨应进行防腐、防火处理。
	2.一般项目	按GB50210-2001第6.2.7至第6.3.11条执行。
	3.成品保护	① 已装非上人轻钢骨架不得上人踩踏，其他工种吊挂件，不得吊于轻钢骨架上。 ② 其他工种在天棚开设检修口必须有装修专业施工人员来配合。

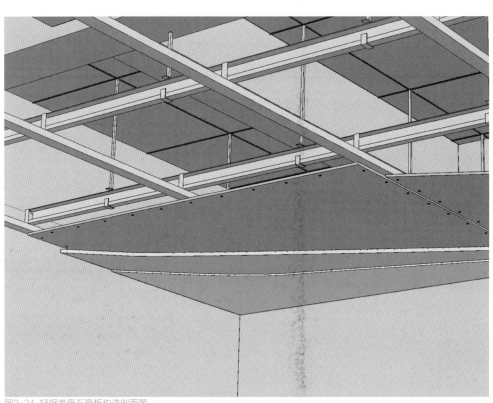

图2-31 轻钢龙骨石膏板构造剖面图

（五）轻钢龙骨石膏板天棚施工工艺流程图

弹线 → 安装主龙骨吊杆 → 安装主龙骨 → 安装次龙骨 → 刷防锈漆 → 安装罩面板。

（六）操作工艺

1. 弹线。根据楼层水平标高线，用尺竖向量至顶棚设计标高。沿墙、柱四周弹顶棚标高，并沿顶棚的标高水平线，在墙上划好分档位置线。

2. 安装主龙骨吊杆。在弹好顶棚标高水平线及龙骨位置线后，确定吊杆下端头的标高，按主龙骨位置及吊挂间距，将吊杆无螺栓丝扣的一端与楼板预埋刚筋连接固定。

3. 安装主龙骨。

①配装好吊杆螺母。

②在主龙骨上预先安装好吊挂件。

③安装主龙骨，将组装吊挂件的主龙骨，按分档线位置使吊挂件穿入相应的吊杆螺母，拧好螺母。

④主龙骨相接，装好连接件，拉线调整标高起拱和平直。

⑤安装洞口附加主龙骨，按照图集相应节点构造设置连接卡。

⑥固定边龙骨，采用射钉固定，设计无要求时射钉间距为1000mm。

4. 安装次龙骨。

①按已弹好的中龙骨分档线，卡放次龙骨吊挂件。

②吊挂次龙骨，按设计规定的中龙骨间距，将中龙骨通过吊挂件，吊挂在大龙骨上，设计无要求时，一般间距为500~600mm。

③当次龙骨长度需多根延续接长时，用中龙骨连接件，在吊挂中龙骨的同时相连，调直固定。

5. 刷防锈漆。轻钢骨架罩面板顶棚，焊接处未作防锈处理的表面（如预埋、吊挂件、连接件、钉固附件等），在交工前应刷防锈漆。此工序应在封罩面板前进行。

6. 安装罩面板。在已装好并经验收的轻钢骨架下面，按罩面板的规格，拉缝间隙进行分块弹线，从顶棚中间顺次龙骨方向开始先装一行罩面板，作为基准，然后向两侧分行安装，固定罩面板的自攻螺钉间距为200~300mm。

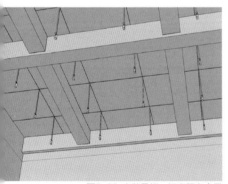
图2-32 安装吊杆，标高留有余量

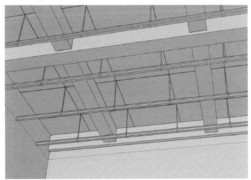
图2-33 安装主龙骨

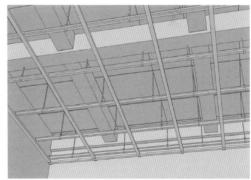
图2-34 安装次龙骨

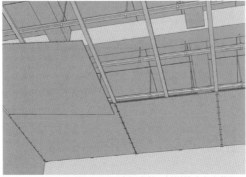
图2-35 石膏板安装，其拼缝应在次龙骨上

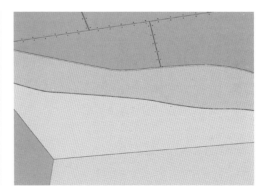
图2-36 两遍大白工艺，面层依据设计要求选择乳胶漆

六、格栅式天棚施工工艺

格栅式天棚是一种半暴露式吊顶形式，具有既遮又透的感觉，可以减少天棚的压抑感，整体感较好。格栅式天棚应用非常广泛，尤其多见于体育和运动类空间。

施工进程	施工项目	具体要求
（一） 施工准备	1. 技术准备	① 熟悉图纸，了解现场施工情况，与相关工种协调。 ② 吊杆固定与其他各种隐蔽管线发生冲突后，确定现场解决方案。
	2. 材料准备	符合国家材料规范要求。选择业绩比较好的企业，比对材料价格、规格、信誉。成品型材规范放置，切记勿踩踏。
	3. 主要机具	红外线水平仪、电锯、无齿锯、手锯、手枪钻、螺丝刀、方尺、钢尺、钢水平尺写。
（二） 施工条件	1. 作业条件	① 天棚内的各种管线、设备及通风管道、消防报警、消防喷淋系统等施工完毕。管道系统要求试水、打压完成。 ② 提前完成吊顶的排板施工大样图，确定好通风口及各种明露孔口位置。 ③ 准备好施工的操作平台架子或可移动架子。
	2. 安全条件和措施	① 现场临时用电设专人管理。 ② 工人操作地点和周围必须清洁整齐，制定严格的成品保护措施。 ③ 中小型机具必须经检验合格，同时应由专门人员使用操作并负责维修保养。 ④ 超高作业时，室内应搭设脚手架。
（三） 质量控制要点	1. 技术关键要求	① 格栅吊顶起拱形式及起拱高度：起拱高度可按8m柱距的1／200左右。 ② 消防喷淋头的平面位置不能与格栅条重合且两个方向都应直顺。 ③ 设备检查孔的留置，与周边建立好关系。 ④ 吊顶与墙柱之间的节点处理：与方柱连接可采用L20×20mm角铝，与圆柱连接可用∅35不锈钢管圈边封闭。
	2. 质量注意问题	① 在拟安装有机电设备（如灯盘、空调风机等）的位置，吊杆不能挤占设备安装的位置；从吊杆到吊顶设备开口位置通常应留15～20cm距离。 ② 吊顶上机电设备或大型灯具，其悬吊系统必须与吊顶的龙骨悬挂系统分开，设置独立的吊杆、支架等。 ③ 龙骨安装时，要注意调平，超过4m跨度或较大面积的吊顶安装，要适当起拱。 ④ 吊顶较大开口位置（如检修口、风机、灯盘等）周边的龙骨应作加固处理，吊杆也要适当加密，避免吊顶的变形。
（四） 质量验收指标	1. 主控项目	① 吊顶标高、尺寸、起拱和造型应符合设计要求。 ② 饰面材料的材质、品种、规格、图案和颜色应符合设计要求。合格证书、性能检测报告、进场验收记录和复验报告。

施工进程	施工项目	具体要求
（四）质量验收指标	2. 一般项目	① 暗龙骨吊顶工程的吊杆、龙骨和饰面材料的安装必须牢固。 ② 吊杆,龙骨的材质、规格、安装间距及连接方式应符合设计要求。金属吊杆、龙骨应经过表面防腐处理。 ③ 饰面材料表面应洁净,色泽一致,不得有翘曲、裂缝及缺损。压条应平直,宽窄一致。 ④ 饰面板上的灯具、烟感器、喷淋头、风口篦子等设备的位置应合理、美观,交接吻合、严密。 ⑤ 金属吊杆、龙骨的接缝应均匀一致,角缝应吻合,表面应平整,无翘曲、锤印。 ⑥ 吊顶内填充吸声材料的品种和铺设厚度应符合设计要求,并应有防散落措施。
	3. 成品保护	① 避免硬物撞击。 ② 其他工种天棚内设备维修要有装饰工种技术人员配合。

（五）格栅式天棚施工工艺流程图

弹线→固定吊挂杆件→轻钢龙骨安装→弹簧片安装→格栅主副骨组装→格栅安装。

（六）操作工艺

1.弹线。用红外线水平仪抄出水平点,弹出水准线,从水准线量至吊顶设计高度,弹出标高线,即为吊顶格栅的下皮线。同时,按吊顶平面图,在混凝土顶板弹出主龙骨的位置。主龙骨应从吊顶中心向两边,最大间距为1000mm,并标出吊杆的固定点,吊杆的固定点间距900～1000mm。如遇到梁和管道固定点大于设计和规程要求,应增加吊杆的固定点。

2.固定吊挂杆件。采用膨胀螺栓固定吊挂杆件。可以采用φ6mm的吊杆。吊杆可以采用冷拔钢筋和盘圆钢筋,但采用盘圆钢筋应采用机械将其拉直。吊杆的一端同L30×30×3mm角码焊接（角码的孔径应根据吊杆和膨胀螺栓的直径确定）,另一端可以用攻丝套出大于100mm的丝杆,也可以买成品丝杆焊接。制作好的吊杆应作防锈处理,吊杆用膨胀螺栓固定在楼板上,用冲击电锤打孔,孔径应稍大于膨胀螺栓的直径。

3.轻钢龙骨安装。轻钢龙骨应吊挂在吊杆上。一般采用C38轻钢龙骨,间距900～1000mm。轻钢龙骨应平行房间长向安装,同时应起拱,起拱高度为房间跨度的1/200～1/300。轻钢龙骨的悬臂段不应大于300mm,否则应增加吊杆。主龙骨的接长应采取对接,相邻龙骨的对接接头要相互错开。轻钢龙骨挂好后应基本调平。跨度大于15m以上的吊顶,应在主龙骨上,每隔15m加一道大龙骨,并垂直主龙骨焊接牢固。

4.弹簧片安装。用吊杆与轻钢龙骨连接,间距900～1000mm,再将弹簧片卡在吊杆上。

5.格栅主副骨组装。将格栅的主副骨在下面按设计图纸的要求预装好。

6.格栅安装。将预装好的格栅天花用吊钩穿在主骨孔内吊起,将整栅的天花连接后,调整至水平即可。

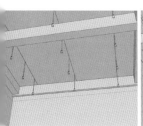
图2-37 四面墙体弹出水平线,确定吊顶标高,固定吊杆

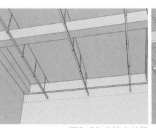
图2-38 安装主龙骨

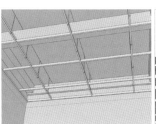
图2-39 安装副龙骨

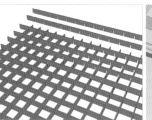
图2-40 安装格栅

图2-41 由一侧开始安装格栅

七、透光软膜天棚施工工艺

软膜天花现在不仅应用于大型体育馆、候机大厅，还在大型活动中广泛被采用，如上海世博会、广州亚运会等等。膜结构的设计也显示了其特有的材料特性与魅力。虽然我国在软膜这方面起步比较晚，但很多生产软膜天花的企业引领着时尚潮流。

软膜依靠自身的优势不断被开发出新型产品以及新的安装工艺。透光软膜具有防火、防菌、防水、安装方便、抗老化等特点。透光软膜天花可配合各种灯光系统营造梦幻般无影的室内光照效果。同时摒弃了玻璃和有机玻璃的笨重、危险以及小块拼装的缺点，已逐步成为新的天棚装饰亮点。

施工进程	施工项目	具体要求
（一）施工准备	1. 技术准备	① 熟悉图纸，了解技术要求。 ② 确定软膜结构架是外加工制作还是现场加工制作，外加工须考虑运输的问题和进入室内的办法；现场加工对场地的条件要求相对严格。 ③ 熟悉场地，制定吊装方案。
	2. 材料准备	透光膜呈乳白色，半透明。在封闭的空间内透光效果可达75%以上。能产生完美、独特的灯光装饰效果。材料准备依据设计要求，膜料准备需要留有余量。
	3. 主要机具	红外线水平仪、角铲、短铲、长铲、弯骨机、风炮以及相关木工工具等。
（二）施工条件	1. 作业条件	① 现场具备安装龙骨条件。 ② 现场墙身装修基本完成。 ③ 地面没有杂物且具有保护措施。
	2. 安全条件和措施	① 工人必须佩戴安全帽。 ② 动火必须是专业技术人员持证上岗，确保施工安全。 ③ 专用设备风炮应做到使用安全。 ④ 施工场地应清理干净，不留任何易燃物品。
（三）质量控制要点	1. 技术关键要求	认真检查龙骨接头是否牢固和光滑，这是重要的技术问题，其不仅仅是使用和维护，直接关系到使用者生命的安全。
	2. 质量注意问题	安装天棚时要先从中间往两边固定，同时注意两边尺寸，注意焊接缝要直，成品要平整光滑。四周做好后把多出的天棚修剪去除，达到完美的收边效果。
（四）质量验收指标	1. 主控项目	① 焊接缝要平整光滑，龙骨曲线要求自然平滑流畅。 ② 与其他设备及墙角收边处角位一定要牢固平整光滑，驳接要平、密。
	2. 一般项目	软膜天棚无破损，清洁干净。
	3. 成品保护	天棚本身具有防静电功能，所以其表面是不会沾染尘埃，除非带有黏性之物体，如烟油或水渍。至于清洗方面也简便，只需要用一般中性清洁剂，再用毛巾轻抹即可。因此施工完成后的天棚不能有硬物撞击即可。

第二章 天棚典型界面

（五）透光软膜天棚施工工艺流程图

安装固定支撑→安装软膜特制龙骨→安装软膜→清洁软膜天花。

（六）操作工艺

1.基层处理。软膜天花需在做好底架的基础上进行安装，底架可采用木方、方管等材料，底架要求同特制龙骨接触面的宽度>25mm，其他要求底架安装牢固，无松动。天花灯具、消防等处理完毕。如条件允许，可在原天花层面刷一层乳胶漆，以防灰尘掉落。

2.软膜材料前期加工。严格按照图纸要求，对软膜材料进行剪裁、焊接等，要求软膜整体颜色、批次一致，焊接无缝隙。

3.安装软膜特制龙骨。在已做好的底架基础上，严格按图纸要求固定软膜特制龙骨，龙骨固定方式随底架材料改变，可采用枪钉、拉钉等。龙骨安装要求平整，两条龙骨之间接缝小于2mm。

4.软膜安装。在已做好的特制龙骨基础上，安装软膜，严格按照图纸要求，软膜安装平整，颜色一致，所有软膜安装要拉紧。对于规格超过1m之处应采用热吹风将膜吹软，之后再拉紧，这样可保证安装后软膜平整一致。灯与膜的距离应保证在25~30cm，所有消防设施、筒灯等需要空孔位置需预先开好孔。施工完毕后要对软膜上的手印、灰尘、污物等进行清理。

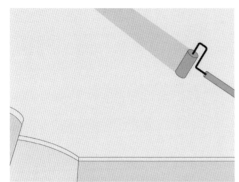

图2-42 原天棚滚刷一层乳胶漆，可以防止灰尘掉落

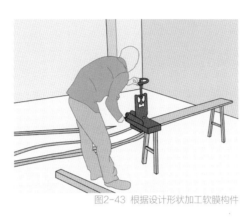

图2-43 根据设计形状加工软膜构件

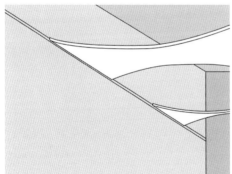

图2-44 固定软膜特制龙骨

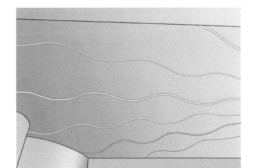

图2-45 软膜安装，确保平整

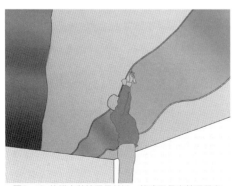

图2-46 软膜安装拉紧是关键，热吹风是有效手段之一

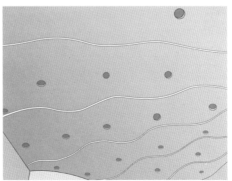

图2-47 软膜上的灯位要预先开好孔

第二章 天棚典型界面

第三节

典型天棚界面施工实践图例

/ 矿棉板天棚施工工艺图录

/ 轻钢龙骨石膏板天棚施工工艺图录

/ 天棚穹顶造型施工工艺图录

/ 天棚大白乳胶漆施工工艺图录

/ 天棚弹涂施工工艺图录

本节列举了矿棉板天棚与轻钢龙骨石膏板天棚的施工实践图例，通过施工工程中的照片图例，感性、直观地表现工程形象进度。

通过学习、训练要求学生能够对典型天棚现场施工和管理有直观感性认知，并学习一些企业在建筑施工质量与安全方面的有效经验。对于将要走入社会的学生来说是一个更进一步了解实际项目的过程。

一、矿棉板天棚施工工艺图录

二、轻钢龙骨石膏板天棚施工工艺图录

三、天棚穹顶造型施工工艺图录

四、天棚大白乳胶漆施工工艺图录

五、天棚弹涂施工工艺图录

/ 问题与解答

[提问1]:

了解天棚的构造，处理隐蔽物件与天棚的关系，现在看来很重要。我们以前习惯只是表面的观察和认知，天棚建构一般有着怎样的要求或规定？

[解答1]:

吊杆、龙骨的安装间距，连接方式应符合设计要求。预埋件、吊杆须进行防腐处理。大型的吊灯、风扇等严禁直接安装在龙骨上，如果的确有大型灯具需要吊装，必须在主龙骨还没有安装前，在预定灯具垂直对应的位置，单独在天棚的顶部做预埋，不与天棚同受力。同时，预埋件不能超出顶部天棚下，否则影响景观。

天棚表面除灯具外，喷淋头、烟感器、通风风口、检修口等设备的位置应合理，控制在一条直线上，符合美观的要求，与棚面交接合理严密。在与天棚造型发生冲突时，设计师应即刻与相关工种沟通，在满足效果和规范的前提下，做出合理的避让。

[提问2]:

我们去实习的时候，看到很多施工现场，石膏板固定时为什么接缝处要错位，有时候我们看到的是一层石膏板在封装，但有的时候我们看到了两层石膏板在施工，对这一现象我们一直在猜想，觉得这是一个简单的经济问题，当时不好意思开口问。还有石膏板材的选择有什么要求，请老师给予回答。

请问固定石膏板的螺钉头与石膏板一样平可以吗？我们看到的是工人在施工的过程中特意将螺钉拧进去，有具体的要求吗？原因是什么？

[解答2]:

这个问题非常好，说明同学们在施工现场认真观察了，在板材的选择上，断裂、破损、受潮的现象是不能选择的。

石膏板在安装时，为防止产生直线的开缝，采取交错布置的方法会对日后的变形具有控制的效果。当然采用双层的石膏板工艺可能会效果更好，很多高档的公共空间会选择双层石膏板吊顶，第一层和单层的做法相同，第二层石膏板一般都要错开第一层对接的位置。板与板的接缝要留5mm左右的缝隙，防止日后因温度的变化带来的吊顶变形。

在板材固定的过程中，螺钉凸出石膏板和固定成与石膏板一样平都是不可以的，因为这样将会给后面的工种带来麻烦。正确的工艺应该是让螺钉沉入石膏板2～3mm，刷乳胶漆之前先将所有的螺钉点涂防锈漆，用腻子盖上，乳胶漆涂刷三遍，使板面光洁平整。

[提问3]:

公共空间的天花吊顶，听说木龙骨吊顶材料受到限制，作为易燃的材料，在使用时有什么要求？我们经常在施工的现场会看到木基层板被使用，国家的规范是怎么规定的，请老师再具体给予说明。

[解答3]:

公共场所的天花吊顶材料，木龙骨明确被禁用。要求使用阻燃材料，如轻钢龙骨纸面石膏板或轻钢龙骨其他合成面板，但当遇到局部复杂的天花造型时，木作适当的慎用还是被允许的，前提是必须对木方进行阻燃处理，同时，木吊杆、木龙骨、造型基层板和木饰面板应作防腐、防蛀处理。

[提问4]：

轻钢龙骨吊顶中听说有上人和不上人的龙骨，龙骨的差异影响的是效果还是其他功能需求？听说大空间的平顶在施工时还要有意识让中间起拱，为什么？另外，固定吊杆没有位置时，是否可以固定在设施管件或管道上，请老师给我们解答好吗？

[解答4]：

首先，轻钢龙骨的选用应根据设计的要求，依据图纸设计标准采用上人和不上人的轻钢龙骨型号，各种配件与之相配套。上人龙骨主要是满足棚内需经常或定期需要设备检修。上人的龙骨相比不上人的龙骨费用较高，变形系数相对会低。

天棚与龙骨架采用膨胀螺丝连结，吊件端头的螺纹长度不得小于10mm，以方便调节，吊杆应作防锈处理。安装龙骨，将主龙骨用吊件与吊杆连接，用机制螺丝拧紧并按标高线调整龙骨标高，空间大的平顶天棚，可按高度的1%~3%起拱（或空间跨度的1/200~1/300），主龙骨安装后应及时校正其位置标高。主龙骨的接头位置应考虑错开，不要在同一条直线上；次龙骨应按面层石膏板的尺寸模数确定间距，衡撑龙骨安装，其位置应选择在板材接缝处。

很多公共空间的天花排满各种管线，有消防、电气、通风、空调、弱电等，当吊杆的固定点发生冲突时，不允许将吊杆固定在现有管线的支架上，更不允许绑靠在管道上，应视具体情况，增加辅助点，坚持吊杆与楼板固定。

[提问5]：

老师，天棚典型的构造与工艺，材料的品种并不多，这些主要的材料在质量上有着怎样的要求？

[解答5]：

轻钢龙骨吊顶，材料应符合设计的要求，须有产品合格证。饰面板应表面平整，边缘整齐，颜色一致。胶合板、多层板、纤维板、大芯板不应脱胶、变色。当复杂的天花造型需要木作基层成型时，选用的木板和木方必须选择符合要求的阻燃材料（木龙骨涂刷的防火涂料应有合格证书及产品使用证书）。这是规范的要求，因此，我们绘制的工艺详图在这些环节必须有专门的标注和说明。

[提问6]：

听项目经理介绍说，矿棉板吊顶施工的工序有讲究，一般安排在工期将要交工前。对吗？很多时候，施工现场可以不急着放矿棉板，但可以提前将房间的边骨固定好。听说这样做是会影响工程质量的，是这样吗？

空调风口、消防喷洒等一些外置物件听说对设计的前期图纸有一定的要求，为什么是这样子的？

[解答6]：

这个问题可以这样解释，矿棉板的吊顶施工没有太多技术含量，但提前施工，对完成的质量是有影响的。过早安装完，同一空间中的其他工艺的灰尘会吸附在矿棉板的表面，时间久了会让天花效果大打折扣，有时同一空间中铺砖、用水等可能还会导致矿棉板受潮变形，因此急于施工是不可取的。

确定是安装矿棉板的空间，在墙体的大白还没有完成前，是不主张安装墙体边骨的。这是因为边骨安装完成后，大白的施工难免会挂到边骨上，开始不被关注，但几个月后的情况将很糟糕，因为这个时候的边骨开始生锈，影响美观不说，而且无法维修。

有空调、消防喷洒头的空间，在天花布置时就应强调设计布局的准确，什么样的风口需要提前确定好，就具体的空间，矿棉板是从中往两边分，还是从一边向另一边推移，有时需要现场设计变更，一旦确定，对相关工种需及时要求配合，这里思考的问题可能更多的是满足最后视觉的效果。

[提问7]:

各种灯具在天棚安装时均应注意什么问题?

[解答7]:

1. 荧光吸顶灯在吊顶上安装:

当荧光吸顶灯安装在吊顶上,轻型灯具应用自攻螺丝将灯箱固定在龙骨上。当灯具重量超过3kg时,不应将灯箱与吊顶龙骨直接相连接,应使用吊杆螺栓与固定灯的专用龙骨连接。大(重)型的灯具专用龙骨应使用吊杆与建筑结构相连接。

2. 嵌入式灯具安装:

嵌入式灯具镶嵌在顶棚中,嵌入筒灯一般应安装在吊顶的罩面板上。嵌入式灯具应采用曲线锯挖孔,灯具与吊顶面板保持一致,其他小型灯具可安装在龙骨上,大型嵌入式灯具安装时则应采用在混凝土板中伸出支承铁架、铁杆连接的方法。

3. 吊灯在吊顶上安装:

吊灯可根据灯具的重量选择不同的安装方法。吊灯重量在1kg及以下时,在吊顶上安装,应使用两个机螺栓固定在吊顶龙骨上。重量在8kg及以下的吊灯,在装饰吊顶龙骨安装时,应在吊顶的大龙骨上面增设一个附加大龙骨,此龙骨横卧固定在吊顶大龙骨的上边,灯具的吊杆就固定在附加大龙骨上,灯具的底座与吊杆底座用两个M5×30螺栓与中龙骨横撑连接。重量超过8kg的吊灯在安装时,需要直接吊挂在混凝土梁或混凝土楼(屋)面板上,不应与吊顶龙骨发生任何受力关系。吊挂灯具的吊杆由土建专业预留,吊钩根据工程要求现场制作,吊杆和吊钩的长度及弯钩的形状也在现场确定。

[提问8]:

老师,金属薄板面材如何控制天棚的平整度?

[解答8]:

控制吊顶大面平整应该从标高线水平度、吊点分布固定、龙骨与龙骨架刚度、安装铝合金饰面板的方法等几个要点着手。

1. 标高线的水平控制要点为:①基准点和标高尺寸要准确。用水柱法找其他标高点,要等管内水柱面静止时再画线。②吊顶面的水平控制线应尽量拉出通直线,线要拉直。③对跨度较大的吊顶,应在中间位置加设标高控制点。

2. 注意吊点分布与固定。吊点分布要均匀,在一些龙骨架的接口部位和重载部位,应当增加吊点。吊点不牢将引起吊顶局部下沉,产生这种情况的原因是:①吊点与建筑本体固定不牢,如膨胀螺栓埋入深度不够或射钉的松动、虚焊脱落等。②吊杆连接不牢。③吊杆的强度不够,产生拉伸变形现象。

3. 注意龙骨与龙骨架的强度与刚度。龙骨的接头处、吊挂处都是受力的集中点,施工中应注意加固。如在龙骨上直接悬吊设备,而龙骨的刚度不够就会产生局部弯曲变形,所以应尽量避免在龙骨上悬吊设备,必须悬吊时,则要在龙骨上增加吊点。

4. 安装铝合金饰面板的方法不妥,也易使吊顶不平,严重时还会产生波浪形状。安装时不可生硬用力,应按操作方法进行,并一边安装一边检查平整度。

[提问9]:

老师,装饰工程中吊顶起拱高度是什么意思啊?吊顶还要做起拱的吗?这个起拱高度又是多少呢?

[解答9]:

一般情况下吊顶都要做起拱的。吊顶起拱,是为了防止吊顶下坠产生视觉上的下沉,不做的话看上去有下沉的感觉。在施工过程中,拉通线让龙骨中间部分向上拱起,稍微高于吊顶两边的水平面。

对于吊顶面需要设置的送风口、检修孔、内嵌式吸顶灯盘及窗帘盒等装置,需在其预留位置处加设骨架,进行必要的加固处理。然后在整个吊顶面下拉设十字交叉标高线,以检查吊顶面的平整度。为平衡饰面板重量,减少吊顶视觉上的下坠感,吊顶起拱的高度一般是取房间短向距离的1/200。

/ 教学关注点

通过学习，学生能从"理论—实训"教学中，掌握空间设计中天棚界面最新的设计理念、知识、方法、技术、工艺，能综合运用学过的专业基础知识，独立完成天棚图纸深化，使设计的图纸规范、合理、标准。

天棚典型界面的教学关注点如下：

1.系统掌握天棚设计材料和工艺特点，以及对设计市场现状的了解，掌握天棚设计工作流程，培养学生独立分析问题和解决问题的能力，提高施工实践能力。

2.了解并掌握天棚结构的构成要素，建立为公共空间物理环境系统关系界面处理中色彩配置、材质搭配、灯光设计等内容。结合整体空间去思考，为室内空间各要素处理提供相应的理论依据，掌握处理方法及要点。

/ 训练课题

[课题1]：
画出五种典型天棚剖面构造图

训练目的：掌握典型天棚结构的构成要素，理解吊棚受到空间限制，建立好与空间物理环境系统的关系。

训练要求：徒手画出每种天棚的剖面图和节点大样。

[课题2]：
画出两种材料交接处工艺做法及详图

训练目的：认知面层材料，了解材料交接工艺，掌握材料构造。

训练要求：用平面、剖面、节点大样的方式进行完整表达。

/ 参阅资料

[1]《高级建筑装饰工程质量检验评定标准》DBJ/T01-27-2003

[2]《建筑装饰装修工程质量验收规范》GB50210-2001

[3]《住宅装饰装修工程施工验收规范》GB50327-2001

[4]《装饰材料与构造》，王强，天津大学出版社，2011

[5]《环境艺术设计教材:装饰材料与构造》，高祥生，南京师范大学出版社，2011

[6]《装饰材料与构造》，李朝阳，安徽美术出版社，2006

[7]《环境艺术装饰材料与构造》，李蔚、傅彬，北京大学出版社，2010

[8]《室内设计资料集》，张绮曼、郑曙旸，中国建筑工业出版社，1991

[9]《建筑装饰构造资料集》（上、下），本书编委会，中国建筑工业出版社，1996

[10]《建筑装饰构造资料集》（1、2），中国建筑工业出版社

[11]《建筑装饰实用手册——建筑装饰构造》（1、2），钱宜伦，中国建筑工业出版社，1999

[12]《室内装饰设计施工图集》（1~11），中国建筑工业出版社

[13]《福建省建筑标准设计系列图集》（楼地面、墙面、顶棚、门窗、楼梯），福建省建设委员会

[14]《国家建筑设计标准图集》（楼地面、墙面、顶棚、门窗、楼梯），中国建筑标准设计研究所出版

室内通过界面围合空间，围合的方式不同，空间的印象是不一样的。通常一个空间除天花和地面外其他四个立面我们称之为墙面或者墙界面。有些墙面是原建筑结构存在的，或者是室内设计后需要保留的，更多的时候墙体是室内重新规划空间后重新建构的。往往封闭的空间其围合被称之为"隔墙"，半封闭和开敞的空间被称之为"隔断"。"隔断"和"隔墙"的区别在于"隔断"可以做到灵活，尺度依据空间的需要；"隔墙"是要到顶的，强调的是封闭、隔音等效果。隔墙建构的基本原则是要求自重轻，充分考虑楼体的荷载。工艺简便，施工快捷，不受气候的影响。空间性质的不同，对墙体的要求又是具体的。如防潮、保暖、隔音、防火等要求。

墙面的设计不是教条的，更非模式化的。在满足使用功能的要求后，更多考虑的是整体的要求，作为空间整体的一部分，其扮演着诉说空间故事的重要角色。

第三章 墙面典型界面

1. 墙体界面建构与实施
2. 典型墙界面工艺与图示
3. 典型墙界面施工实践图例

/ 问题与解答
/ 教学关注点
/ 训练课题
/ 参阅资料

第三章　墙面典型界面

第 一 节

墙体界面建构与实施

/ 隔墙建构
/ 墙体表层

墙面是室内外空间的侧界面。墙体的装饰构造对空间环境效果影响很大。不同的墙面有不同的使用和装饰要求，应根据不同的使用和装饰要求选择相应的构造方法、材料和工艺。

图 3-1 墙界面设计 / 巴塞罗那麦当劳 / 2012

图 3-2、3 墙面构造形式 / 法国里尔艺术中心 / 2012

一、隔墙建构

改良和建构一个室内空间，隔墙除了空间功能意义之外，强调高效、规范、环保、安全。传统隔墙的类型较多，各有利弊，现将常见的做法简述为以下几种。

（一）砖体的隔墙

砖体隔墙是传统的空间分割形式，这里说的砖体指的是符合国家规范要求的环保轻体砖。室内空间中对防水、隔味有特殊要求的位置，一般采用轻体砖隔墙材料，这类隔墙一旦成型，不能再随意改动。缺点是相对荷载大，干燥时间长，施工受到气候的影响。其优点是固定性好，耐火等级高，面层材料可塑性大，适用对防潮、隔热、保温、防水要求较高的空间。

（二）轻体的隔墙

轻钢龙骨隔墙，质轻、防火、厚度薄。能有效节省空间面积。轻钢龙骨两侧面层选择自由，墙面造型可塑性强，施工速度快，不受气候的影响，很多公共空间选用这类材料作为隔墙的基层。

在没有特殊要求的一般性空间环境中，大白乳胶漆就成为最后的墙体质地，其优点是造价低，能快捷成型，空间感觉朴素、洁净、明亮，缺点是空间会显得有点单调。

（三）玻璃隔墙

玻璃隔墙可以是整体的、分段的、规律的，也可以是自由的。玻璃采用与砖墙或轻钢龙骨结合起来建构围合，此类隔墙建构强调光透，具有简洁、洁净、明晰等特殊质感。其优点是通透性好，但由于玻璃的易碎性，大规格的玻璃要求钢化处理且骨架必须是钢结构。

二、墙体表层

空间性质的差异，对界面材料的选择是有差别的，即使同一类空间，也会受到地理位置、文化、经济、使用群体的影响。材料的属性能给人柔软、中性、硬性的印象，其丰富的表情特征及使用特点可以有创意地表现空间特性，对材料性能的认知及高效的运用，掌握其独特的表现语言，有效的材料组构方式，有助于表达空间的特质和主题内涵（参见图3-1~3）。

材料的确定和设计的选择仅仅局限于审美的形式，而缺少对空间的真实理解和对人性关怀的思考，是不完整的。从空间体验的深层出发对公共空间的精神本质加以挖掘和系统总结，这就需要对各个材料组成要素进行深入研究与思考（参见图3-4~9）。

面砖——主要指陶砖、瓷砖、马赛克。技术的进步，让这类材料可选择的余地非常大，其规格、花式应有尽有，阻燃、防潮、耐磨、耐高温等等是这类材料共同的优势，同时也是空间意境表达很好的语汇（参见图3-10~14）。

石材——主要是指天然大理石和花岗石两大类。天然石材是大块石头荒料经过锯切、研磨、酸洗、抛光，最后按照设计的规格、形状切割加工而成。天然大理石面层光洁，纹理清晰自然、变化，是一种较好的装饰面材，其色彩更是变化丰富。花岗石是由各种岩石加工而成，花式没有大理石丰富，但质地坚硬，耐酸碱、耐冻。除加工各种规格的板材外，表面还可以根据设计进行各种线性语言的塑造（参见图3-15~18）。

木材——一直以来是最为常见的面层选择材料，木作面板可供选择的余地非常大，其优点是纹理清晰、自然、变化，制作可塑性强。木面板表面纹理大体分两种，山纹和直纹。具有一定的符号特征，是地域文化、民族文化很好的表达载体，材性柔软、触感舒适、加工方便，应用十分广泛。

079

金属——主要是指白钢、黑钢、铜板等金属类板材。白钢、黑钢、铜板等是当下装饰材料极具个性的面材。有反光和亚光两种选择，其工艺精致，有贵重的特质，在空间设计中有着广泛的领域。

合成——主要是指新技术开发的合成材料。这类材料质地轻，易加工，造价低，环保。有些材料具有天然材料不具备的优势，在防腐、防潮、耐久性上见长。

镜面——镜面材料丰富，有白镜、银镜、茶镜及其他有色镜面，是给空间带来个性变化的有效手段。通过镜面的设置，将有限的空间建构出无限的意境，同时又可作为特定的文化视觉元素去表现，与色彩、灯光的结合美轮美奂。

卷材——一般是指用裱糊或者粘贴的方法将壁纸、织物、薄木贴面等装饰室内墙面的材料。这类材料可塑性强，色彩丰富，图案个性，是空间表达文化、意境和情感的较好选择，卷材施工便捷、方便。曲面、弯角的表现力强，对应空间特质，可选的余地较大，价位适中。

涂饰——艺术涂料具有质感细腻、纹理自然、层次感强的优点，能较好地实现设计师的创意和业主的品位需求。艺术涂料不仅具备丰富的表现手法、多元的表现效果，更是经济设计和环保设计的有效保障，已经成为众多空间中材料的选择。

设计师的成熟不仅体现在设计本身，更应表现出一种社会责任感和对环境热爱的态度，减少使用天然材料的量，少用和慎用天然石材。

图 3-4、5 电梯墙界面 / 台湾 W 酒店 / 2011

图 3-6 餐厅墙界面 / 上海 /2008　　图 3-7 麦当劳快餐厅墙界面 / 法国 /2008

图 3-8、9 餐厅隔断形式 / 上海 /2008

080

第三章 墙面典型界面

实体墙的构建类型图

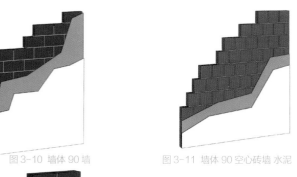

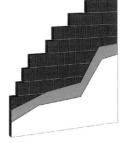

图 3-10 墙体 90 墙

图 3-11 墙体 90 空心砖墙 水泥

图 3-12 墙体 90 空心砖墙

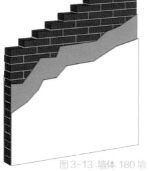

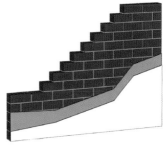

图 3-13 墙体 180 墙

图 3-14 墙体 180 空心砖墙 水泥

图 3-15 墙体 180 空心砖墙

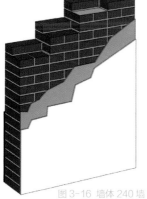

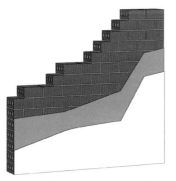

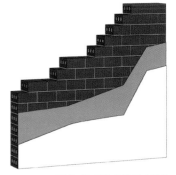

图 3-16 墙体 240 墙

图 3-17 墙体 240 空心砖墙 水泥

图 3-18 墙体 240 空心砖墙

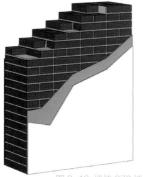

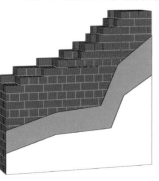

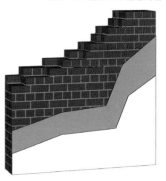

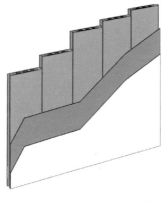

图 3-19 墙体 370 墙

图 3-20 墙体 370 空心砖墙 水泥

图 3-21 墙体 370 空心砖墙

图 3-22 预制板墙

第三章　墙面典型界面

第 二 节

典型墙界面工艺与图示

/ 轻钢龙骨隔墙施工工艺　　　/ 木作面层施工工艺

/ 玻璃隔墙施工工艺　　　　　/ 镜面施工工艺

/ 面砖施工工艺　　　　　　　/ 壁纸施工工艺

/ 理石干挂施工工艺　　　　　/ 涂料饰面施工工艺

/ 塑铝板干挂施工工艺

本节总结了九种典型墙面装饰工程的常见做法，以及各类墙面施工项目中的法规、规范、标准和技术要求等，并通过图示直观剖析墙面工程内部构造层次及施工工艺流程。

通过学习、训练要求学生能够了解典型墙面工程的种类以及材料，掌握各类墙面的施工工艺流程及施工方法。

一、轻钢龙骨隔墙施工工艺

轻钢龙骨是一种新型的建筑材料，随着我国现代化建设的发展，近年来已广泛应用于宾馆、候机楼、客运站、车站、剧场、商场、工厂、办公楼、旧建筑改造、室内装修设置、顶棚等场所。

轻钢龙骨隔墙具有重量轻、强度较高、耐火性好、通用性强且安装简易的特性，有适应防震、防尘、隔音、吸音、恒温等功效，同时还具有工期短、施工简便、不易变形等优点。

施工进程	施工项目	具体要求
（一） 施工准备	1. 技术准备	① 熟悉图纸，明确隔墙位置。 ② 查看现场，了解现场状态，分析影响施工的各项困难。 ③ 隐蔽项目对天地骨固定有否影响，如有影响须研究出有说服力的施工方案。
	2. 材料准备	① 轻钢龙骨：轻钢龙骨的配置应符合设计要求。龙骨应有产品质量合格证。龙骨外观表面平整，棱角挺直，过渡角及切边不允许有裂口和毛刺，表面不得有严重的污染、腐蚀和机械损伤。 ② 紧固材料：射钉、膨胀螺栓、镀锌自攻螺丝（2mm厚石膏板用25mm长螺丝，两层12mm厚石膏板用35mm长螺丝）、木螺丝等，应符合设计要求。 ③ 填充材料：玻璃棉、矿棉板、岩棉板等，按设计要求选用。 ④ 纸面石膏板：纸面石膏板应有产品合格证。 ⑤ 接缝材料：接缝腻子、玻纤带（布）、白胶。
	3. 主要机具	红外线水平仪、板锯、电动剪、电动自攻钻、电动无齿锯、手电钻、射钉枪、直流电焊机、刮刀、线坠、靠尺等。
（二） 施工条件	1. 作业条件	① 主体结构已验收，屋面已做完防水层。 ② 室内弹出墙体+500mm标高线。 ③ 作业的环境温度不应低于5℃。 ④ 根据设计图和提出的备料计划，查实隔墙全部材料，使其配套齐全。 ⑤ 主体结构墙、柱为砖砌体时，应在隔墙交接处，按1000mm间距预埋防腐木砖。
	2. 安全条件和措施	① 施工机具要设专人使用、保管，电锯设备必须有防护罩，非电工严禁接电源。 ② 射钉枪应上好专用防护罩，操作人员向上射钉时，必须戴好防护镜。 ③ 安装较高隔墙时应使用人字高凳，其下脚要钉防滑橡胶垫，两脚必须设有拉链，在窗前作业时，必须关闭好窗扇。
（三） 质量控制要点	1. 技术关键要求	弹线必须准确，经复验后方可进行下道工序。首先，固定沿顶和沿地龙骨，各自交接后的龙骨，应保持平整垂直，安装牢固。
	2. 质量注意问题	① 板缝有痕迹，平整度不能符合要求。 ② 板缝开裂，节点构造不合理，胀缩变形。 ③ 石膏板与龙骨连接不牢。

施工进程	施工项目	具体要求
（四） 质量验收指标	1. 主控项目	① 轻钢龙骨、石膏罩面板必须有产品合格证，其品种、型号、规格应符合设计要求。 ② 轻钢龙骨使用的紧固材料，应满足设计要求及构造功能。安装轻钢骨架应保证刚度，不得弯曲变形。骨架与基体结构的连接应牢固，无松动现象。 ③ 墙体构造及纸面石膏板的纵横向铺设应符合设计要求，安装必须牢固。纸面石膏板不得受潮、翘曲变形、缺棱掉角，无脱层、折裂，厚度应一致。
	2. 一般项目	① 轻钢骨架沿顶、沿地龙骨应位置正确、相对垂直。竖向龙骨应分档准确、定位正直，无变形，按规定留有伸缩量（一般竖向龙骨长度比净空短30mm），钉固间距应符合要求。 建筑净空：一种空间界限，是指结构完成面到完成面的净距离；有别于轴线距离。 ② 罩面板表面平整、洁净，无锤印，钉固间距、钉位应符合设计要求。 ③ 罩面板接缝形式应符合设计要求，接缝和压条宽窄一致，平缝应表面平整，无裂纹
	3. 成品保护	① 防止硬物撞击，防止污染。 ② 确保室内干燥，以防潮湿导致石膏板变形，不能被水浸泡。

（五）轻钢龙骨隔墙施工工艺流程图

基层清理→基层弹线→安装天地龙骨→安装竖龙骨→安装一侧石膏板→填塞隔音岩棉→隐蔽检查→安装另一侧石膏板→安装一侧第二层石膏板→安装另一侧第二层石膏板→刮嵌缝腻子→饰面施工。

（六）操作工艺

1. 轻钢龙骨安装

① 隔墙一般采用80系列轻钢龙骨，由竖骨和天地骨组成。墙位放线应按设计要求，沿地、墙、顶弹出中心线和宽度线，宽度线应与隔墙的厚度是一致的。施工前应按龙骨的宽度弹线。弹线要清楚、规范，位置准确。

② 沿弹线位置固定沿顶、沿地龙骨，各自交接后的龙骨应保持平直。

③ 沿弹线位置固定边框龙骨，龙骨的边线应与弹线重合。龙骨的端部应固定，固定点间距应不大于1m，固定应牢固。

④ 选用支撑卡系列龙骨时，应先把支撑卡安装在竖龙骨的开口上，卡距为400~600mm，距龙骨两端的距离为20~25mm。

⑤ 安装竖向龙骨应垂直，龙骨间距按设计要求布置。

⑥ 罩面板横向接缝处，如不在沿顶沿地龙骨上，应加横撑龙骨固定横向板缝。

⑦ 门洞、窗洞或特殊节点处，需使用附加龙骨，安装应符合设计要求。

⑧ 对于特殊结构的隔断龙骨安装（如曲面、斜面隔断等）应符合设计要求。

⑨ 安装罩面板前，应检查隔断骨架的牢固程度，如有不牢固处应进行加固。

⑩ 对安装完毕的隔断龙骨先行自检，合格后

图 3-23 在弹线位置固定沿顶和沿地龙骨

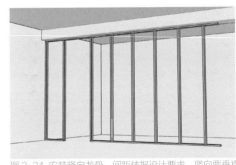
图 3-24 安装竖向龙骨，间距依据设计要求，竖向要垂直

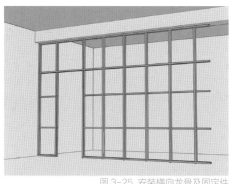

图 3-25 安装横向龙骨及固定件

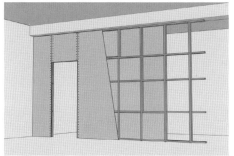

图 3-26 封装单层石膏板

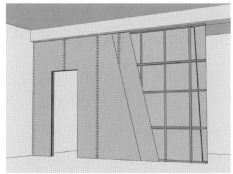

图 3-27 封装双层石膏板，板缝接口需错开

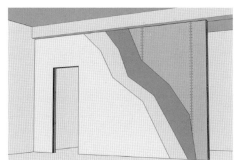

图 3-28 钉头处理，接缝处理，刮大白两边，面层乳胶漆

报监理，隐患验收合格后，才可进入封板工序。

2. 纸面石膏板安装

① 石膏板选用9mm厚纸面石膏板，需要时也可以选择12mm厚纸面石膏板，龙骨双面各装单层或者双层石膏板同样也是根据设计或者特殊要求。

② 安装石膏板前，应对预埋隔断中的管道和有关附墙设备采取局部加强措施。

③ 石膏板宜竖向铺设，长边（即包封边）接缝宜落在竖龙骨上。

④ 双层石膏罩面板安装，应与龙骨一侧的内外两层石膏板错缝排列，接缝不应落在同一根龙骨上；需要隔声、保温、防火的应根据设计要求在龙骨一侧安装好石膏罩面板后，进行隔声、保温、防火等材料的填充；一般采用玻璃丝棉或30～100mm岩棉板进行隔声、防火处理；采用50～100mm苯板进行保温处理。再封闭另一侧的板。

⑤ 石膏板用自攻螺钉固定。沿石膏板周边螺钉间距不应大于200mm，中间部分螺钉间距不应大于300mm，螺钉与板边缘的距离应为10～16mm。

⑥ 安装石膏板时，应从板的中部向板的四边固定。钉头略埋入板内2～3mm，但不得损坏纸面。钉眼应用石膏腻子抹平。

⑦ 石膏板的接缝应按设计要求进行板缝处理；纸面石膏板接缝有平缝、凹缝和压条缝三种形式，可按以下步骤处理：

A. 刮嵌缝腻子：刮嵌缝腻子前先将接缝内浮土清除干净，用小刮刀将腻子嵌入板缝，与

板面填实刮平。

B. 粘贴拉结带：待嵌缝腻子凝固成型随即粘贴拉结材料，先在接缝上薄刮一层稠度较稀的胶状腻子，厚度为1mm，宽度为拉结带宽，随即粘贴拉结带，用中刮刀自上而下沿一个方向刮平压实，赶出胶状腻子与拉结带之间的气泡。

C. 刮中层腻子：拉结带粘贴好后，立即在其上再刮一层比拉结带宽80mm左右，厚度约1mm的中层腻子，将拉结带埋入这层腻子中。

D. 找平腻子：用大刮刀将腻子填满楔形槽，与板抹平。石膏板接缝应宽窄一致、整齐。隔断端部的石膏板与周围的墙或柱应留有3mm的槽口。施工时，先在槽口处加注嵌缝膏使其和邻近表层紧紧接触。

⑧ 石膏板隔断以丁字或十字形相接时，阴角处应用腻子嵌满，贴上接缝带；阳角处应使用专用轻钢护角。

⑨ 踢脚线为木饰面时，根据设计要求自地面线向上一定距离做9cm夹板底；踢脚线为瓷砖或者石材时，根据设计要求自地面线向上一定距离做9cm泥板底。

⑩ 墙面防潮防锈处理与墙面装饰。为防止石膏板面因批腻子或受水潮湿而变形，在接缝处理完毕、满批修平腻子前，墙面必须满刷两道防潮涂料，第一道横刷，第二道竖刷。石膏板连接件、钉固附件等表面必须刷防锈漆才能进行批腻子。在石膏板面处理时，油工将自攻螺钉的钉眼批平，再对整个隔断墙面满批腻子，每遍腻子干燥并打磨平整后再批第二遍腻子，用零号砂纸打磨平整、光洁后才能进行粉刷喷涂乳胶漆。

二、玻璃隔墙施工工艺

玻璃隔墙是在较大空间内用来分隔空间的常见方式之一，是广泛被选用的建筑物内部一种自身轻质、厚度薄的墙体。这种墙体随着当前科学技术的发展和建筑物功能的需要正逐渐向高强性、装饰性、节能规范、施工速度快等方向发展。

玻璃隔断是隔断墙体的其中一种，多用于办公空间、学校、工厂车间、宾馆和饭店等。玻璃隔断具有外观光洁、明亮、简约等优点，并有着建立好空间与空间关系的优势，既扩大和延伸空间，又隔音并形成安全的心理区域。

施工进程	施工项目	具体要求
（一） 施工准备	1. 技术准备	① 编制玻璃隔墙工程施工方案，并对工人进行技术及安全交底。 ② 在天棚施工初期，对隔断确定的位置进行固定的预埋件设置。
	2. 材料准备	① 材料构配件：玻璃隔墙采用钢化玻璃材料，在玻璃制品工厂加工制作。玻璃规格：厚度有8、10、12、15、18、22mm等，长宽和厚度根据工程设计要求确定。 ② 根据设计要求的各种钢材、木龙骨、玻璃胶、橡胶垫和各种压条。 ③ 紧固材料：膨胀螺栓、射钉、自攻螺丝、木螺丝和粘贴嵌缝料，应符合设计要求。
	3. 主要机具	机具：电锤、切割机、电焊机。 工具：丝锥、螺丝刀、玻璃胶枪等。
（二） 施工条件	1. 作业条件	① 主体结构完成及交接验收，并清理现场。 ② 砌墙时应根据顶棚标高在四周墙上预埋防腐木砖。 ③ 木龙骨进行防火处理，符合有关防火规范的规定。直接接触结构的木龙骨应预先刷防腐漆。 ④ 做隔断房间需在地面的湿作业工程前将直接接触结构的木龙骨安装完毕，并作好防腐处理。
	2. 安全条件和措施	① 移动式电动机械和手持电动工具的单相电源线必须使用三芯软橡胶电缆，三相电源线必须使用四芯软橡胶电缆。接线时，缆线护套应穿进设备的接线盒内并予以固定。 ② 电动机具的操作开关应置于操作人员伸手可及的部位，当休息、下班或作业中停电时，应切断电源侧开关。 ③ 电动机具控制电源箱必须安装漏电保护器，发现问题立即修理。 ④ 脚手架应按施工方案搭设，并检查验收合格后方可使用。脚手架上堆料量不得超过规定荷载，跳板应用钢丝绑扎固定，不得有探头板。 ⑤ 多人抬搬玻璃时应协调一致，轻抬轻放。玻璃安装人员应戴防护手套。 ⑥ 废弃物应按环保要求分类堆放及回收。 ⑦ 在施工过程中应防止噪声污染，在施工场界噪声敏感区域宜选择使用低噪声的设备或采取其他降低噪声的措施。 ⑧ 胶黏剂应符合国家环境保护标准要求，严禁使用非环保型产品。
（三） 质量控制要点	1. 技术关键要求	① 弹线必须准确，经复验后方可进行下道工序。 ② 结构固定技术合理，钢材型号符合要求。
	2. 质量注意问题	① 隔断龙骨必须牢固、平整、垂直。 ② 压条应平顺光滑，线条整齐，接缝密合。

施工进程	施工项目	具体要求
（四） 质量验收指标	1. 主控项目	① 隔墙工程所用材料的品种、规格、性能、图案和颜色应符合设计要求。玻璃板隔墙应使用安全钢化玻璃。 ② 板隔墙的安装必须牢固。玻璃板隔墙胶垫的安装应正确。
	2. 一般项目	① 隔墙表面应色泽一致、平整洁净、清晰美观。 ② 隔墙接缝应横平竖直，玻璃应无裂痕、缺损和划痕。 ③ 隔墙安装的允许偏差和检验方法应符合《建筑装饰装修工程施工质量验收规范》的规定。
	3. 成品保护	① 玻璃隔断安装完成后，把成品保护工作落实到人，粘贴醒目标志。 ② 玻璃安装完毕，挂上门锁或门插销，以防风吹碰坏玻璃，并随手关门及上锁。 ③ 安装木龙骨及玻璃时，应注意保护顶棚、墙内装好的各种管线。木龙骨的天龙骨不准固定在通风管道及其他设备上。 ④ 施工部位已安装的门窗，已施工完的地面、墙面、窗台等应注意保护，防止损坏。

（五）玻璃隔墙施工工艺流程图

环境清理→地面、墙面、天花弹线→安装金属框架→裁切玻璃→玻璃安装→金属边槽封胶→玻璃对接口处理。

（六）操作工艺

1. 施工图设计

玻璃隔断安装前，要出施工大样图。根据隔断尺寸及现场条件设计确定是选择木框还是钢骨架。其规格、尺寸、在立面中的布置，结构连接构造、玻璃尺寸、安装形式等内容。

2. 地面、墙面、天花弹线

根据施工大样图，在需要固定框架的地面上弹出隔断框的宽度线和中心线，然后用线锤将两条边缘线和中心线的位置引测到相邻的墙上和顶棚上。同时划出固定点的位置。

3. 安装框架

① 安装顶部限位槽

在天棚的梁、板、柱的结构上固定钢结构件，依据设计尺寸和要求再在钢结构上固定金属槽。

② 安装地上限位槽

安装方法可通过膨胀螺栓钉方木，把方木固定在地面不锈钢板中间竖向限位槽的做法，在玻璃就位后，在方木两侧钉上两根扁方木（固定玻璃用），再用万能胶将金属饰面板粘在方木上。还有一种是在地面上开槽，预埋U形金属槽，完成后的状态是没有踢脚线，呈现简洁的状态。

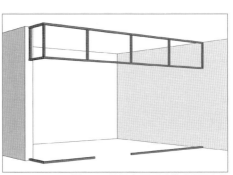

图 3-29 依据玻璃规格制作金属固定件

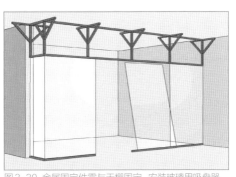

图 3-30 金属固定件需与天棚固定，安装玻璃用吸盘器，通常的方法是先固定顶部

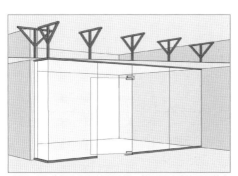

图 3-31 先插入顶部的限位槽，然后把玻璃的下部放入底部的限位槽

③ 安装竖向限位槽

竖向限位槽分二种，一种是沿墙竖向限位槽，一种是位于整个玻璃隔断中间的竖向限位槽。沿墙的竖向限位槽按顶部，地面下部限位槽的方法安装，即通过膨胀螺栓钉方木，把方木固定在侧面墙上，然后再用万能胶将金属饰面板粘在方木上。隔断中间的竖向限位槽按所弹中心线钉立中间竖向限位槽方木。然后用胶合板确定方木柱的外形尺寸和进行位置固定。最后外包金属装饰面。

④ 铝合金框架

主要采用铝合金方管，可用铝角或木螺钉固定在埋入墙、地中的木砖上。

4. 玻璃裁割

① 玻璃口的处理

厚玻璃裁割好后，要在周边玻璃口处进行倒角处理，倒角宽为2mm。

② 玻璃裁割方法

由于玻璃隔断的每块玻璃面积较大，玻璃的裁割一定要有一个良好的工作台。工作台上一定要铺好地毯，把玻璃平铺在毯上裁，以便确保玻璃的完整。裁割时按设计要求量好尺寸，以靠尺做依托，玻璃刀一次从头划到尾。然后将已划好的切割线移至台案边缘，一端用靠尺板按住，另一端用手迅速向下掰即可掰脱。裁割和搬运玻璃时，操作者一定要戴手套。

5. 玻璃安装

用玻璃吸盘器（或玻璃吸盘机）把厚玻璃紧紧吸住，然后手握吸盘通过2～3人把厚玻璃板拾起，并竖立起来移至安装地点准备就位。

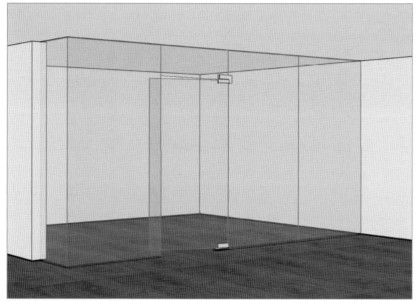

图 3-32 无框玻璃隔墙示意效果图

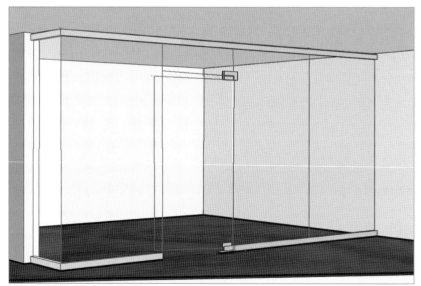

图 3-33 有框玻璃隔墙示意效果图

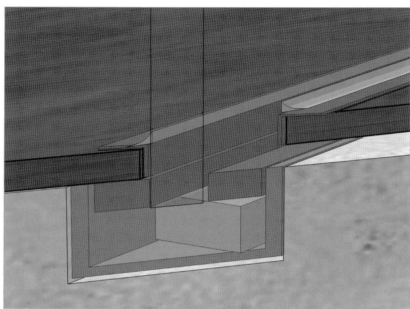

图 3-34 无框玻璃隔断底部结构图，金属槽不能超出地表面，否则影响视觉美观

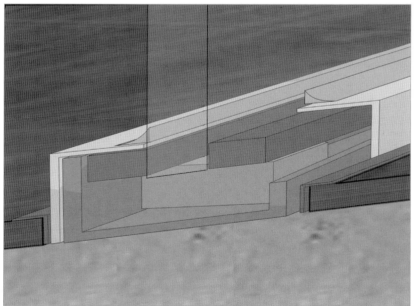

图 3-35 有框玻璃隔断底部结构图，金属槽直接固定在地表面，尺寸的大小依据设计要求

就位方法：应先把玻璃上部插入顶部的限位槽内，然后把玻璃的下部放到底部限位槽中，并对好两侧限位槽的位置，使玻璃完全进入四边限位槽内。

玻璃固定：在玻璃进入位置后，在地上方木上的内外钉两根扁方木条，把厚玻璃夹在中间，但距厚玻璃板需留出4mm左右的空隙，然后在扁方木条和方木上涂刷万能胶，将饰面金属板粘卡在方木和两根扁方木条上（参见图3-34）。

6. 注玻璃胶

在顶部限位槽两侧空隙内和地上限位槽口的两侧以及厚玻璃的对缝处注入玻璃胶。注入顺序应从某一条缝隙的端头开始到末端终止，中途不得停顿。操作要领是：握紧嵌缝枪压柄用力要均匀，同时顺着缝隙移动的速度也要均匀，即随着玻璃胶的挤出，匀速移动注胶口，使玻璃胶在缝隙处形成一条表面均匀的直线。最后用塑料片刮去多余的玻璃胶并用干净布擦去胶迹（参见图3-35）。

7. 玻璃之间对接

固定部分的厚玻璃板，两块对齐拼接必然形成接缝，对接缝应留2～3mm的距离（对接缝的玻璃切口必须倒角）。玻璃固定后，要用玻璃胶注入缝隙中，注满后同样要用塑料片把胶刮平，使缝隙形成一条洁净、均匀的直线，玻璃面上要用干净布擦净胶迹。

三、面砖施工工艺

内墙面贴面砖（亦称瓷片）做内墙饰面是常见的工艺方式之一。其特点：色纯、釉面光亮、耐磨蚀、抗冻等。优点：洁白素雅、清晰整洁，给人以清洁明快的美感，操作工艺简单，并且用料少，成本较低。

本工艺适用于宾馆、酒店、医院、影剧院、办公楼、化验楼、图书馆、住宅楼等建筑室内卫生间、厨房以及部分公共空间墙面或墙裙的瓷片饰面工程。

施工进程	施工项目	具体要求
（一）施工准备	1. 技术准备	① 施工前依据设计要求放出大样图并对现场实际尺寸进行排砖等准备。 ② 事先将材料准备齐全，包括对进场的釉面砖数量、质量进行检查；按照要求必须挑选规格、颜色一致，质量符合要求的砖保存好。 ③ 墙面要清理干净，做好施工洞口的封堵工作。 ④ 经相关部门检验合格，各方签认后方可大面积施工。
	2. 材料准备	① 水泥：一般采用强度等级为 32.5 或 42.5 普通硅酸盐水泥和矿渣硅酸盐水泥。水泥应有出厂合格证书。水泥进场需核查其品种、规格、强度等级、出厂日期等，并进行外观检查，做好进场验收记录。进场后应对其凝结时间、安定性和抗压强度进行复验。 ② 沙子：中沙，粒径为 0.35～0.5 mm，含泥量不大于 3%，颗粒坚硬、干净，无有机杂质，用前过筛，其他应符合规范的质量标准。 ③ 饰面砖：饰面砖品种、规格、尺寸、色泽、图案应符合设计规定。其质量和性能均应符合国家现行产品标准的规定。
	3. 主要机具	红外线水平仪、砂浆搅拌机、瓷砖切割机、手电钻、铁板、铁皮抹子、木抹子、托灰板、木刮尺、方尺、铁制水平尺、小铁锤、木锤、錾子、垫板、小白线、开刀、墨斗、小线坠、小灰铲、盒尺、钉子、红铅笔、工具袋等。
（二）施工条件	1. 作业条件	① 墙面抹灰及有防水要求的墙面的防水层、保护层施工完成并验收合格后，方可进行粘贴饰面砖施工。 ② 室内应钉高马凳，马凳高度、长度要符合施工要求和安全操作规程。 ③ 预留孔洞及排水管等处理完毕，安装好门窗框扇，隐蔽部位的防腐、填嵌应处理好，并用 1:3 水泥砂浆将门窗框、洞口缝隙塞严实，铝合金、塑料门窗、不锈钢门等框边缝所用嵌塞材料及密封材料应符合设计要求且应塞堵密实，并事先粘贴好保护膜。 ④ 脸盆架、镜片、管卡安装等预埋件应提前安装好，位置正确。 ⑤ 按饰面砖的尺寸、颜色进行选砖，并分类放置备用。 ⑥ 统一弹出墙面上的水平线，大面积施工前应先放大样，做出样板墙并经有关部门共同确认后，方可组织大面积施工，并向施工操作人员做好技术交底工作。 ⑦ 管、线、盒等安装完并验收合格。

施工进程	施工项目	具体要求
（二） 施工条件	2. 安全条件和措施	① 进入施工现场必须戴安全帽，高空作业必须系安全带，架安全网。 ② 严禁穿拖鞋进入施工现场，严禁酒后作业。 ③ 楼梯口、电梯口、楼板预留洞口等应进行封闭，做好防护设施。 ④ 施工用电应符合安检站的规定，严禁使用花线（单塑护层绝缘导线），严禁乱扯乱拉。 ⑤ 严禁从高空乱扔钢管、扣件、扳手、架板、垃圾等物品。 ⑥ 搅拌机、卷扬机等旁均应搭设操作棚，以防高空坠物。 ⑦ 脚手架、外挑架等的搭设应符合安全规范的规定，雨雪天前后均应进行检查。 ⑧ 夜间施工应有足够的照明。
（三） 质量控制要点	1. 技术关键要求	① 材料质量符合要求，不会产生变色、污染等问题。 ② 基层处理到位，墙面湿润达到要求。
	2. 质量注意问题	① 饰面砖镶贴必须牢固，无歪斜、缺棱、掉角和裂缝等缺陷。 ② 接缝填嵌密实、平直、宽窄、颜色一致，阴阳角处压向正确，每面墙不宜有两列非整砖，非整砖的宽度不宜小于原砖的1/3。 ③ 突出物周围板块的套割：用整砖套割吻合，边缘整齐；墙裙、贴脸等上口平顺，突出墙面的厚度一致。 ④ 卫生间、厨房间与其他用房的交接面处应作防水处理，防水材料的性能应符合国家现行有关标准的要求。
（四） 质量验收指标	1. 主控项目	面砖的品种、规格、颜色、图案、性能必须符合设计要求。面砖湿贴工程的找平、防水、粘结和勾缝材料及施工方法应符合设计要求及国家现行产品标准。瓷砖湿帖工程应无空鼓、裂缝。
	2. 一般项目	瓷砖表面应平整、洁净，颜色协调一致。阴阳角搭接方式、非整砖使用部位符合设计要求。瓷砖的接缝平直、光滑，添缝应连续、密实，宽度和深度符合设计要求。有排水要求的部位应做滴水线、流水坡向符合设计要求。
	3. 成品保护	① 搬、拆架子时注意不要碰撞墙面。 ② 墙面污染：勾完缝后砂浆、水泥没有及时擦净或由于其他工种或工序造成墙面污染等，可用棉纱加清洗剂刷洗，注意控制清洗剂浓度，最后用清水冲净。

（五）面砖施工工艺流程图

基层处理→吊垂直、套方、找规矩、贴灰饼→抹底层砂浆→分格弹线→排砖→浸砖→粘贴饰面砖→饰面砖的勾缝与擦缝→清洁。

（六）操作工艺

1. 基层处理

① 墙面修补：清理表面流浆、尘土，将其缺棱掉角及板面凹凸不平处刷水湿润，修补处刷一道含界面剂的水泥浆，随后抹1:3水泥砂浆，局部勾抹平整，凸凹不大的部位可刮水泥腻子找平并对其防水缝、槽进行处理后，进行淋水试验，不渗漏方可进行下道工序。

② 基层处理：抹灰打底前应对基层进行处理。采用水泥细砂浆掺界面剂进行"毛化处理"。即先将表面灰浆、尘土、污垢清刷干净，用 10%火碱水将板面的油污刷掉，随即用净水将盐液冲净，晾干。然后用 1:1 水泥细砂浆内掺界面剂，喷或甩在墙上，其甩点要均匀，毛刺长度不宜大于 8 mm，终凝后浇水养护，直至水泥砂浆有较高强度（用手掰不动）为止。基层为加气混凝土墙体，应对松动、灰浆不饱满的砌缝及梁、板下的顶头缝，用聚合物水泥砂浆填塞密实。将凸出墙面的灰浆刮净，凸出墙面不平整的部位剔凿；坑凹不平、缺棱掉角及设备管线槽、洞、孔用聚合物水泥砂浆整修密实、平顺。砖墙基层，要将墙面残余砂浆清理干净。

图 3-36 抹灰打底，对基层进行处理

2. 吊垂直、套方、找规矩、贴灰饼

按墙上基准线，分别在门口角、垛、墙面等处吊垂直、套方、贴灰饼。

3. 抹底层砂浆

① 洒水湿润：将墙面浮土清扫干净，分别浇水湿润。特别是加气混凝土吸水速度先快后慢，吸水量大而延续时间长，故应增加浇水的次数，使抹灰层有良好的凝结硬化条件，不致在砂浆的硬化过程中水分被加气混凝土吸走。

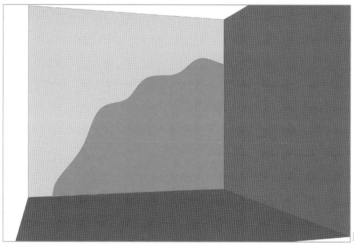

图 3-37 抹底层砂浆

② 抹底层砂浆：基层为混凝土、砖墙墙面，浇水充分湿润墙面后的第二天抹 1:3 水泥砂浆，每遍厚度 5～7mm，应分层分遍与灰饼齐平，并用大杠刮平找直，木抹子搓毛。基层为加气混凝土墙体，在刷好聚合物水泥浆以后应及时抹灰，不得在水泥浆风干后再抹灰，否则，容易形成隔离层，不利于砂浆与基层的黏结。

③ 加强措施：如抹灰层局部厚度不小于 35 mm 时，应按照设计要求采用加强网进行加

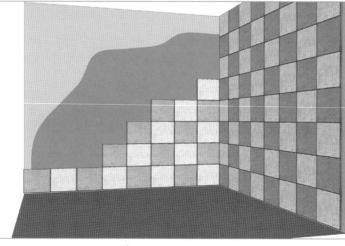

图 3-38 粘贴前须墙面弹线、排砖和浸砖，粘贴砖自下而上进行

强处理，以保证抹灰层与机体黏结牢固。不同材料墙体相交接部位的抹灰，应采用加强网进行防开裂处理，加强网与两侧墙体的搭接宽度不应小于 100 mm。

④ 当作业环境过于干燥且工程质量要求较高时，加气混凝土墙面抹灰后可采用防裂剂。底子灰抹完后，立即用喷雾器将防裂剂直接喷洒在底子灰上，防裂剂以喷雾状喷出，以使喷洒均匀，不漏喷，不宜过量、过于集中，操作时喷嘴倾斜向上仰，与墙面的距离以确保喷洒均匀适度为宜，且不致将灰层冲坏。

4. 墙面弹线

待底层灰六七成干时，按图纸要求、釉面砖规格及结合实际条件进行排砖、弹线。一般墙砖施工，首先在墙面2m以下弹一水平线，墙面过长时要有垂直线控制，顶部也贴砖时，垂直线和水平线一定要准确，同时阴阳角处要做到仔细排砖。

5. 排砖

根据设计图纸或排砖设计对墙面进行横竖向排砖，门边、窗边、镜边、阳角边宜排整砖，同时横排竖列均不得有小于 1/2 砖的非整砖。非整砖行应排在次要部位，如门窗上或阴角等不明显处。但要注意整个墙面的一致和对称。如遇有突出的管线设备卡件，应用整砖套割吻合，不得用非整砖随意拼凑镶贴。

6. 浸砖

面砖镶贴前，应挑选颜色、尺寸一致的砖，变形、缺棱掉角的砖挑出不用。浸泡砖时，将面砖清扫干净，放入净水中浸泡 2 小时 以上，取出待表面晾干或擦干净后方可使用。

7. 粘贴饰面砖

粘贴应自下而上进行。先在墙左右粘贴两行控制砖，之后拉控制线粘贴大面，在砖背面抹 8 mm 厚 1:0.1:2.5 水泥石灰膏砂浆结合层，要刮平，随抹随贴，要求砂浆饱满，亏灰时，取下重贴，并随时用靠尺检查平整度，同时保证缝隙宽度一致。橡皮锤每块都要敲实。铺贴完后必须用眼观察，墙面是否平整，线缝是否垂直，有问题需要及时调整，避免空鼓（参见图3-38）。

8. 饰面砖的勾缝与擦缝

贴完饰面砖经自检无空鼓、垂直平整符合要求后，用棉纱擦干净，待粘贴牢固后用勾缝胶或白水泥擦缝（参见图3-39）。

9. 清洁

用布将缝的砂浆擦匀，砖面擦净。

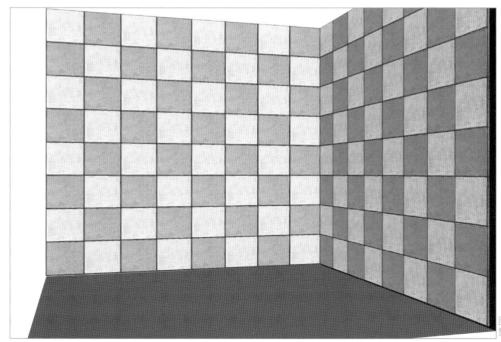

图 3-39 粘贴完成后，确保平整和线缝垂直对齐，无空鼓

四、理石干挂施工工艺

理石干挂法是利用高强耐腐蚀的金属挂件，把饰面石材通过有效的方法固定。合理的挂件设计与严格的施工工艺是保证内饰石材安全、美观、可行的关键。

大理石干挂施工以预制组装的方式取代了传统的湿作业施工，其优越性主要体现在：

1.可避免表面"反碱"，使石板表面保持长久的色彩光泽。

2.不受气候变化影响，任何时间都可以施工作业，并提高施工速度。

施工进程	施工项目	具体要求
（一）施工准备	1. 技术准备	① 核对施工图，设计说明清晰，石材样板得到认可。 ② 装饰工程施工方案、石材的排板图均已编制。 ③ 对施工人员进行技术与安全交底。
	2. 材料准备	① 石材需磨边或切割的尽量在加工工厂解决，以避免现场反复搬运和大量切割，石材价格昂贵，要避免现场的施工环境导致材料不必要的破损。 ② 石材按国标验收：石材的品种、等级、性能、花纹、颜色、光洁度、平整度；不得有缺棱、掉角、暗痕和裂纹等缺陷，并进行表面处理工作。 ③ 根据实际情况的要求，同一品种使用超过200㎡的应进行复验。 ④ 干挂连接件质量须符合国家现行有关标准的规定。 ⑤ 铝合金挂件与不锈钢挂件厚度要求：铝合金挂件厚度不应小于4mm，不锈钢挂件厚度不应小于3mm。 ⑥ 理石胶要求具有防水和耐老化性能。 ⑦ 石材进场要做好专用木架分类立放且后背板要靠足基层，摆放位置原则上离施工位置较近。
	3. 主要机具	理石锯、辅助工具、靠尺、水平尺、线锤、卷尺、方尺、锯片、红外线水平仪。
（二）施工条件	1. 作业条件	① 石材排板图编制完毕，现场按要求弹线放样结束。 ② 墙面钢基层施工完毕，验收合格。 ③ 墙面预留预埋件已安装完毕，验收合格。设计无明确要求时预埋件标高差不得大于10mm，位置差不应大于20mm。 ④ 按现场高度如有需要搭设双排或满堂脚手架。 ⑤ 相关门窗工程已施工完毕，安装质量符合要求。 ⑥ 安装系统的隐蔽项目已验收合格。
	2. 安全条件和措施	① 安全条件 A. 脚手架搭设应符合安全规范，经过验收方可使用。 B. 对施工人员注意健康劳动保护，设备配备齐全。 C. 电、气焊的特殊工种，要求工人必须持证上岗。 ② 安全措施 A. 工人操作应戴安全帽，高空作业应系好安全带。 B. 施工现场临时用电线路必须按用电规范布设。

施工进程	施工项目	具体要求
（三） 质量控制要点	1. 技术关键要求	① 弹线放样要方正、水平准确，保证钢骨与墙体结合稳固。 ② 了解石材毛光板尺寸，尽可能减少损耗，如损耗太大应及时调整尺寸方案。 ③ 石材如是斜铺或其他异型铺贴，尽可能套模数，减少损耗。
	2. 质量注意问题	① 结构面层与基底应安装牢固，干挂配件、粘贴用料须符合设计要求。 ② 所有焊接处应满焊饱满连接，焊接处涂防锈漆两遍，银粉漆一遍。 ③ 膨胀螺丝固定好后进行拉拔试验，干挂件进行抗扭曲试验。 ④ 石材施工前必须要按编号预排，特别是天然纹理清晰的板材，如有问题能及时发现，排放的位置不能离干挂的位置太远。 ⑤ 石材板缝、阴阳角、凹凸线等工艺符合设计和国家规范要求。 ⑥ 安装干挂马片时螺丝一定要拧紧。 ⑦ 石材规格超过1×1m时，背部需加固。
（四） 质量验收指标	1. 主控项目	① 石材验收合格。具有有效检测文件。 ② 不同墙体钢基层连接方法科学合理。 ③ 干挂配件作防锈、防腐处理。
	2. 一般项目	① 板缝注胶应饱满、密实、连续、均匀、无气泡。 ② 石材面板上的洞口、槽边应套割吻合，边缘应整齐。
	3. 成品保护	① 及时擦干净残留的污物，粘贴保护膜，预防污染锈蚀。 ② 拆改架子和上料时，严禁碰撞干挂石材饰面板。 ③ 易破损部分的棱角处要钉护角保护，并且有明显的提示。 ④ 在刷好的罩面剂未干燥前，保持室内环境没有太多灰尘。 ⑤ 已完工干挂石材应设专人看管。

（五）理石干挂施工工艺流程图

挂水平位置线→支底层板托架→放置底层板用其定位→调节与临时固定→结构钻孔并插固定螺栓→镶不锈钢固定件→将胶黏剂灌入下层墙板的上孔→将胶黏剂灌入上层墙板的下孔内→清理工作。

（六）操作工艺

1. 干挂钢基层

① 清理预做基层的结构表面。

② 进行吊直、套方、找规矩，弹出垂直线、水平线。

③ 根据弹好的水平线固定平钢板。钢基层制作完成。

2. 干挂件安制

① 在钢基层上弹出安装石材的位置线、分割线。

② 挂线事先用经纬仪打出大角两个面的竖向控制线。

③ 竖向控制线最好位于离大角100~150mm的位置上，以便随时检查垂直挂线的准确性。

④ 根据弹好的线满焊连接固定挂件的角钢。

⑤ 根据石材大小在角钢上打孔安放干挂件。

3. 石材调整固定

① 用支架暂时固定石板，依次安装底层石板。

② 石材侧面按挂件间距开固定槽。

③ 面板暂时固定后，调整水平、垂直。

④ 调整面板上口的连接件的距墙空隙，直至面板垂直。

⑤ 检查，调整使板缝均匀。

⑥ 检查石板水平与垂直度、板面高低。

⑦ 安装侧面的连接铁件，把底层面板靠角上的一块就位。

4. 清理工作

① 掀掉石材表面的防污条，用棉丝将石板擦净。

② 去除石材表面黏结的杂物。

③ 对成品作相应的保护。

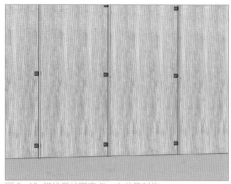

图3-40 弹线后找固定点，主龙骨制作

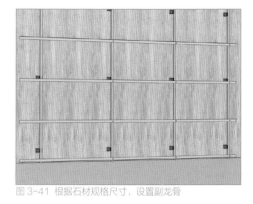

图3-41 根据石材规格尺寸，设置副龙骨

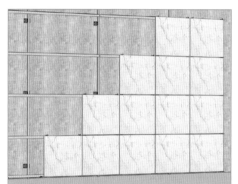

图3-42 由下往上铺装

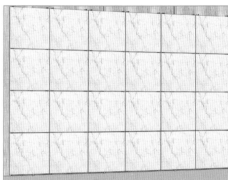

图3-43 保证空隙均匀、水平、垂直

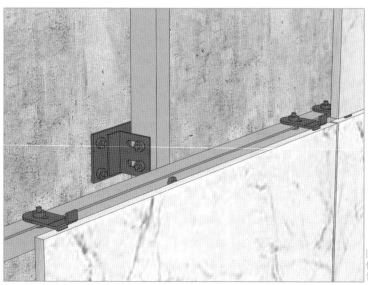

图3-44 构造节点，固定件与墙体、主龙骨、次龙骨、理石间结构详图

五、塑铝板干挂施工工艺

塑铝板（又称复合铝板）作为一种新型装饰材料，仅仅在数年时间，便以其可选色彩的多样性、便捷的施工方法、优良的加工性能和绝佳的防火性及高贵的品质，迅速受到人们的青睐。

施工进程	施工项目	具体要求
（一） 施工准备	1. 技术准备	① 施工图核对、设计说明已清晰，塑铝板样板得到认可。 ② 对施工人员进行技术与安全交底已经完成，设计尺寸与现场尺寸校对。
	2. 材料准备	采用的材料和配件，应符合设计的要求及国家现行产品标准和国家工程技术规范的规定。板材表面应平整、洁净、色泽一致。
	3. 主要机具	红外线水平仪、修边机、电转、卷尺、拉铆枪、手刨等。
（二） 施工条件	1. 作业条件	① 基层应清洁干净，无油渍、水渍、污渍和锈渍。表面应干燥无水分，特别是雨天或梅雨天气更应注意，以免出现不黏现象。 ② 隐蔽项目施工结束，预留洞口位置准确。
	2. 安全条件和措施	① 脚手架搭设应符合安全规范，经过验收方可使用。 ② 电、气焊的特殊工种，要求工人必须持证上岗。 ③ 工人操作应戴安全帽，高空作业应系好安全带。 ④ 施工现场临时用电线路必须按用电规范布设。
（三） 质量控制要点	1. 技术关键要求	弹线必须准确，经复验后方可进行下道工序。首先，固定沿顶和沿地龙骨，各自交接后的龙骨，应保持平整垂直，安装牢固。
	2. 质量注意问题	① 板缝有痕迹，平整度不能符合要求。 ② 板缝开裂，节点构造不合理，胀缩变形。 ③ 塑铝板与龙骨连接不牢。
	3. 主控项目	① 塑铝板必须有产品合格证，其品种、型号、规格应符合设计要求。 ② 龙骨使用的紧固材料，应满足设计要求及构造功能。安装轻钢骨架应保证刚度，不得弯曲变形。骨架与基体结构的连接应牢固，无松动现象。
（四） 质量验收指标	1. 一般项目	① 塑铝板表面平整、洁净，无锤印，钉固间距、钉位应符合设计要求。检查方法：观察检查。 ② 塑铝板接缝形式应符合设计要求，接缝宽窄一致，封胶平滑、均匀。
	2. 成品保护	防止硬物撞击，防止污染。

（五）塑铝板干挂施工工艺流程图

清理墙体表面→测量放线→安装连接件→安装骨架→安装防火材料→安装塑铝板→处理板缝。

（六）操作工艺

1. 测量放线

① 根据主体结构上的轴线和标高线，按设计要求将支撑骨架的安装位置线准确地弹到主体结构上。

② 将所有预埋件打出，并复测其尺寸。

③ 测量放线时控制分配误差，不使误差积累。

2. 安装连接件

将连接件与主体结构上的预埋件焊接固定。当主体结构上没有埋设预埋铁件时，可在主体结构上打孔安设膨胀螺栓与连接铁件固定。

3. 安装骨架

① 按弹线位置准确无误地将经过防锈处理的立柱用焊接或螺栓固定在连接件上。安装时应随时检查标高和中心线位置，对面积较大、层高较高的铝板幕墙骨架立柱，必须用

测量仪器和线坠测量，校正其位置，以保证骨架竖杆铅直和平整。立柱安装标高偏差不应大于3mm，轴线前后偏差不应大于2mm，左右偏差不应大于3mm；相邻两根立柱标高偏差不应大于3mm，同层立柱的最大标高偏差不应大于5mm，相邻两根立挺距离偏差不应大于2mm。

② 将横梁两端的连接件及垫片安装在立柱的预定位置，并应安装牢固，其接缝应严密；相邻两根横梁的水平偏差不应大于1mm。同层标高偏差：当一幅幕墙宽度小于或等于

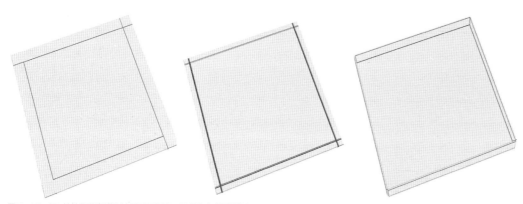

图3-45~47 单块塑铝板修边折叠示意图，注意边角裁折顺序

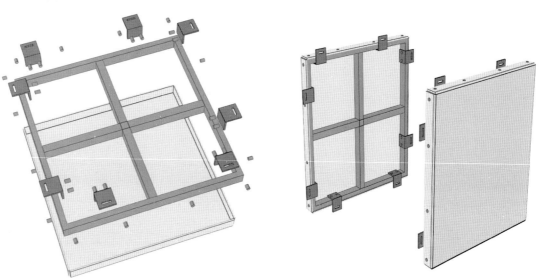

图3-48、49 大块塑铝板为确保板面平整，每块板增加了骨架，然后将骨架与龙骨固定

35m时，不应大于5㎜；当一幅幕墙宽度大于35m时，不应大于7㎜。

4. 安装防火材料

应采用优质防火棉，抗火期要达到有关部门的要求。将防火棉用镀锌钢板固定。应使防火棉连续地密封于楼板与金属板之间的空位上，形成一道防火带，中间不得有空隙。

5. 安装塑铝板

测量放线。按施工图用铆钉或螺栓将铝合金板饰面逐块固定在型钢骨架上。板与板之间留缝10～15㎜，以便调整安装误差。安装金属板时，左右、上下的偏差不应大于1.5㎜。

6. 处理板缝

用清洁剂将金属板及框表面清洁干净后，立即在铝板之间的缝隙中先安放密封条或防风雨胶条，再注入密封胶等材料，注胶要饱满，不能有空隙或气泡。

7. 处理收口

收口处理可利用金属板将墙板端部及龙骨部位封盖。

8. 处理变形缝

处理变形缝首先要满足建筑物伸缩、沉降的需要，同时也应达到装饰效果。常采用异型金板与氯丁橡胶带体系。

9. 清理板面

清除板面护胶纸，把板面清理干净。

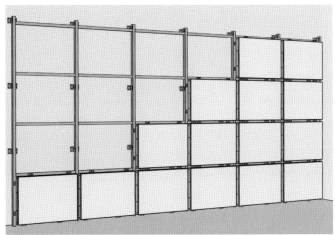

图 3-50 安装自下向上，扣缝保留 10~15mm

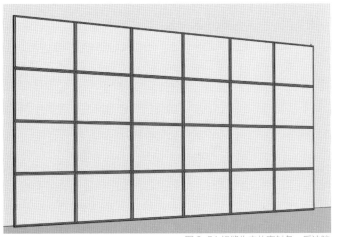

图 3-51 扣缝先安放密封条，后注胶

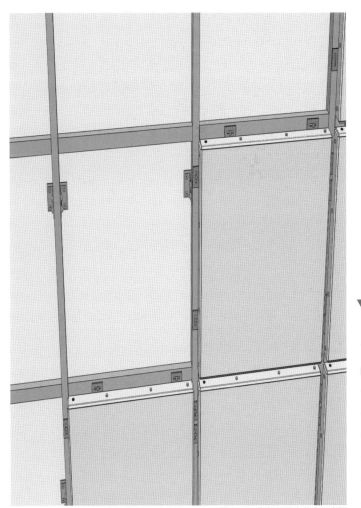

图 3-52 塑铝板固定节点示意图

099

六、木作面层施工工艺

墙面装饰木板属于室内装修用的木制产品，其木质材料纹理清晰，自然美观，立体感强；坚固耐用，防潮不变形；清洁养护简单容易；有益于人体健康和室内温度调节，广泛适用于宾馆、酒店、会议室、办公室及家庭等装修使用。

施工进程	施工项目	具体要求
（一） 施工准备	1. 技术准备	① 熟悉施工图纸，依据技术交底和安全交底做好施工准备。 ② 基层工艺及成本控制。
	2. 材料准备	① 木材含水率和防腐处理必须符合设计图纸要求。 ② 龙骨用白松烘干料，含水率不大于12%，厚度应根据设计要求，不得有腐朽、节疤、劈裂、扭曲的弊病，并预先经防腐处理。
	3. 主要机具	红外线水平仪、电焊机、电动机、手枪钻、冲击钻、专用夹具、刮刀、钢板尺、裁刀、刮板、毛刷、排笔、长卷尺、锤子等。
（二） 施工条件	1. 作业条件	① 混凝土和墙面抹灰完成，并已经充分干燥。 ② 水电及设备，预留预埋件已完成。 ③ 房间的吊顶分项工程基本完成，并符合设计要求。 ④ 房间里的地面分项工程基本完成，并符合设计。 ⑤ 调整基层并进行检查，要求基层平整牢固，垂直度、平整度均符合细木制作验收规范。
	2. 安全条件和措施	① 对材料的阻燃性能严格把关，达不到防火要求，不予使用。 ② 木作材料附近避免使用碘钨灯或其他高温照明设备，不得动用明火，避免损坏。
（三） 质量控制要点	1. 技术关键要求	① 装饰木板的材质、颜色、图案、燃烧性能等级和木材的含水率应符合设计要求及国家现行标准的有关规定。 ② 木作工程的安装位置及构造做法应符合设计要求。安装饰面时，应逐块将该处的照明、弱电等导线拉出，出线孔的位置、标高应符合装修设计要求。 ③ 靠墙的木面必须刷防潮剂。
	2. 质量注意问题	① 装饰面板表面不能有明显的缺陷，在一完整的装饰面上垂直方向和平行方向的接缝都要拼密，其他偏差应严格控制在有关规定范围之内。 ② 安装时尽可能用针形气枪紧固，减少钉孔的明显度。木饰线收边时应周边内外一致，连接紧密均匀。 ③ 木装饰花线应为干燥木材制作，无裂痕、无缺口、无毛边，头尾平直均匀，尺寸、规格、型号统一，长短视装饰件的要求而合理挑选，减少浪费。 ④ 龙骨、衬板、边框应安装牢固，无翘曲，拼缝应平直。

施工进程	施工项目	具体要求
（四） 质量验收指标	1. 主控项目	参照《建筑工程施工质量验收统一标准》。
	2. 一般项目	① 看缝隙：木封口线、角线、腰线饰面板碰口缝不超过0.2mm，与线夹口角缝不超出0.3mm，饰面板与板碰口缝不超过0.2mm，推拉门整面误差不超出0.3mm。 ② 看结构：构造是否直平。无论水平方向还是垂直方向，正确的木工做法都应是直平的。 ③ 看转角：转角是否准确。正常的转角都是90°的，特殊设计因素除外。 ④ 看拼花：拼花是否严密、准确。正确的木质拼花，要做到相互间无缝隙或者保持统一的间隔距离。 ⑤ 看弧度：弧度与圆度是否顺畅圆滑。除了单个外，多个类造型的还要看造型的一致性。 ⑥ 看平整：应保证木作表面平整，没有起鼓或破缺。
	3. 成品保护	① 施工结束后将面层清理干净，现场垃圾清理完毕，洒水清扫或用吸尘器清理干净，避免扫起灰尘，造成木作二次污染。 ② 木作饰面相邻部位需作油漆或其他喷涂时，应用纸胶带或废报纸进行遮盖，避免污染。 ③ 避免划痕和硬物撞击。 ④ 防止有漏水和过于潮湿的现象发生。

（五）木作面层施工工艺流程图

1. 砖墙、混凝土墙墙面木作工艺流程：

墙体钻眼，安装木塞→安装木龙骨→封装基层板→粘贴面层板（压线，封口，收边）→漆面。

2. 轻钢龙骨墙面木作工艺流程：

封装墙体基层板→安装木龙骨→封装基层板→粘贴面层板（压线，封口，收边）→漆面。

（六）操作工艺

1. 原墙体面层处理，表面残留的灰尘、污垢、砂浆留痕等，应处理干净。

2. 墙体安装木塞，为固定木龙骨做准备。首先木龙骨安装位置要求确定，对应在墙上画线，然后要用冲击钻在墙上打眼，放置木塞即可。

3. 安装木龙骨，木龙骨规格一般选用

图 3-53 木作龙骨

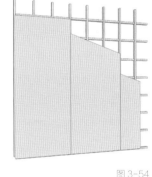

图 3-54 基层封板

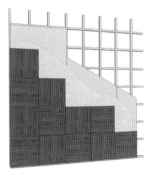

图 3-55 铺贴面层板

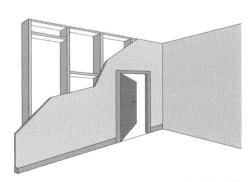

图 3-56 木作龙骨隔墙整体示意图

30×30mm的阻燃木方，按中距600mm（双向）与墙体的木塞固定牢固，完成后一定要检查，不能有任何的松动。全部木龙骨完成时，必须边干边找平，不能有不垂直和不平整现象，这是安装基层板前关键的一道工序。

4. 封装基层板，基层板的选择根据需要，大部分的时候用大芯板见多，也可以用多层板、密度板等等。

5. 粘贴面层板

①选板，根据设计的要求，对指定的面板对其规格、质量、花色进行选择。

②下料，锯切时要细心，锯线要直，要防止崩边，并须留2~3mm刨削余量。

③清理，对基层板表面及面层板背面加以清理，凡有灰尘、钉头、硬粒、杂屑等都必须清理干净。

④弹线，根据设计中面层板的规格、拼缝，在粘贴前必须在基层板上进行弹线，要求准确无误，横平竖直，不可歪斜或者错位。

⑤涂胶，在面层板的背面和对应基层板位置的表面，满涂胶黏剂一层，胶黏剂的选择应根据面层板的品质而定，涂胶须薄厚均匀，不能在面层板或者基层板上留有漏胶之处。在涂胶的过程中，以及涂胶后，一定要防止空气中的灰尘、屑粒以及其他杂物。

⑥粘贴，根据设计的要求及基层板弹线的位置，将面层板顺序粘贴，粘贴时须注意拼缝接口、花纹大小、色差等。

6. 检查，修理，面层板安装完成后，须全面进行检查。凡有不平、不直、对缝不一、木纹错位以及其他不符合质量要求的地方，均应彻底纠正、修理。

7. 封边，收口，收边，按设计的要求来进行调整。

8. 油漆，根据设计的要求选择醇酸或者硝基清漆。

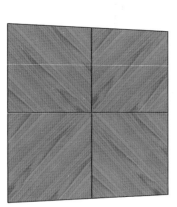

图 3-57~60 木面板粘贴，可以根据设计要求进行纹理变化拼对

七、镜面施工工艺

镜面材料既有装饰性，又能扩展空间，更是欧式、现代、后现代等室内设计风格不可或缺的设计要素与载体之一。随着技术的进步，镜面材料成本的降低，镜面材料的使用日趋广泛，具有了更多的功能及装饰用途。在当今的室内设计中常常将整片墙面、柱面或天花板用镜面玻璃或镜面金属作饰面材料。

镜面具有光滑、反光的特性和质感，再加上它含蓄深沉的色彩，使得带镜面装修的狭小空间变得深透明远，从镜屏中反射的室内景物更显得奇幻、独特，给人以界面消失、虚虚实实真假难辨的幻觉。

施工进程	施工项目	具体要求
（一） 施工准备	1. 技术准备	① 熟悉并核对施工图，对镜面表现的形式清晰，其规格、尺寸有清楚的了解。 ② 异型或者非常规规格的镜面模板制作加工完成。 ③ 对施工人员进行的技术与安全交底已经完成。施工前，做出样板，确定施工方案。
	2. 材料准备	① 镜面需磨边的，在加工前要特别标注，依据设计的要求，选择直边还是倒边。 ② 镜面按国标验收：镜面品种、等级、颜色、光洁度、平整度；没有缺棱掉角、暗痕等缺陷。 ③ 双面胶带、玻璃胶需符合质量要求。 ④ 镜面进场要做好专用木架分类立放，且后背板要靠足基层，摆放位置原则上离施工位置较近，最好材料进场后就安装，避免材料存放后带来的破损。
	3. 主要机具	玻璃刀、玻璃钻、玻璃吸盘、水平尺、托尺板、玻璃胶筒及固钉等。
（二） 施工条件	1. 作业条件	基层要求平整，无松鼓缺陷。根据设计要求，在安装基面上划出镜面玻璃安装线。
	2. 安全条件和措施	① 玻璃安装前应检查玻璃板的周边有否快口边，如有应进行打磨，以防快口伤人。 ② 脚手架要牢固，工人施工必须佩戴安全帽。
（三） 质量控制要点	1. 技术关键要求	弹线放样要方正、水平准确，保证木作基层与龙骨、墙体结合稳固。
	2. 质量注意问题	① 需对镜面背面进行表面清理，对应的木作基层也要进行必要的清洁处理。 ② 结构基层与龙骨应安装牢固，粘贴用料须符合设计要求。 ③ 镜面施工前必须要对已经加工好的规格按编号预排，特别是异型板材，要进行预铺，如有问题能及时发现，小块拼装的镜面缝隙应控制在3mm以内。 ④ 大块镜面板缝、阴阳角等工艺需符合要求。 ⑤ 镜面为超大规格时，可选择在镜面四周打眼，用专门的镜扣固定和托起，既方便施工又对日后的安全起决定的作用。
（四） 质量验收指标	1. 主控项目	执行《建筑装饰工程施工及验收规范》JGJ73-91标准。
	2. 一般项目	① 安装好的镜面应平整、牢固，不得有松动现象。 ② 木压条接触玻璃处，应与裁口边缘齐平。木压条应互相紧密连接，并与裁口紧贴。 ③ 安装镜面后，不得移位、翘曲和松动，其接缝应均匀、平直、密实。 ④ 竣工后的玻璃工程，表面应洁净，不得留有油灰、浆水、密封膏、涂料等斑污。
	3. 成品保护	① 室内要求干燥通风。 ② 防止大型物料搬运时有撞击。

（五）镜面施工工艺流程图

清理基层→墙体钻眼，安装木塞→安装木龙骨→封装基层板→粘贴镜面。

（六）操作工艺

从一至四的基本步骤和要求与木作面层工艺相同。粘贴镜面这一环节是最后的工序，对材料和工艺的要求也很高，就这一环节作重点说明。

1. 墙面组合粘贴小块玻璃镜面时，应从下边开始，按弹线位置逐步向上粘贴，并在块与块的对缝处涂少许玻璃胶。对于大块玻璃镜面的安装，应按照不同的安装方式，采用相应的工艺。

2. 嵌压式安装，在木压条固定时，适宜使用20～25mm钉枪钉固定，避免使用普通圆钉震破镜面；铝压条和不锈钢压条可采用无钉工艺，即先用木衬条卡住玻璃镜，再用胶黏剂将压条粘卡在木衬条上，然后在压条与玻璃镜之间的角位处封玻璃胶。

3. 玻璃钉固定安装，每块玻璃面钻出的四个孔位应均匀布置且不能太靠近镜面边缘，防止镜面崩裂。拧入玻璃钉后应对角拧紧，以玻璃不晃动为准，最后在钉上拧入装饰帽。

4. 粘贴加玻璃钉双重固定安装，较适用于一些重要场所或玻璃面积大于$1m^2$的顶面、墙柱面，以保证玻璃镜在开裂时也不致下落伤人。其安装方法为：
①将镜的背面清扫干净，除去尘土和沙粒。
②在镜的背面涂刷一层白乳胶，用薄型的牛皮纸粘贴在镜背面，并将其刮平整。
③分别在镜面背面的牛皮纸和基面上涂刷胶黏剂，当胶面不粘手时，把玻璃按弹线位置粘贴到基面上。
④用手抹压玻璃镜，使其与基面黏合紧密（同时注意四角的黏合情况）。

⑤用玻璃钉将玻璃固定。

5. 玻璃镜在墙柱面转角处应用线条压边，或磨边对角，或用玻璃胶等方法进行衔接处理，以满足设计要求。
①用线条压边衔接时，应在粘贴玻璃镜的面上，留出线条安装位置，以便固定线条。
②用玻璃胶收边，可将玻璃胶注在线条的角位，也可注在两块镜面的对角口处。

6. 玻璃镜面直接与建筑基面安装时，如其基面不平整，应重新批灰抹平或加木夹板基面。安装前，应在玻璃镜面背面粘贴牛皮纸保护层，线条和玻璃钉都应钉在埋入墙面的木楔上。

7. 安装完毕，应清洁玻璃镜面，必要时在镜面覆加保护层，以防损坏。

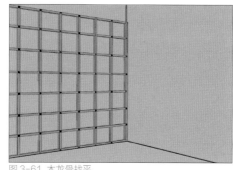
图 3-61 木龙骨找平

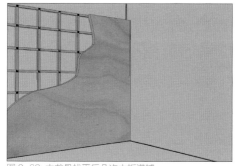
图 3-62 木龙骨找平后几次木板满铺

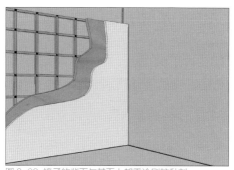
图 3-63 镜子的背面与基面上都需涂刷胶黏剂

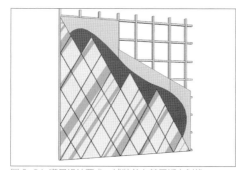
图 3-64 满足设计要求，铺装前在基层板上划线

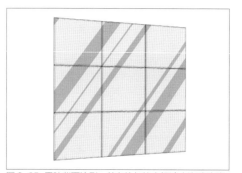
图 3-65 用胶背面涂刷，并在块与块之间涂少许玻璃胶

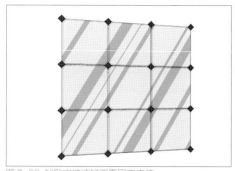
图 3-66 粘贴家玻璃钉双重固定安装

八、壁纸施工工艺

壁纸是目前国内外广泛应用的墙面装饰材料。品种繁多,具有良好的装饰效果,适用于行政办公、宾馆客房、居住等建筑的内墙面装饰。

常用的墙纸是涂塑墙纸,其特点是:美观、耐用、易清洗、寿命长、施工方便,深受用户欢迎。裱糊工程是装饰施工中的一道重要工序,施工必须严格遵循一定的程序进行。

施工进程	施工项目	具体要求
（一） 施工准备	1. 技术准备	对施工人员进行技术交底时,应强调技术措施和质量要求。大面积施工前应先做样板间,经质检部门鉴定合格后,方可组织班组施工。
	2. 材料准备	石膏、大白、滑石粉、聚醋酸乙烯乳液、羧甲基纤维素、胶黏剂、壁纸。
	3. 主要机具	裁纸工作台、钢板尺（1m 长）、壁纸刀、水桶、油工刮板、拌腻子槽、小辊、开刀、毛刷、小白线、铁制水平尺、拖线板、线坠等。
（二） 施工条件	1. 作业条件	① 混凝土和墙面抹灰已完成,且经过干燥,含水率不高于8%;木材制品不得大于12%。 ② 水电及设备、顶墙上预留顶埋件已完成。 ③ 门窗油漆已完成。 ④ 有水磨石地面的房间,出光、打蜡已完成,并将面层磨石保护好。 ⑤ 如房间较高应提前准备好脚手架,房间不高应提前钉制木凳。
	2. 安全条件和措施	① 高凳必须固定牢靠,跳板不应损坏,不要放在高凳的最上端。 ② 在超高的墙面裱糊墙布时,逐层染水要牢固,要设护身栏杆等。 ③ 使用的刃性工具要注意安全。
（三） 质量控制要点	1. 技术关键要求	① 新建筑物的混凝土抹灰基层表面须经涂刷抗碱封闭底漆,以免基层泛碱导致裱糊后的壁纸变色。 ② 疏松的旧墙须经处理,以免基层不牢固而导致裱糊后壁纸起鼓或脱落。 ③ 禁止基层含水率超过规定要求时进行面层的施工,以免基层水蒸气蒸发而导致壁纸表面起鼓。 ④ 基层表面腻子与基层连接要牢固,禁止出现粉化、起皮和裂缝现象,以免导致壁纸接缝开裂。 ⑤ 抹灰工程基层质量须达到高级抹灰的质量要求,否则会造成裱糊时对花困难及离缝和搭接现象。 ⑥ 基层表面禁止颜色有色差,以免裱糊后透过壁板,导致壁纸表面发花,出现色差。
	2. 质量注意问题	① 壁纸施工时禁止不编号、不标明方向,以避免造成色差、尺寸偏差等。 ② 壁纸施工时主要墙面禁止用非整幅壁纸,不足幅宽的壁纸应用在不明显的部位和阳角。 ③ 不足整幅的带有花色图案的壁纸禁止直接拼接,应将相邻两幅壁纸花色图案准确重叠,然后用直尺在重叠处上而下一刀裁断,撕掉多余的壁纸后粘贴压实。 ④ 壁纸施工时禁止在阳角处拼缝,阳角处应包角压实,并裹过阳角不小于20mm。 ⑤ 当遇到卸不下来的设备或突出物件时禁止直接裁割,应先对角十字裁割,然后用直尺和裁纸刀进行裁割,并要注意对成品的保护。 ⑥ 壁纸在长度方向禁止拼接,以防壁纸干燥后收缩而裂缝,影响装饰效果。

105

施工进程	施工项目	具体要求
（四） 质量验收指标	1. 主控项目	执行《建筑工程施工质量验收统一标准》GB50300-2001、《建筑装饰装修工程施工质量验收规范》GB50210-2001。
	2. 一般项目	① 裱糊表面质量平整，对接没有痕迹。 ② 胶痕必须及时清擦干净。 ③ 与装饰线、设备线盒交接严谨。 ④ 壁纸、墙布边缘整齐。 ⑤ 壁纸、墙布阴阳角无接缝，平直流畅。
	3. 成品保护	① 墙纸裱糊完的房间应及时清理干净，不准做料房或休息室，避免污染和损坏。 ② 在整个裱糊的施工过程中，严禁非操作人员随意触摸墙纸。 ③ 电气和其他设备等在进行安装时，应注意保护墙纸，防止污染和损坏。 ④ 严禁在已裱糊好壁纸的顶、墙上剔眼打洞。若纯属设计变更，也应采取相应的措施，施工时要小心保护，施工后要及时认真修复，以保证壁纸的完整。 ⑤ 在刷罩面剂未干燥前，保持室内环境没有太多灰尘。

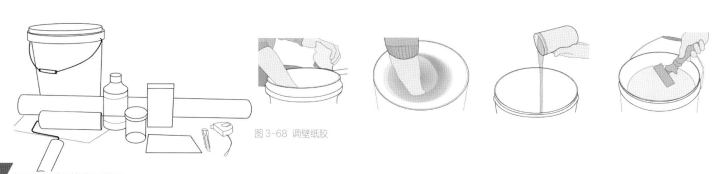

图 3-68 调壁纸胶

图 3-67 壁纸粘贴工具图示

图 3-69 墙体整体封胶

图 3-70 现场测量图示

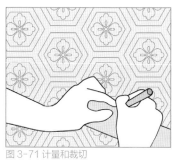

图 3-71 计量和裁切

（五）壁纸施工工艺流程图

基层处理→吊直、套方、找规矩、弹线→计算用料、裁纸→粘贴壁纸→壁纸修整。

（六）操作工艺

1. 基层处理

各种墙纸要求裱贴在一定强度的墙体表面上，要求表面平整、洁净，质地不酥松，有防潮的要首先进行防潮处理。裱贴前，应首先在基层刮腻子，满刮一遍或者两遍，然后用砂纸打磨，接下来清理墙体，整体检查，局部修理。为防止墙体吸水过快，增强粘贴的黏结性，应对墙体进行整体封胶，处理的方法是在墙体的基层表面涂刷一遍按1∶0.5~1∶1稀释的107胶水。

2. 计算用料、裁纸

无论是竖向贴还是横向贴，每一趟都应留有余量2~3cm，尤其是对花的墙纸，一定要试拼、裁切、编号，做到心中有数。裁纸一般应在案子上裁割，将裁好的纸用湿温毛巾擦后，折好待用。

3. 浸泡

墙纸在遇水或胶后，会有一定程度的膨胀，所以，在裱贴前，对壁纸要进行预处理，在预先准备的盆中浸泡，也有的是在墙纸的背面刷胶后静放，让其充分地膨胀后再裱贴。复合壁纸、纺织纤维壁纸无需浸泡。

4. 吊垂直、套方、找规矩、弹线

首先应将房间四角的阴阳角通过吊垂直、套方、找规矩，并确定从哪个阴角开始按照壁纸的尺寸进行分块弹线控制（习惯做法是进门左阴角处开始铺贴第一张）。

5. 裱贴

裱贴分竖向和横向两种。竖向裱贴一般从视线近距离的面开始向另一方向推进，保证垂直面对花接缝，先细部后大面，垂直面是先上后下，横向一般是由高向低裱贴。

6. 刷胶、糊纸

第一张粘好留1~2cm，然后粘铺第二张，

依同法压平、压实，与第一张搭接1~2cm，要自上而下对缝，拼花要端正，用刮板刮平，用钢板尺在第一、第二张搭接处切割开，将纸边撕去，边接处带胶压实，并及时将挤出的胶液用湿温毛巾擦净。

7. 花纸拼接

纸的拼缝处花形要对接拼搭好。铺贴前应注意花形及纸的颜色力求一致。墙与顶壁纸的搭接应根据设计要求而定，一般有挂镜线的房间应以挂镜线为界，无挂镜线的房间则以弹线为准。

8. 壁纸修整

墙纸裱贴应注意保持纸面平整，防止有气泡出现，处理好墙纸间的接缝是关键，接缝处要压实，不能出现起翘现象。糊纸后应认真检查，对墙纸的翘边翘角、气泡、褶皱及胶痕未擦净等，应及时处理和修整完善。

图3-72 壁纸对花示意图

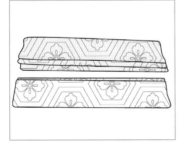

图3-73 壁纸浸泡后叠放

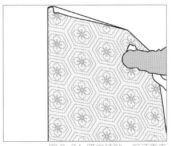

图3-74 竖向裱贴，保证垂直

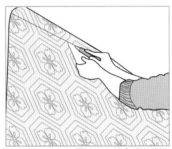

图3-75 边角横向裁切

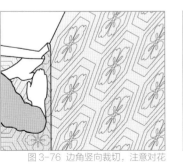

图3-76 边角竖向裁切，注意对花

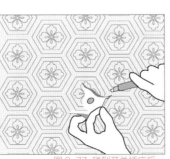

图3-77 碰到开关插座后，用壁纸刀划开留口

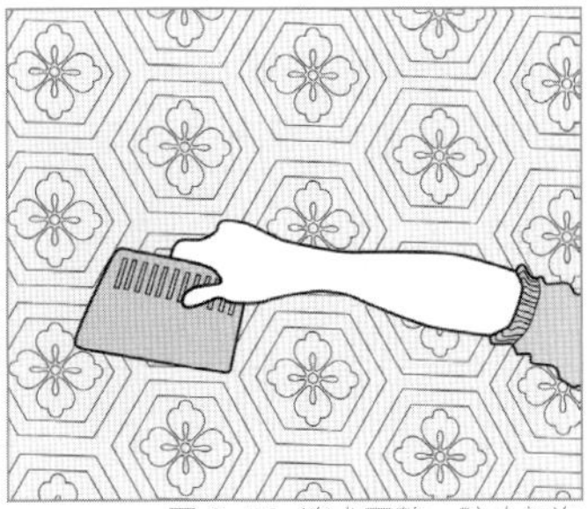

图3-78 追求平整，防止气泡

图3-79 防止翘边翘角，周边张实

九、涂料饰面施工工艺

内墙涂料饰面具有施工简便、重量轻、颜色多样等优点，故当前有很广泛的应用。目前，内墙涂料品种有合成树脂乳液内墙涂料（俗称乳胶漆）；水溶性内墙涂料；以聚乙烯醇和水玻璃为主要成膜物质，包括各种改性的经济型涂料（俗称塑料浆）；多彩内墙涂料，包括水包油型和水包水型两种；此外还有梦幻涂料、纤维状涂料、仿瓷涂料、绒面涂料等。不同的内墙涂料展示出不同的效果。

施工进程	施工项目	具体要求
（一） 施工准备	1. 技术准备	① 根据装饰设计的要求，确定涂料工程的等级和涂饰施工材料，并根据现行材料标准对材料进行检查验收。 ② 要认真了解涂料的基本特性和施工特性。 ③ 了解涂料对基层的基本要求，包括基层材质材性、坚实程度、附着能力、清洁程度、干燥程度、平整度、酸碱度（ph值）、腻子等，并按其要求进行基层处理。 ④ 合理配套使用涂料的溶剂（稀释剂）、底层涂料、腻子等。 ⑤ 涂料使用前应调配好。双组分涂料的施工，必须严格按照产品说明书规定的配合比，根据实际使用量分批混合，并在规定的时间内用完。 ⑥ 所有涂料在施涂前及施涂过程中，必须充分搅拌，以免因沉淀影响施涂操作和施工质量。 ⑦ 涂料施工前，必须根据设计要求按操作规程定标准样板墙或样板间，经质检部门鉴定合格后方可大面积施工。样板墙或样板间应保留到竣工验收为止。
	2. 材料准备	① 按不同的建筑部位选择不同的涂料。 ② 按基层材质选择涂料。涂料施涂的基层材质不同对内墙涂料的要求也有差异。 ③ 按建筑物施涂装饰使用周期选择涂料。建筑物涂料使用年限的长短与涂料的耐久性有关，应根据建筑物一般的建筑装修翻新间隔时间来选择涂料。 ④ 按涂料的特点、环境要求选择涂料，例如防锈、防腐蚀、防霉、防菌等。内墙涂料常用品种包括耐擦洗内墙涂料、丙烯酸涂料、有光乳胶涂料、乙一丙墙涂料、各种彩色涂料。
	3. 主要机具	① 填补类：油灰刀、灰匙、角匙、刮刀、搅拌机、搅灰棒。 ② 刮平类：刮板、刮尺、刮片。 ③ 打磨类：角刨、磨角、砂纸架、打磨机。 ④ 盛装类：油漆桶、油漆托盘。 ⑤ 涂刷类：统称油漆刷，细分为猪毛刷、羊毛刷、滚筒刷、排笔刷、海棉刷。 ⑥ 喷涂类：油漆喷枪、涂料喷枪、砂浆喷枪。 ⑦ 清理类：铲刀、工具刀。

施工进程	施工项目	具体要求
（二） 施工条件	1. 作业条件	① 涂料施工应在抹灰工程、水暖工程、电器工程、木装饰工程等完工并验收合格后进行。 ② 环境温度不能低于涂料正常成膜温度的最低值，相对湿度也应符合要求。 ③ 涂刷工艺可以在木质基层、混凝土基层、抹灰基层等进行。清除表面遗留杂物，对凸起和凹陷的地方进行局部处理。混凝土基层及水泥砂浆抹灰基层应满刮腻子，砂纸打磨，表面应平整光滑，线角顺直。纸面石膏板表面，应按照设计要求对板缝、钉眼进行处理后，满刮腻子，砂纸打光。漆面木质基层，表面应光滑，色彩没有明显色差，对裂缝残缺须进行修补。金属基层，表面要进行除锈和防锈的处理。
	2. 安全条件和措施	① 脚手架搭设应符合安全规范，经过验收方可使用。 ② 工人操作应戴安全帽，高空作业应系好安全带。 ③ 施工现场临时用电线路必须按用电规范布设。
（三） 质量控制要点	1. 技术关键要求	① 选用适宜的颜料分散剂，最好将有机、无机分散剂匹配使用，使颜料处于良好的稳定分散状态。 ② 适当提高乳胶涂料的黏度，黏度过低浮色现象严重。 ③ 施工前要充分搅拌涂料，使之均匀，没有沉淀或浮色。施工时，不要任意兑水稀释。 ④ 施工涂布力求均匀，涂膜不宜过厚，涂膜越厚，越易出现浮色、发花现象。 ⑤ 为使基层吸收涂料均匀，最好施涂封闭底漆。
	2. 质量注意问题	① 施工温度应遵守不同涂料的施工要求。如乳胶涂料应在5℃以上（最好10℃以上）施工，成膜助剂选用要得当。多彩涂料应在5℃以上，湿度不超过85%的环境下施工。 ② 根据不同使用场合及要求，选择合适的颜料和底料比例。不能为降低成本而过多增加颜料、填料的用量。 ③ 基层应处理好，将疏松层铲掉，将浮尘、油污清理干净。 ④ 根据墙体的具体情况及所用涂料品种，选择黏结强度好的腻子，特别是在厨、厕间条件较为苛刻的场所，应选用耐水腻子。腻子层不可过厚，通常以找平墙体为准，一定要等腻子干燥后再施涂涂料。 ⑤ 过于光滑的表面应用界面剂处理或采取其他措施，以增强涂料的附着力，减少脱落。 ⑥ 施涂不同涂料时，最好采取封底措施。
（四） 质量验收指标	1. 主控项目	① 所用涂料品种、型号和性能应符合设计要求。检查产品合格书、性能检测报告和进场验收记录。 ② 涂饰颜色图案：涂饰工程的颜色（套色）光泽、花纹、图案应符合设计要求。 ③ 涂饰表面质量：涂饰工程应涂饰均匀、粘结牢固，不得漏涂、透底、起皮、掉粉和反锈。 ④ 衔接：涂层与其他装修材料和设备衔接处应吻合，界面应清晰。
	2. 一般项目	① 施工黏度、稠度必须加以控制，使涂料在施涂时不流坠、不显刷纹。同一墙面的内墙涂料，应选用相同品种、相同批号的涂料。 ② 仿花纹涂饰的饰面应具有被模仿材料的纹理。 ③ 套色涂饰的图案不得移位，纹理和轮廓应清晰。
	3. 成品保护	① 室内保证没有潮湿气。 ② 墙面避免划痕和其他有色污染。

109

（五）涂料饰面施工工艺流程图

基层处理→涂底层涂料→刮腻子→涂饰中间层或面层涂料→修饰与收边→验收检查。

（六）操作工艺

1.基层处理

① 混凝土、水泥沙装基层处理方法及要求

A. 基层应符合混凝土结构工程施工及验收规范等有关规定。

B. 清理表面，对灰尘、浮浆渣、杂物、泛白、硬化不良等现象均应清扫或清理干净，对起鼓、起皮、酥松部位要铲除洗净。

C. 修补。对于裂缝、孔洞、麻面、凹凸不平、露筋等问题应先处理，对创面露出的新茬，应用原浆、聚合物水泥砂浆刷一遍，再抹水泥砂浆或石灰砂浆，完成修补后不应出现修补的裂缝。待干燥后打磨砂纸，清扫干净。

D. 基层的酸碱度pH值应在10以下，含水率应在8%~10%之间。

E. 混凝土内墙面先涂封闭隔离层(用4%聚乙烯醇溶液或30%的"107"胶、2%乳液)，晾干后再刮石膏腻子。如果是厨房、厕所、浴室等房间，应采用和涂料性质相同的腻子。

F. 抹灰基层的封闭隔离层，一般可采用30%的"107"胶水，若是油性涂料可用清油加稀释剂在基底上涂刷一层，待晾干后即可刮腻子。

G. 腻子太厚要分层刮涂，干燥后用砂纸打平清理粉尘。

② 木基层的处理方法及要求

A. 木制品的质量应符合《木结构工程施工与验收规范》的有关规定，其含水率不得大于12%。

B. 木制品的表面应平整，无尘土、无油污等脏物，施工前应用砂纸打磨。

C. 木制品表面的缝隙、毛刺、掀岔及脂囊应进行处理，然后用腻子刮平、打光。较大的脂囊和节疤剔除后应用相同的木料来修补。木制品表面的树脂、单宁素、色素等应清除干净。

D. 去毛刺。去除木质表面毛刺的方法有火燎法和润湿法。

E. 除松脂。用5%~6%的碳酸钠，或用5%的氢氧化钠，或用5%的碳酸钠与丙酮混合液，或用25%的丙酮水溶液进行擦洗，再用清水洗净。消除松脂后，用酒精擦洗，并涂漆片以防松脂再次渗出。

F. 去油污。用肥皂或热碱水擦洗干净，然后用清水洗净，用砂纸打磨。

G. 除单宁素。有些木材(栗木、麻栋)含有单宁素，单宁素能与染料发生反应，造成木面颜色不一致，因此在着色前要先除单宁素。去除方法可采用熏煮法和隔离法，用骨胶先刷一遍即可起到隔离作用。

H. 填平刮腻子。填平刮腻子对木质较酥松的表面尤为重要，主要是将木材表面的棕眼、年轮、结疤等缺陷找平，腻子颜色应和涂料颜色或基层着色一致。

I. 磨光打砂纸。每次施涂后要打砂纸，所有砂纸要逐遍变细。

J. 着色。用染料染色和化学染色均可，染色分水色和酒色，由于颜料的生产厂家不同，其色度、色光有所差异，在不同的木质上染料颜色的色度也不尽相同。在调色时，应先做样板，当符合要求后，再正式着色。

③ 金属基层处理方法及要求

A. 对金属基层表面的灰尘、油污、锈斑、焊渣等污染物要进行清除，用酸洗、抛光、喷砂等手段除锈去污，用碱水等去除油污、聚硅氧烷胶。

B. 金属基层的处理方法：人工利用各种除锈工具进行除锈；喷砂除锈(分为干砂和湿砂)；抛丸除锈可用钢丸和铁丸，一般丸的直径为0.2~1 mm；化学除锈是利用各种酸性溶液与锈斑、鳞皮和污物发生化学反应，达到除锈的目的。

2.涂料施涂工序

① 混凝土及抹灰基层的施涂工序

应用于混凝土抹灰基层的涂料有薄质涂料、厚质涂料和复合涂料。薄质涂料包括水性涂料、合成树脂乳液涂料、溶剂型(包括油性)涂料、无机涂料等。高级涂料工程必要时可增加1~2遍刮腻子。厚质涂料包括合成树脂乳液涂料、合成树脂乳液壁状涂料、合成树脂轻质厚涂料、无机涂料等。复层涂料包括水泥系复层涂料、合成树脂乳液系复层涂料、

图3-80 涂料调制

聚硅氧烷胶系复层涂料和固化型合成树脂乳液复层涂料。复层涂料的施工工序为：基层清扫→填补缝隙、局部刮腻子、磨平→第一遍刮腻子、磨平→第二遍满刮腻子、磨平→施涂封底涂料、主层涂料→滚压→第一遍罩面涂料→第二遍罩面涂料。如需要半球面点状造型时，可不进行滚压工序。

② 木材基层的施涂工序

内墙涂料装饰对于木基层的涂饰部位包括木墙裙、木护墙板、木隔断、木挂镜线及各种木装饰线等所有的木饰面。施涂木材基层所用的涂料包括油性涂料（清漆、磁漆、调和漆等）、溶剂型涂料等。木材基层涂刷溶剂型混色涂料施工质量可分为普通、中级和高级三个等级。

③ 金属基层的施涂工序

内墙涂料装饰中金属基层涂饰主要应用于金属花饰、金属护墙、栏杆、扶手、金属线角、黑白铁制品等部位，这些金属在大气中易生锈，为了保护制品不被锈蚀，必须先涂防锈涂料。金属基层涂料施涂按质量要求可分为普通、中级、高级三个等级。

涂饰常见的方法：

A. 滚涂法　用蘸取涂料的毛滚，可按W方向在墙面涂滚，不能留白，涂滚均匀，然后用不蘸取涂料的毛滚，在用力平均的控制下，上下、左右来回滚动，使涂料在基层上均匀展开。最后用蘸取涂料的毛滚再按一定方向满滚一遍，求得面层涂料肌理统一。阴角及上下变口因滚刷施工不便，宜采用排刷来完善。

B. 喷涂法　通过压缩机、喷枪来完成。喷枪的压力宜控制在0.4~0.8Mpa范围内，喷涂时，喷枪与墙面要保持垂直，距离控制在500mm左右，匀速平行移动，一气呵成。

C. 刷涂法　宜按先左后右、先上后下、先难后易、先边后面的顺序进行。

图 3-81 滚筒完全浸入

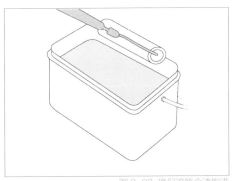

图 3-82 确保滚筒含漆饱满

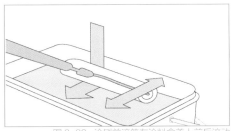

图 3-83 涂刷前滚筒在涂料盒盖上前后滚动

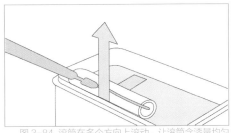

图 3-84 滚筒在多个方向上滚动，让滚筒含漆量均匀

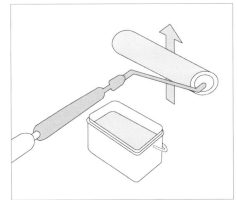

图 3-85 滚涂方向由下而上进行推滚

111

第三章 墙面典型界面

第三节

典型墙界面施工实践图例

/ 砖隔墙施工工艺图录
/ 轻钢龙骨隔墙施工工艺图录
/ 玻璃隔墙施工工艺图录
/ 大理石外墙干挂施工工艺图录
/ 大理石内墙干挂施工工艺图录
/ 塑铝板干挂施工工艺图录
/ 壁纸施工工艺图录

本节列举了轻钢龙骨隔墙、玻璃隔墙、大理石干挂、塑铝板干挂墙面的施工实践图例，通过施工工程中的照片图例，感性、直观地表现工程形象进度。

通过学习、训练要求学生能够对典型墙面现场施工和管理有直观感性认知，并学习一些企业在建筑施工质量与安全方面的有效经验。对于将要走入社会的学生来说是一个更进一步了解实际项目的过程。

一、砖隔墙施工工艺图录

二、轻钢龙骨隔墙施工工艺图录

三、玻璃隔墙施工工艺图录

四、大理石外墙干挂施工工艺图录

五、大理石内墙干挂施工工艺图录

六、塑铝板干挂施工工艺图录

七、壁纸施工工艺图录

/ 问题与解答

[提问1]:

老师，墙体分承重和非承重两种，我们很想知道板材隔墙、骨架隔墙和玻璃隔墙等非承重轻质隔墙的建构过程中还有什么细节值得注意？

[解答1]:

首先轻质隔墙的建构需按照国家的规范，其构造、固定的方法应符合设计的要求。在与天花和其他墙体交接处应采取防开裂措施，与地面的生根应牢固。不同的材料对应不同的施工技术，当地面铺设地热管线时，在获取地热铺设施工图的基础上，保守的施工为上策，地龙骨在固定时，结合黏结的方式，这些负责任的措施方便日后的使用与维护，将麻烦降到最低。

墙面造型很多时候会采用木龙骨基层，当木质龙骨在接触到砖、石、混凝土墙时，预埋的木楔应作防腐处理。

[提问2]:

墙体的主要材料有什么特殊要求吗？老师能不能给我们讲解轻质隔墙主要材料的质量要求？

我们看到，很多墙体施工完成后，面层迟迟不能封装，墙面的铺装什么时间开始施工是符合规范要求的？

[解答2]:

特殊要求应该谈不上，但板材隔墙的墙板、骨架隔墙的饰面板和龙骨、玻璃隔墙的玻璃、钢材等应有产品合格证书。

轻钢龙骨型材的规格、尺寸要符合设计的要求。饰面板表面应平整，边沿整齐，不应有污垢、裂纹、翘角、起鼓、色差和图案不完整等缺陷。胶合板不应有脱胶、变色等现象。

墙面的铺装工程应在墙面隐蔽及抹灰工程、吊顶工程已经完成并验收后进行。当墙体有防水要求时，应对防水工程进行验收，确认合格后方可开始面层铺装。

[提问3]:

很多空间中墙面的造型是非常丰富的，传统工艺的基层多以木龙骨做骨架，现在的情况怎样？对于基层材料有具体要求吗？

[解答3]:

国家在对公共空间的材料使用上有明确的规定，大量的木龙骨使用不仅浪费资源，而且会带来安全隐患，原则上大面积墙面和潮湿的环境不采用，适量的异型、特殊的造型，基层可以选择阻燃的木材。除了木龙骨外，细木工板、9厘板、多层板这些都是基层的有效材料，同样必须选择阻燃的或者进行有效的防火处理。

当墙界面选择是金属板或者合成材料时，其配套的骨架型材已经很成熟，操作方便，使用耐久，不会因温度的变化而变形，这些优势是木龙骨无法达到的。

常见的工艺中，基层材料必须要有具体的要求。
1. 大白乳胶漆面层。很多时候，现场一些管道的封装会选择阻燃木龙骨，当细木工板或者其他封装板完成后，必须用纸面石膏板再次封装，这是因为木板面层刮大白需要对板进行处理，否则日后会出现脱落。

2. 木面板面层。通常用细木工板做基层，但对基层的材料标准要求相对偏高，因为这时基层的平整度和工艺的精细度会影响面层的质量。

[提问4]:

原先我们以为在轻钢龙骨隔墙上开窗洞不是困难的事，原因是工艺简单，当在施工现场发现作业人员的实际操作后，明白了安全施工不光是安全意识更需要工艺技术，老师，是这样吗？

[解答4]:

现实生活中，办公空间和一些教育空间，喜欢在通道或者走廊设置一些窗户，既通风又透光。轻质墙体预留固定或者活动窗体，当玻璃尺寸偏大时，仅仅靠轻质墙体是承受不住玻璃的重量的，有必要建立一组独立的钢结构，这是基于安全的考虑，钢结构隐藏在轻钢龙骨墙体之中，生根于地面和顶棚。

[提问5]:

干挂理石是当下高档室内墙体施工工艺的较好选择，优点是一气呵成，无需保养。但听说这种工艺也会出现很多通病，我们想请问老师，这些通病有着什么不良后果？有什么办法可以预防？

[解答5]:

干挂理石可避免传统湿贴表面"反碱"，使石板表面保持长久的色彩光泽。

不受气候变化影响，任何时间可以施工作业，这些都是其工艺的最大优势。但在施工的过程中，不对相关的事宜引起注意，会出现一些通病问题，下面就常见通病问题对应预防给同学们加以说明。

问题1：墙面大理石缝与地面缝不对齐。
预防措施：施工的工序是先墙后地，地面施工前需对原来设计有一次现场再确认，视实际情况拿出对应的好办法。

问题2：石材消防门、电箱门等与墙面大面石材的花纹、颜色不一致。
预防措施：施工前对这一问题要引起注意，石材进行比色、预排后编号，放入仓库后由专人看管，在消防门、电箱门等后期施工时，找出预留的石材，就不会出现花纹和颜色不一致的情况。

问题3：石材切割易爆边。
预防措施：减少现场切割，尽量加工成品，选择的加工工厂应具备一定实力，要求使用红外线切割机，能确保理石加工精致，尺寸没有误差。

[提问6]:

塑铝板的施工工艺已比较成熟，在我们的生活当中几乎经常能见，室外的建筑幕墙，室内的商场、机场、汽车4S店等应用已经非常广泛。这里我们有几点疑问，请老师给予我们解答。1. 塑铝板的室内、室外的用板有什么具体规定？2. 室内、室外的钢基层是一样的型材吗？3. 面板的铺装听说是有方向的，没有注意到这一点将会有什么后果？

[解答6]:

塑铝板分室内使用和室外建筑幕墙使用，室外和室内区别主要是涂层不一样，板的厚度要求不一样。室外用：国家规定氟碳涂层4mm50丝。除非一些要求特别高的才会按照要求来，比较常用的是氟碳4mm40丝、4mm30丝等；也可以做3mm、5mm、6mm氟碳，防火等。室内用：一般为3mm聚酯涂层。铝皮的厚度有 12丝、15丝、18丝、21丝、25丝、30丝等；不过还有更加薄的，8丝、6丝等。

塑铝板幕墙的钢龙骨使用比较成熟、相对规范，根据设计的要求选择对应的型材，室内的塑铝板的施工工艺相对室外体量小，因此比较灵活。根据设计的要求，可以选用不同规格的角钢、方管，这样可以节约造价，但是防锈的处理是必不可少的。

我们关注一下采购回来的塑铝板，发现在铝板正面的保护不干胶纸上，我们能看到方向箭头，这就要求在下料的环节，一定注意成品板裁切是统一方向的，没有按照要求去裁切、铺装，其结果是在光照的环境下丝纹方向不一致，造成板材有明暗之分，最终影响面层整体美观效果。

[提问7]:

有经验的师傅告诉我们，轻体墙的面板铺装，有踢脚与没有踢脚是不一样的，轻体墙采用木踢脚与石材、水磨石、瓷砖的施工是不同的，是这样吗？

[解答7]:

踢脚兼具功能意义和装饰意义，如今的室内设计对踢脚的表现已经有了很多尝试。一般轻体墙的面板铺装，如果有踢脚，应要求面板不是直接排到地面，往往留20~30mm，然后覆盖木踢脚，满足这一要求，木踢脚与墙体的接缝处理会有好的效果。

如果是理石、水磨石、瓷砖做踢脚的话，饰面板在墙体上的粘贴就不能超过踢脚线的位置，饰面板的下端与石材的上端做到平齐，按设计要求处理接缝，接缝处理要严密。

[提问8]:

壁纸对基层要求比较高，老师，是这样吗？我们听说壁纸在铺贴之前需要在水中浸泡，是所有的品种都有这样的要求？

在壁纸作业时，凸出墙面的开关、插座、线盒都要先卸下吗？为什么？

[解答8]:

这是壁纸施工的一个基本要求，壁纸的质地较薄，如果我们在基层的处理不是很到位，或者我们的检查没有按照要求，其结果是可想而知的。所以表面要平整，不能有凸起的地方，墙面不得有粉化、起皮、砂纸不能有没有打到的地方、阴阳角的垂直等等，都有着较高的要求。墙面基层的色泽应为白色，深色、色泽不统一都不符合要求。有防潮要求的应进行防潮处理。

复合壁纸、纺织纤维壁纸、玻璃纤维基材壁纸、无纺墙布都无需在水中浸泡。当然在裱糊时的处理也是有所区分的，有的在裱糊前可能先用湿布在壁纸背面打湿，有的可能是在涂刷胶黏膜剂后，放置数分钟。

壁纸作业时，当遇到开关、插座、线盒这些凸起物时，原则上应先将之卸下，壁纸施工完成后再去安装，交接处会平整、严合。也可以仅卸下盒盖。

[提问9]:

老师，我们对涂料的了解仅仅停留在单色乳胶漆，但在现实生活中，我们看到了不同于传统乳胶漆的艺术涂料，听说是进口材料，有着怎样的使用特点和要求？也有听说墙面装饰设计、技术、材料、应用的必然发展趋势，对吗？

[解答9]:

艺术涂料起源于欧洲，历史悠久，是环保材料和纯手工艺与现代施工工艺相结合的碰撞、融合的产物。欧美的使用已经是常态，能较好地实现设计师的创意和业主的品位需求。

这一涂料的表现形式流传到国内时间不长，其丰富的表现手法，多元的表现效果，已经成为众多空间中材料的选择。

艺术涂料具有质感肌理、纹理自然、层次感强的优点，说成是趋势可能言过其实，但满足个性化界面要求，还是打破了目前国内传统内墙墙面的传统装饰理念，通过各类特殊艺术涂料及技法，配合不同的上色和图案工艺，可以使墙面呈现富有冲击力的艺术效果，有助于欧美风格的空间表现，洋溢着优雅的室内气氛。

/ 教学关注点

1.典型界面装修工程质量验收规范
《建筑装饰装修工程质量验收规范》GB50210–2001。

2.墙面材料的选择对空间的影响
材料特性。反光、吸光、粗糙、细腻这些都是材料直观的表象，选择得当的材料可以渲染空间的情感，叙述空间的故事。材料的规格与设计有关，尺寸的大小与空间有关，从视觉及心理的角度思考其影响。

3.造价的影响
同样的设计，选择不同的材料对设计的影响是不同的，价格的思考是必要的，同样的材料不同的品质完成后的效果也是不一样的。商业设计中，评价设计师是否成熟，对造价的控制能力就是重要的标准之一。不合理的材料选择会带来成本的增高，无形中会增加经营的压力，因此，学习之初，就应该对这些有一定的认知，增强相关的意识。

4.绿色环保材料的使用
对材料的使用与表现不仅仅是能力的体现，更是一种责任。天然材料的开采一定会对我们生存的空间带来影响，甚至造成破坏，保护自然就应该从自己做起，尤其作为设计师的使命，我们有义务防止不必要的奢侈浪费。提倡并带头使用绿色环保材料，不攀不比材料的价格高低，努力让设计创造价值。

5.传统材料创意的表达
尽管新材料出现的频率已经很快，但设计完全依赖新材料的表达是不可取的。对熟悉的材料的习惯使用方法要大胆地去尝试创新运用，甚至可以颠覆，目的是想得到更多的生动、个性的装饰效果。

/ 训练课题

[课题1]:
画出五种典型墙面剖面构造图

训练目的: 掌握典型墙面结构的构成要素，理解墙面在空间分割中的要求，建立好与空间物理环境系统的关系。
训练要求: 徒手画出每种墙面的剖面图和节点大样。

[课题2]:
画出两种材料交接处工艺做法及详图

训练目的: 认知墙面面层材料，了解墙面材料交接工艺，掌握对结构和骨架的理解。
训练要求: 用平面、剖面、节点大样的方式进行完整表达。

/ 参阅资料

[1]《高级建筑装饰工程质量检验评定标准》DBJ/T01–27–2003
[2]《建筑装饰装修工程质量验收规范》GB50210–2001
[3]《住宅装饰装修工程施工验收规范》GB50327–2001
[4]《装饰材料与构造》，王强，天津大学出版社，2011
[5]《环境艺术设计教材：装饰材料与构造》，高祥生，南京师范大学出版社，2011
[6]《装饰材料与构造》，李朝阳，安徽美术出版社，2006
[7]《环境艺术装饰材料与构造》，李蔚、傅彬，北京大学出版社，2010

地面在室内空间环境中有着十分重要的作用，是使用者直接接触，比较挑剔的界面之一。室内设计在概念确定后，往往都是先从平面图开始设计的思考，当功能空间得到满足，接下来就是对地面进行设计的研究。对材料的选择和工艺的确定会直接影响空间整体的效果。所以，耐磨、防滑、耐久、防潮、防噪、防火等等是地面设计首先需要考虑的因素。当功能的要求满足之后，空间意境的表达，地面的装饰同样重要。

地面可以用一种材料来整体实施，也可以用两种材料来搭配实施，一个空间中的地面材料不建议采用两种以上组构。两种材料交接处要特别用心处理或有细节交待，不是刻意表现落差的地方应该强调在一个平面上。

第四章 地面典型界面

第四章 地面典型界面

第 一 节

地面界面建构与实施

/ 地面建构
/ 地面表情

地面是建筑工程中的一个重要部位，是人们日常生活、工作、生产、学习、休闲时必须接触的部位，也是建筑中直接承受荷载，经常受到摩擦、清扫和冲洗的部位。地面在人的视线范围内所占的比例很大，对室内整体装饰设计起十分重要的作用，因而，地面装饰设计除了要符合人们使用上、功能上的要求外，还必须考虑人们在精神上的追求和享受，做到美观、舒适。

图4-1 中城商务酒店过廊地面设计/ 东京/ 2009

图4-2 W酒店客房走廊地面设计/ 台湾/ 2011

图4-3 中城商务酒店酒吧地面设计/ 东京/ 2009

一、地面建构

界面围合感受到了室内空间的存在，变化围合使得空间开敞、延伸、模糊，让空间更显多元。地面的建构工艺相对简单，既强调生理的满足同时也追求心理的满足。地面的设计不仅仅是空间特质的需要，安全的考虑必不可少，而心理的暗示、空间的导向也同样发挥很重要的作用（参见图4-1~3）。

（一）地面凸起

大的空间中，地面的变化是空间设计追求之一，往往会局部抬高地面或者部分抬高地面，这样会让空间变得更有层次，是很见效的手段之一。抬高区域可以在无需围合的情况下也能感受到空间的暗示，形成空间的虚实对比，这种心理空间的营造，有助于整体空间意境的表达。然而这一做法给日后的使用和管理却带来麻烦。尤其是公共空间中酒店、餐厅、会所等，错落之处必须有醒目的提示，有时必须配备专门的服务员工，无形中增加了管理的成本。所以，为了避免上述的问题，很多时候设计师往往通过材料的变化、对比、光的设计等来让地面设计有着更多的语汇。

（二）地面凹陷

这种可能只有在建筑设计之初，室内室外通盘思考之时，才能确保室内效果、建筑结构满足了这一要求。否则已设计好的建筑是很难实现的。凹陷的目的同样也是为了追求空间的层次和变化。

二、地面表情

地面的施工在很多时候没有墙面、天花复杂，相对好控制，无需登高作业，具有施工的便捷性、安全性。

地面的设计往往是设计细化的先行，是空间主题表现的重点之一。地面的材料选择一方面受到造价的限制：同类型的材料，选择的余地是很多的；另一方面是空间特质要求做到耐磨、防滑、耐久、防潮、防噪等等。材料的表情有着不同的印象，各种不同的材质都是传递情感和意境的有效媒介。材料间的组构有助创意思维的表达，而经验的获取只有依靠不断的实践和思考（参见图4-4~8）。

石材——天然大理石面层光洁，纹理清晰自然、变化，是档次较好的装饰面材，多用于室内空间的地面。花岗石是由各种岩石加工而成的，花式没有大理石丰富，但质地坚硬、耐酸碱、耐冻，一般用于室外空间地面。石材能较好地表现奢华的意境，但设计的经验显得尤为重要，好空间不能是高档材料的堆砌。石材的造价相对昂贵，因此一般在高档的场所使用或者局部使用。

地面砖——主要指陶砖、玻化砖，这类材料可选择的余地非常大，其规格、花式应有尽有，模仿天然石材几乎以假乱真，阻燃、防潮、耐磨、耐高温等等是这类材料共同的优势，同时也是空间意境表达很好的语汇。但该材料遇到重物坠落容易碎裂。

地板——主要指实木地板、实木复合地板、复合地板等。地板的技术已经有了全新的变化，其防潮性、耐热性、耐磨性都有了较好的技术保障，这种透着自然气息，有着良好脚感的材料被广泛使用。根据材型的不同、铺装的变化可以创意出个性的空间和品质空间。

地毯——按照材质分可以分成纯羊毛地毯、羊毛混纺地毯、化纤材料地毯、塑料地毯、真丝真皮地毯。地毯质地柔软，脚感舒适，家居环境以及很多大型公共空间，为确保个性空间的要求，为满足空间意境的需要，大多选择地毯来追求空间的华贵、奢侈、个性的品质。地毯表现可以是整体的铺装，也可以是局部的铺设，依据需要为原则。

地坪漆——主要是指新技术下的环氧树脂漆、透明地坪漆等合成材料。这类材料质地轻，易施工，造价低，环保；而且具有天然材料不具备的优势，在防腐、防潮、耐久性上见长，是目前很多大型空间、公共空间、加工空间等的首选。

除了上面提及到的常规材料外，还有许多可以选择的材料。如PVC、软木、金属等等（参见图4-9~3）。

图 4-4~6 麦当劳地面设计 / 法国 / 2012

图 4-7、8 中城商务酒店地面设计 / 东京 /2009

图 4-9、10 表参道商业中心地面设计 / 东京 / 安藤忠雄 /2009   图 4-11 六本木商业中心过廊地面设计 / 东京 /2009

图 4-12 设计艺术中心地面设计 / 里尔 /2011

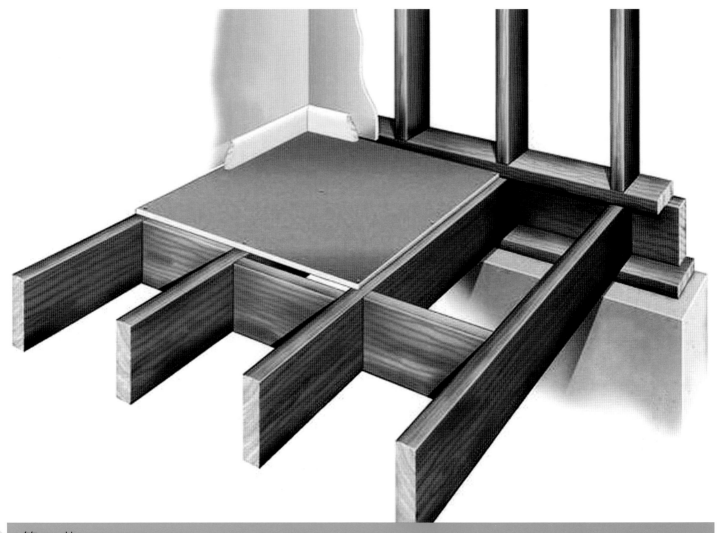

第四章　地面典型界面

第二节

典型地面工艺与图示

/ 水磨石施工工艺　　　/ PVC 卷材、块材施工工艺
/ 石材施工工艺　　　　/ 环氧树脂地坪漆施工工艺
/ 地砖施工工艺　　　　/ 透底（原色）地坪漆施工工艺
/ 地毯施工工艺　　　　/ 软木地板施工工艺
/ 木地面施工工艺

本节总结了九种典型地面装饰工程的常见做法，总结出各类地面施工项目中的法规、规范、标准和技术要求等，并通过图示直观剖析地面工程内部构造层次及施工工艺流程。

通过学习、训练要求学生能够了解典型地面工程的种类以及材料，掌握各类地面的施工工艺流程及施工方法。

一、水磨石施工工艺

水磨石造价低廉，技术含量不高，造型便捷，可任意调色拼花。施工工艺比贴面砖要繁琐，但耐久性好，抗冲击性也比瓷砖强，说通俗一点就是比较经得起折腾。环保、耐久、防潮等是水磨石地面的特点。

施工进程	施工项目	具体要求
（一） 施工准备	1. 技术准备	①图纸会审，明确设计要求。 ②对施工班组进行技术交底，交流施工工艺方案。 ③确定整体室内标高。
	2. 材料准备	水泥、沙子、石子（石米）、玻璃条、铜条、颜料、其他。
	3. 主要机具	磨石机、红外线水平仪、石滚子、木抹子、毛刷子、铁簸箕、2～6m长木杠、5cm宽平口板条（厚1cm）、手推车、平锹、5cm孔径筛子、磨石（规格按粗、中、细分）、胶皮管、大小水桶、扫帚等。
（二） 施工条件	1. 作业条件	①施工部位结构验收完成，并做完屋面防水层，墙面已弹好＋50cm标高水平线。 ②安装好门框并加防护，堵严管洞口，与地面有关各种设备和埋件安装完成。 ③做完地面垫层，按标高留出磨石层厚度（至少3cm）。 ④石渣应分别过筛，并洗净无杂物。
	2. 安全条件和措施	施工机具要设专人使用、保管，非电工严禁接临时电源。
（三） 质量控制要点	1. 技术关键要求	①墨线规范，尺寸严密，没有误差。 ②分格条横平竖直，曲线流畅。
	2. 质量注意问题	①对局部水泥浆较厚处，应适当补撒一些石子，并压平压实，要达到表面平整，石子分布均匀。 ②在同一平面上如有几种颜色图案时，应先做深色，后做浅色，间隔时间应控制到位。
（四） 质量验收指标	1. 主控项目	①密实度必须符合设计要求和施工规范规定。 ②面层与基层结合必须牢固，无空鼓。
	2. 一般项目	①水磨石面层表面质量应光滑，无裂纹、砂眼和磨纹，石粒密实，显露均匀；颜色图案一致，不混色；分格条牢固、顺直和清晰。 ②地漏和泛水应符合以下规定：坡度符合设计要求，不倒泛水，无渗漏、无积水，与地漏（管道）结合处严密平顺。 ③踢脚线质量应符合以下规定：高度一致，出墙厚度均匀，与墙柱面结合牢固； ④踏步、台阶应符合规定：宽度一致，相邻两步宽度、高差不超过10mm，齿角整齐，防滑条顺直。 ⑤镶边应边角整齐光滑，不同颜色的邻接处不混色。
	3. 成品保护	①不能用铁锤利器击打地面，运输大件物品时尽量不要拖行，以防磨伤面层。 ②油性物料、色漆等尽量避免洒落在水磨石表面，油污必须及时清洗。

131

（五）水磨石施工工艺流程图

基层处理→浇水润湿→拌制底灰→冲筋及踢脚板找规矩→铺抹底灰 →底层灰养护→镶分格条→拌制石渣灰→铺抹石渣灰层→养护→磨光酸洗→打蜡。

（六）操作工艺

1. 做找平层

①打灰饼、做冲筋。

②刷素水泥浆结合层。

③铺抹水泥砂浆找平层：找平层用1：3干硬性水泥砂浆，先将砂浆摊平，再用压尺按冲筋刮平，随即用木抹子磨平压实，要求表面平整密实、保持粗糙，找平层抹好后，第二天应浇水养护至少一天。

2. 分格条镶嵌

①找平层养护一天后，先在找平层上按设计要求弹出纵横两向或图案墨线，然后按墨线截裁分格条。

②用纯水泥浆在分格条下部抹成八字角通长座嵌，使之牢固（与找平层约成30°），铜条穿的铁丝要埋好。

③分格条镶嵌好以后，隔12小时开始浇水养护，最少应养护两天。

3. 抹石子浆面层

①水泥石子浆必须严格按照配合比计量。彩色水磨石应先按配合比将白水泥和颜料反复干拌均匀，拌完后密筛多次，使颜料均匀混合在白水泥中，并调足供补浆之用的备用量，最后按配合比与石米搅拌均匀，并加水搅拌。

②铺水泥石子浆前一天，洒水湿润基层。将分格条内的积水和浮沙清除干净，并涂素刷水泥浆一遍，水泥品种与石子浆的水泥品种一致，随即将水泥石子浆先铺在分格条旁边，将分格条边约10cm内的水泥石子浆（石子浆配合比一般为1：1.25或1：1.5）轻轻抹平压实，以保护分格条，然后再整格铺抹，用木磨板子或铁抹子抹平压实，但不应用压尺刮平。面层应比分格条高5mm左右，如局部石子浆过厚，应用铁抹子挖去，再将周围的石子浆刮平压实。

③石子浆面至少要经两次用毛刷横扫粘拉开

面浆，检查石粒均匀（若过于稀疏应及时补上石子）后，再用铁抹子抹平压实，至泛浆为止。要求将波纹压平，分格条顶面上的石子应清除掉。

④一般情况下遇到图案复杂，应先做深色，后做浅色。待前一种色浆凝固后，再抹后一种色浆。两种颜色的色浆不应同时铺抹，避免串色。但间隔时间不宜过长，一般可隔日铺抹。

⑤养护：石子浆铺抹完成后，次日起应进行浇水养护，并应设警戒线严防人行践踏。

4. 磨光

①酸洗后的水磨石地面，经晾干擦净。

②打蜡：用干净的布或麻丝沾稀糊状的成蜡，应均匀涂在磨面上，用磨石机压磨，擦打第一遍蜡。

③上述同样方法涂第二遍蜡，要求光亮、颜色一致。

④踢脚板人工涂蜡，擦打两遍出光成活。

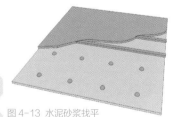
图 4-13 水泥砂浆找平

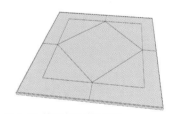
图 4-14 按设计图形地面弹线

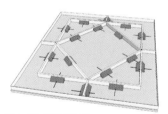
图 4-15 分隔条镶嵌

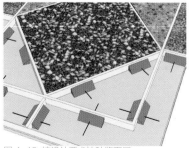
图 4-16 按设计要求抹砂浆面层

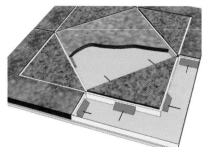
图 4-17 石粒要均匀，抹平压实

图 4-18 整体磨平推光

二、石材施工工艺

天然石材属于地面施工材料中的高档材料，其光泽、纹理、质地等表现出来的品质无法替代，普遍被一些高档空间采用。优点是特质鲜明，加工和施工都比较便捷，缺点是价格昂贵。对天然材料的选定不仅需要设计的能力，更需要建立一种责任，少用慎用。

施工进程	施工项目	具体要求
（一） 施工准备	1. 技术准备	①图纸会审，确定标高。 ②天棚墙面的施工基本完成，现场具备施工条件，根据需要可以临时封闭。 ③白色的天然石材地面铺装，须在施工前作六面防护处理。
	2. 材料准备	选材：与干挂理石选材基本相同，凡石材板有掉角、表面有裂纹、明显色斑等不得使用。同一品种的石材，花式、纹理应基本相同，不能有明显的视觉差异。
	3. 主要机具	红外线水平仪、理石锯、钢丝刷、橡皮锤、水平尺、水桶、平锹、铁抹子等。
（二） 施工条件	1. 作业条件	①与地面施工相关的构造处理完成。 ②地下铺设的沟、管、线等隐蔽项目得到验收。 ③基层的平整度、强度符合铺装要求。 ④与其他材料的衔接处做法已经确定。
	2. 安全条件和措施	①进入施工现场必须戴安全帽，严禁穿拖鞋进入施工现场，严禁酒后作业。 ②施工用电应符合相关的规定要求，严禁使用花线，专人负责临时用电管理。
（三） 质量控制要点	1. 技术关键要求	①大面积石材变形缝必须按照设计要求设置，变形缝的位置与结构相应缝的位置一致。 ②沉降缝和防震的宽度与设计的要求一致，缝内清理干净，以柔性密封材料填嵌后，用板封盖，并与面层平齐。
	2. 质量注意问题	①板面与基层不能空鼓。 ②理石之间接缝平整。
（四） 质量验收指标	1. 主控项目	①石材的表面平整，光滑如镜。 ②石材的表面结晶抗水性强，并达到产品的硬性要求。
	2. 一般项目	①石材表面平整光滑，色泽一致，面层无裂纹，无凹凸不平现象。 ②注重石材边缘处理，与垂直交接的墙体、固定装饰物等应工艺到位。 ③石材具有产品合格证和检测报告。
	3. 成品保护	①铺设完成的地面，一定不能有水泡，防止理石渗透污染。 ②新铺装的位置要及时封闭，施工人员要求穿软底鞋，踩踏的位置只能是石材板材的中心位置。地面完成后，房间封闭，黏结确认牢固之后，应在其表面覆盖保护材料。

（五）石材施工工艺流程图

选板材→现场施工准备（放线）→找平层→铺装→石缝处理→质量检测→保养。

（六）操作工艺

1. 基层处理：所有的垃圾、杂物清除干净，洒水湿润（上刷107胶与素水泥混合浆更好）。由于铺装是从中心点十字线开始，故摊铺干性水泥砂浆时，应根据石材板材规格位置线摊铺，超出2～5cm为宜，摊铺的厚度高于标高4cm为宜。

2. 放样：大型地面拼花，铺装前需在现场进行1：1放样，或者将裁切的理石试拼，拼装没有问题的话，将在全部石材的背面进行编号，以便铺装时方便施工。

3. 准备：抄平、放线。根据设计规定的地面标高进行抄平，定出地面的标高线，并将之弹于地面周边墙面之上，在进行地面铺装时，可以有效地控制地面石材的高度和理石的平整度。

大面积规格统一的板材，地面铺装一般在区域中心找点，拉互相垂直的纵横十字线。铺装板材从十字线中间开始，向周边扩散的方法进行。

4. 铺装：以位置分割线为依据，进行石材对缝，以确定的地面标高线为标准，用橡皮锤轻敲打实。

5. 石材缝隙：石材铺装完成24小时后，进行缝隙处理，可选用进口的理石填缝剂。颜色应选择与理石相同的色质，填缝完成后应用干净的毛巾将残余灰浆和污染擦洗干净。

6. 保养：表面清洗，打蜡。

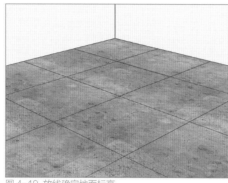

图4-19 放线确定地面标高

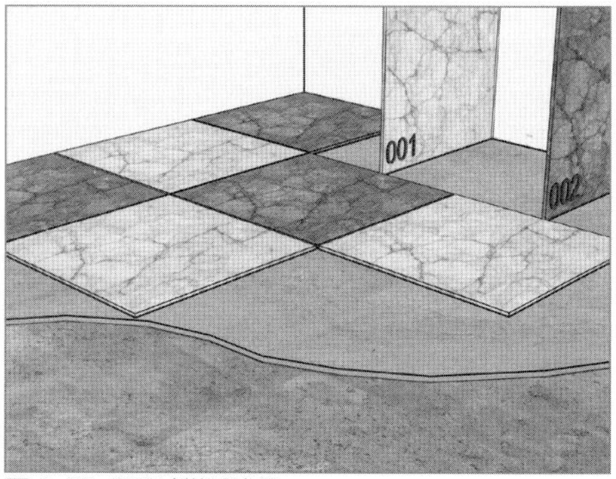

图4-20 理石试拼后编号

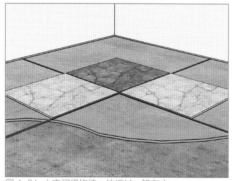
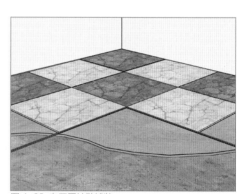

图4-21 大空间规格统一的板材一般在中心找基准点

图4-22 向四周扩散铺装

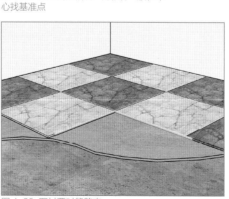
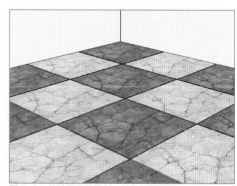

图4-23 石材要对缝整齐

图4-24 缝隙要用填缝剂，颜色与理石相近

三、地砖施工工艺

地砖选择的余地大，规格齐全，花式丰富。地砖适合许多公共空间，容易清理，保养简单，不易藏污，无空气污染物，使用寿命长，施工进度快，效果能得到保证。一般可以使用10~20年，防火、防水、防腐性能好。

施工进程	施工项目	具体要求
（一）施工准备	1. 技术准备	①根据现场的实际尺寸，结合排砖大样图，在地面弹好十字找方形。 ②确定室内水平控制线和地面标高。
	2. 材料准备	地砖的规格、性能、质量必须符合国家的规范要求。标号和品种不同的砖不得混用，对有裂缝、掉角、变形的砖一定要把好质量关。
	3. 主要机具	红外线水平仪、铁抹子、水平尺、卷尺、线锤、线绳、橡皮锤等。
（二）施工条件	1. 作业条件	①为了防止空鼓和脱落，地面基层必须清理干净，泼水湿透。 ②墙面四周弹好水平线。 ③板块预先用水浸湿，并码放好，铺装时表面无明水。
	2. 安全条件和措施	①临时施工用电应符合规定要求，严禁乱扯乱拉。 ②夜间施工应有足够的照明。
（三）质量控制要点	1. 技术关键要求	①板块空鼓：基层清理不净、洒水湿润不均、砖未浸水、水泥浆结合层刷的面积过大、风干后起隔离作用、上人过早影响黏结层强度等因素都是导致空鼓的原因。 ②有地漏的房间倒坡：做找平层砂浆时，没有按设计要求的泛水坡度进行弹线找坡。因此必须再找标高，弹线时找好坡度，抹灰饼和标筋时，抹出泛水（指防水层）。
	2. 质量注意问题	①板块表面不洁净：主要是做完面层之后，成品保护不够，油漆桶放在地砖上、在地砖上拌合砂浆、刷浆时不覆盖等，都造成层面被污染。 ②地面铺贴不平，出现高低差：对地砖未进行预先选挑，砖的薄厚不一致造成高低差，或铺贴时未严格按水平标高线进行控制。 ③地面标高错误：多出现在厕浴间，原因是防水层过厚或结合层过厚。
（四）质量验收指标	1. 主控项目	①面层所用板块的品种、级别、形状、规格、光洁度、颜色、图案及其他的产品质量符合设计要求。 ②面层与基层的结合（黏结）牢固，无空鼓（脱胶）。用小锤轻击和观察检查。
	2. 一般项目	①面层表面洁净，图案清晰，色泽一致，接缝均匀，图边顺直，观察检查。 ②地漏和供排除液体用的面层，其坡度应满足排水要求，不倒泛水，与地漏（管道）结合严密牢固，无渗漏，观察、泼水检查。 ③踢脚线的铺设表面洁净，接缝平整均匀，高度、出墙厚度一致，结合牢固，用小锤轻击，观察和尽量检查。 ④各面层邻接处的镶嵌用料尺寸符合设计要求和施工规范规定，边角整齐光滑，观察和尺量检查。
	3. 成品保护	①切割瓷砖不能在刚刚铺装的瓷砖上面操作。铁管硬器不要在表面存放。 ②砂浆黏合没有达到一定强度时，禁止上人踩踏。

（五）地砖施工工艺流程图

基层处理→做找平层→做防水层→抹结合层砂浆→镶贴地砖→擦缝→清洁→养护。

（六）操作工艺

1. 基层处理：抄平、放线。根据设计规定的地面标高进行抄平，定出地面的标高线，并将之弹于地面周边墙面之上，可以首先检查原建筑的地面平整度，在进行地面铺装时，可以有效地控制地面地砖的高度和平整度。

基层必须很好地清扫并用水冲刷干净，光滑的混凝土楼面应将表面凿毛。

2. 定位：用线绳拉出标高点和垂直交叉的水平中心点进行弹线、定位。其注意事项，应距墙边留出200~300mm作为调整区间；房间内外地砖品种不同，其交接线应设在门扇下，且门口不应出现非整砖，非整砖应放在房间不显眼的位置。

3. 铺贴：按定位线的位置铺贴瓷砖。用1：2的水泥砂浆摊在瓷砖的背面上，再将瓷砖与地面铺贴，并用橡皮锤敲击瓷砖面，使其与地面压实，并且高度与规定标高一致。铺贴时，水泥砂浆应饱满地抹于瓷砖的背面，并用橡皮锤敲实，以防止瓷砖有空鼓的现象。

4. 养护：铺贴完，养护2天以后，进行干水泥擦缝。

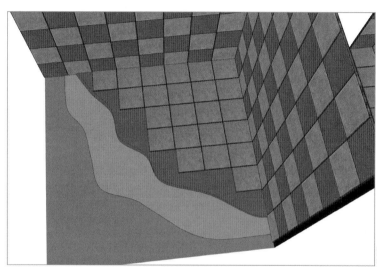

图4-25 入口处和看得见的区域往往采用整体砖，控制好地砖的高度和平整度

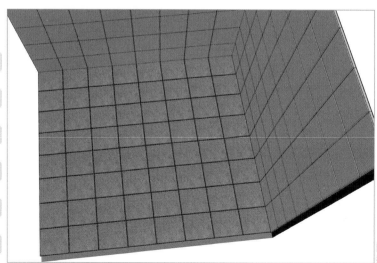

图4-26 地砖与墙砖色彩和规格一致时，须保证对缝准确

四、地毯施工工艺

地毯属纤维地面材质，它与其他地面材料有许多不同之处，一般地面材料的表面是光滑的，污垢只存在于表面，材质不易吸水，除污和洗净比较简单。地毯表面上看着干净，实际上比一般硬性地面的灰尘、脏污要多且不易清除。再就是地毯吸水性强，清洗时渗到纤维内部的水分不易除去，晾干需要很长时间，而且洗后容易收缩。

施工进程	施工项目	具体要求
（一） 施工准备	1. 技术准备	①前期设计：很多大型公共空间，为确保个性空间的要求，为满足空间意境的需要，大多地毯采用专门设计来表现空间的文化感和空间追求的华贵、奢侈、个性的品质，这一要求的前提是施工工期能满足定制地毯的需要。 ②现场测量：这个时候的尺寸概念，不应是原空间的墙体尺寸，而应该是室内设计之后的墙面封装完成后的尺寸概念，教条的思想会造成不必要的浪费。
	2. 材料准备	定制和选购：定制的地毯可能会让空间的意境更好，但价格会偏高。在要求不是特别高的空间、用量也不是很大，可直接在市场现有的花式中选取，也是可行的好方法。办公空间中的块状地毯也属选购这一类，便捷的施工工艺这里就不再详尽叙述。
	3. 主要机具	裁边机、地毯撑子、扁铲、手枪钻、割刀、剪刀、尖嘴钳子、漆刷、橡胶压边滚筒、烫斗、角尺、直尺、手锤、钢钉、小钉、吸尘器、钢尺、盒尺、弹线粉袋等。
（二） 施工条件	1. 作业条件	①铺设地毯的基层要求具有一定的强度。 ②铺设地毯的基层表面必须平整，无凹坑、麻面、裂缝，并保持清洁干净。若有油污，须用丙酮或松节油擦洗干净，高低不平处应预先用水泥砂浆填嵌平整。
	2. 安全条件和措施	①施工现场必须严禁烟火。 ②施工现场由专人清扫，保持清洁，清除现场任何存放物料。 ③临时施工用电应符合规定要求，严禁乱扯乱拉。 ④夜间施工应有足够的照明。
（三） 质量控制要点	1. 技术关键要求	①地毯裁剪精确，边缘整体。 ②地毯纹理的铺设方向与设计一致。
	2. 质量注意问题	地毯应达到毯面平整服帖，图案连续、协调，不显接缝，不易滑动，墙边、门口处连接牢靠，毯面无脏污、损伤。
（四） 质量验收指标	1. 主控项目	①地毯的品种、规格、颜色、花色、胶料和辅料及其材质必须符合设计要求和国家现行产品标准。 检验方法：观察检查和查验材质合格记录。 ②地毯表面应平服，拼缝处粘贴牢固、严密平整、图案吻合。检验方法：观察检查。
	2. 一般项目	①地毯表面不应起鼓、起皱、翘边、卷边、显拼缝、露线和无毛边，绒面毛顺光一致，毯面干净，无污染和损伤。检验方法：观察检查。 ②地毯同其他面层连接处、收口处和墙边、柱子周围应顺直、压紧。检验方法：观察检查。
	3. 成品保护	工程交验之前，出入人员必须脱鞋或者穿配备的鞋套。

（五）地毯施工工艺流程图

地面处理→地面清理→铺地毯胶垫→裁毯→地毯片拼接→地毯铺设→地毯收口。

（六）操作工艺

1. 地面处理。施工前对地面的基层情况应有一个全面的了解，对高出地面的水泥块须清除，对一些小的残洞须用素水泥补平，低于标高3cm之上可以用素水泥做垫层，反之，须用特殊的胶泥来找平。

2. 地面清理。地面上的所有杂物必须清理干净，用洒水的方法，防止层土飞扬，因为往往进行地毯施工时已经是工程的尾声。这里包括施工人员的鞋子，以免污染地毯。

3. 铺地毯胶垫。胶垫是满铺在地面上的，铺装时应铺贴平整，对缝严密，胶垫的接口应用胶黏带黏结封牢。

4. 裁毯。大面积地毯铺装前，需找一处相对平坦的地方，对地毯进行裁切。地毯大体可分为素饰、花饰两种，素饰地毯浪费较小，花饰地毯因为要对花，因此浪费较多，花纹越大损耗就越大。所以地毯铺装前，测量房间净尺寸要准确，下料进行裁切时，不能就考虑净尺寸，地毯的尺寸要大于墙体尺寸2cm左右，大面积的地毯下料时，计算一定要精确，再行下料。下料时应先单线将地毯边缘的部分裁出。地毯每下料一片，将其卷起，并在其背面编上序号。

5. 地毯片拼接。将要拼接的地毯对缝接好，严密后将其烫平。

6. 地毯铺设。沿墙（距墙50mm左右）固定地毯木制卡条，地毯按照设计要求平铺到位，在确认地毯绒毛方向一致后，用地毯撑，将地毯撑平拉紧，用专业工具将地毯与木制卡条固定。裁切掉墙边多余的地毯，用扁铲将地毯塞进踢脚线下沿。

7. 地毯收口。根据设计需要，可以用金属成品压条，也可以制作需要的金属压条形式，还有不附加压条，完全靠地毯自身收口。

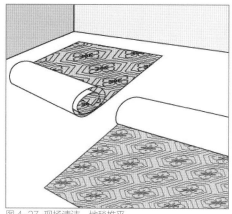

图4-27 现场清洁，地毯推平

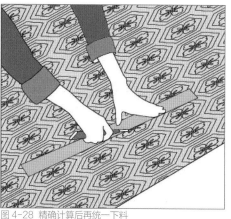

图4-28 精确计算后再统一下料

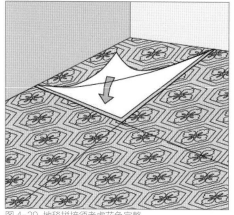

图4-29 地毯拼接须考虑花色完整

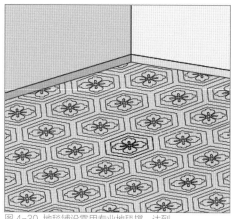

图4-30 地毯铺设需用专业地毯撑，达到表面平整并留有余量

第四章 地面典型界面

五、木地面施工工艺

硬木（地板）分贴铺、空铺、垫铺三种。贴铺，是北方地区有地热的房间中铺装的地板，也称其为地热地板（复合地板也是贴铺的工艺）。铺装工艺简单，但对自然地面要求较高，地面应该没有明显的凸起和凹陷的地方。

空铺，是体育场馆、大型舞台的工艺做法，根据要求，格栅和面板可以做成单层和多层。

垫铺，是"直接"在地面上铺木龙骨，然后地板铺装在木龙骨上。也有在木龙骨上先铺一层基板，地板固定在基板上。

施工进程	施工项目	具体要求
（一） 施工准备	1. 技术准备	贴铺式，须提前处理好地面凹凸。 空铺式，完成地垄的砌筑，在地垄墙的上部预埋好预埋件，砌筑的砂浆按照设计的要求。 设预埋件，作防潮处理：现浇混凝土时按设计预埋预埋件，注意预埋件的位置，应对应木格栅的位置。防潮可选用传统的做法，也可选择新的工艺，其作用是防止潮气侵入后地板受潮变形。 垫铺式，确定完成后地面标高，建立好与门和门洞的关系。
	2. 材料准备	木格栅：红、白松，规格按设计要求，表面平整、干燥，含水不超过20%。 毛地板：杉木，宽度和厚度按设计要求，干燥，含水率不超过15%。 硬木地板：水曲柳、柞木、榆木……耐磨、有光泽、纹理强，干燥，含水率10%~12%。
	3. 主要机具	红外线水平仪、板锯、手锯、自攻钻、无齿锯、手电钻、射钉枪、卷尺等。
（二） 施工条件	1. 作业条件	①木地板粘贴式铺贴要确保水泥砂浆地面不起砂、不空裂，基层必须清理干净。 ②基层不平整应用水泥砂浆找平后再铺贴木地板。基层含水率不大于15%。 ③粘贴木地板涂胶时，要薄且均匀。相临两块木地板高差不超过1mm。
	2. 安全条件和措施	①施工现场必须严禁烟火。铺装的位置必须摆放灭火器。 ②临时施工用电应符合规定要求，严禁乱扯乱拉。
（三） 质量控制要点	1. 技术关键要求	① 铺装木地板的龙骨应使用松木、杉木等不易变形的树种，木龙骨、踢脚板背面均应进行防腐处理。 ②铺装实木地板应避免在大雨、阴雨等气候条件下施工。施工中最好能够保持室内温度、湿度的稳定。
	2. 质量注意问题	①木地板安装前应进行挑选，剔除有明显质量缺陷的不合格品。 ②同一房间的木地板应一次铺装完，因此要备有充足的辅料，并要及时做好成品保护。 ③天然地板要避免较大色差的情况出现。
（四） 质量验收指标	1. 主控项目	①木材材质和铺设时的含水率必须符合《木结构工程施工及验收规范》（GBJ206-83）的有关规定。 ②木格栅、毛地板和垫木等必须作防腐处理。木格栅安装必须牢固、平直。在混凝土基层上铺设木格栅，其间距和稳固方法必须符合设计要求。 ③木质板面层必须铺钉牢固无松动，黏结牢固无空鼓。

139

施工进程	施工项目	具体要求
（四） 质量验收指标	2. 一般项目	①木质板面层表面质量应符合下列规定： A. 木板和拼花木板面层 面层刨平磨光，无刨痕、戗茬和毛刺现象；图案清晰；清油面层颜色均匀一致。 B. 硬质纤维板面层 图案尺寸符合设计要求，板面无翘鼓。 ②木质板面层板间接缝的质量应符合下列规定： A. 木板面层 缝隙严密，接头位置错开，表面洁净。 B. 拼花木板面层 接缝对齐，粘、钉严密；缝隙宽度均匀一致；表面洁净，黏结无溢胶。 C. 踢脚线的铺设 接缝均匀，无明显高差；表面洁净，黏结面层无溢胶。 ③踢脚线的铺设应符合以下规定： 接缝严密，表面光滑，高度、出墙厚度一致。
	3. 成品保护	①地板完全铺好后，用扫帚清理地板表面杂物，最好用吸尘器吸除灰尘。 ②工程交验之前，出入人员必须脱鞋或者穿配备的鞋套。 ③其他工种室内的维修或攀高施工所使用的梯、凳底部必须有防护措施。

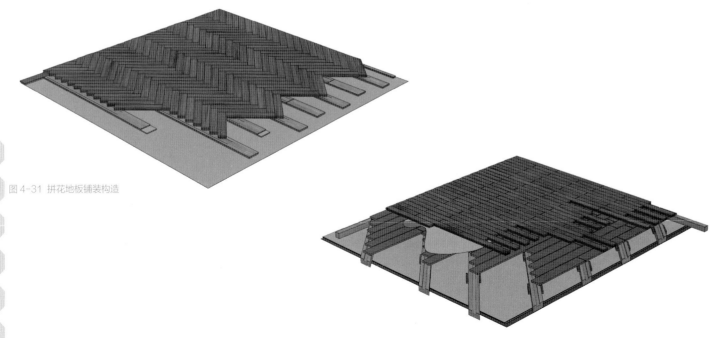

图 4-31 拼花地板铺装构造

图 4-32 垫铺地板工艺构造

（五）木地面施工工艺流程图

1. 贴铺：基层清理→基层处理→铺防潮薄垫→地板铺装→收口处理。

2. 垫铺：基层清理→弹线、抄平→安装木格栅、找平→毛地板（也可选用细木工板、高密板）、找平→硬地板。

3. 空铺：基层清理→地垄墙→防潮处理→地垄墙找平→安装木格栅、找平→铺毛地板、找平→硬地板。

（六）操作工艺

1. 地面清理。清理残留在地面上的一切杂物，保持干净。

2. 弹线、找平。在墙面上弹线，找出水平线的位置，确定地面的高度和以后地板面层的高度。

3. 安装木格栅。对应预埋件，木格栅与之固定牢，格栅的铺装是在拉线、找平的基础之上，传统要求设木垫块（经过防腐处理），实际有很多不采用这一做法，也能取得较好效果，格栅上面每隔1m以内开深不大于10mm，宽为20mm的通风小槽。空铺式，在顶部要作防潮处理，垫通长防腐垫木，在其之上铺装木格栅，在木格栅找平之后，用钉子与之连接。

4. 保温、吸音。如果设计对保温、吸音有特殊的要求，可以在格栅内满铺干燥过的传统选用材料，干炉渣、石灰矿渣等，铺高应低于格栅20~30mm。

5. 安装毛地板。毛地板铺钉时在格栅的面层弹30~45mm的铺钉线，接头必须设在格栅上，错缝相接，每块板的接头留2~3mm缝隙，四周离墙10~20mm。

6. 地板面层

①铺装长条地板。在已经完成的毛地板清理干净之后，弹直条铺钉线，小房间可以从门口开始。大的空间，可以从中间开始向一侧铺装。

②铺装拼花地板。在已经完成的毛地板清理干净之后，根据拼花的样式，在房间的中心位置，弹出90°十字线或45°斜交线，按照拼花进行预排，计算出所需的块数，按图案拉出通常线，先铺钉出几个方块或者几趟作为标准。

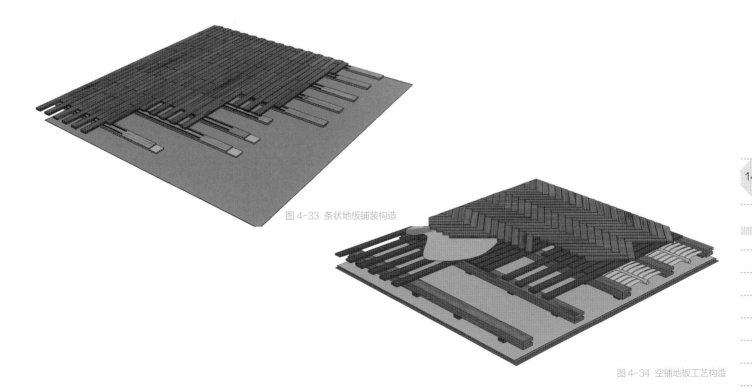

图 4-33 条状地板铺装构造

图 4-34 空铺地板工艺构造

六、PVC 卷材、块材施工工艺

PVC卷材、块材具有绿色环保、健康舒适、时尚美观、装修便捷自由的优点。PVC卷材、块材地板性能良好，性价比高：防潮耐水，无味，抑真菌，抗静电，耐酸碱，免漆，防蛀，防火阻燃等多种性能。达到国家B1级标准，具有超强的阻燃性。这类地材普遍被公共空间所选用。

施工进程	施工项目	具体要求
（一）施工准备	1. 技术准备	做好施工部位、施工时间、温度、湿度现状的了解，对地坪表面进行必要处理，确保工程质量。
	2. 材料准备	根据总面积及施工方案合理优化，减少损耗。选用正规厂家，符合标准的产品。
	3. 主要机具	打磨机及各类配套使用的磨块、磨盘、强力吸尘器、自流平专用工具、专用裁边器、依墙划线器、WOLFF65KG碾滚及压边滚、放气滚、地面检测器等。
（二）施工条件	1. 作业条件	①室内的温度及地表的温度以15℃为宜，不能低于5℃和高于30℃以上施工。 ②基层的含水率应小于3%。 ③基层的不平整度在2m的直尺内，高度差不应大于2mm。
	2. 安全条件和措施	①临时施工用电应符合规定要求，严禁乱扯乱拉。 ②夜间施工应有足够的照明。 ③严禁工人疲劳作业。
（三）质量控制要点	1. 技术关键要求	①基层必须坚实、清洁、干燥、清除所有影响黏结效果的物质，没有结构性缺陷。 ②地面得到彻底清扫。
	2. 质量注意问题	①铺装起始位置。 ②涂刷胶水后粘贴的时间点控制。 ③面层没有污垢和硬伤。
（四）质量验收指标	1. 主控项目	根据《建筑地面工程施工质量验收规范》（GB50209-2002）的要求，地坪表面应平整、坚硬、干燥、密实、洁净，无油脂及其他杂质，不得有麻面、起砂、裂缝等缺陷，平整度为2m靠尺（是检测墙面、瓷砖是否平整垂直，地板龙骨是否水平平整的一种工具）±误差不超过2mm。
	2. 一般项目	①材料之间没有接缝，紧贴一致。 ②表面平滑没有气泡，边缘不能起翘。
	3. 成品保护	①完工后彻底清扫，将地面所有的残留物清理干净，可以打蜡去污。 ②油漆、其他颜料残留后使用稀释剂清理。 ③竣工后24小时内不要使用地面。

（五）PVC卷材、块材施工工艺流程图

处理基层→涂底油→做自流平水泥地坪→养护24~48小时→分格弹线→试铺地板→刮胶→铺贴地板→排气压实→清洁保养→成品保护。

（六）操作工艺

1. 预铺及裁割

① 无论是卷材还是块材，都应于现场放置一定时间后方可施工。

② 使用专用的修边器，对卷材的毛边进行切割清理。

③ 卷材铺设时，两块材料的搭接处应采用重叠切割，一般是要求重叠2cm。注意保持一刀割断。

④ 块材铺设时，两块材料之间应紧贴并没有接缝。

2. 粘贴

① 根据不同性能的地板，选用相应的胶水及刮胶板。

② 卷材铺贴时，将卷材的一端卷折起来。先清扫地坪和卷材背面，然后在地坪上进行刮胶。

③ 块材铺贴时，将块材从中间向两边翻起，同样将地面及地板背面清洁后上胶粘贴。

④ 不同的黏合剂在施工中要求会有所不同，具体参照说明书进行施工。

3. 排气、滚压

① 地板粘贴好后，先用软木块推压地板表面进行平整并挤出空气。

② 随后用50或75kg的钢压辊均匀滚压地板并及时修整拼接处翘边的情况。

③ 地板表面多余的胶水应及时擦去。

④ 24小时后，再进行开槽和焊缝。

4. 开槽

① 开槽必须在胶水完全固化后进行。使用专用的开槽器沿接缝处进行开槽，为使焊接牢固，开缝不应透底，建议开槽深度为地板厚度的2/3。

② 在开缝器无法开刀的末端部位，请使用手动开缝器以同样的深度和宽度开缝。

③ 焊缝之前，需要清除槽内残留的灰尘和碎料等杂物。

5. 焊缝

① 可选用手工焊枪或自动焊接设备进行焊缝。

② 焊枪的温度应设置于350~400℃左右。

③ 以适当的焊接速度（保证焊条熔化），匀速地将焊条挤压入开好的槽中。

④ 在焊条半冷却时，用焊条修平器或月形割刀把焊条余下的凸起部分割去，一般做两次削刮，这样使PVC地材之间的接缝更具完全平整的效果。

6. 楼梯PVC塑胶地板施工

① 根据甲方提供的方案、设计要求，对楼梯的踏面平台作自流平施工处理。

② 自流平打磨清理干净。

③ 根据楼梯尺寸做PVC塑胶地板铺设划线。

④ 用专用PVC塑胶地板胶对楼梯踏步进行刮胶、铺贴。

⑤ 铺贴时应用橡皮锤整体敲打。

7. 成品保护

施工完毕24~48小时之后清理、清洁现场，请监理方、甲方验收后交付甲方进行成品保护。

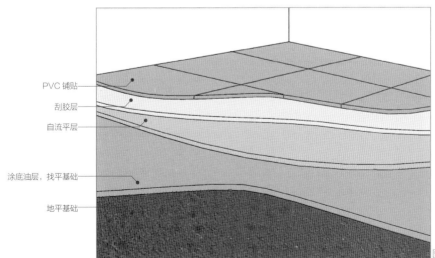

PVC铺贴

刮胶层

自流平层

涂底油层，找平基础

地平基础

图 4-35 PVC 卷材铺地结构剖面

七、环氧树脂地坪漆施工工艺

环氧树脂地坪漆有着许多优点。涂层耐磨损，抗机械冲击，经久耐用。耐酸碱盐等化学品的腐蚀，耐汽油、柴油、机油等油类的侵蚀，涂层容易维修保养，损坏处可进行修补。

施工进程	施工项目	具体要求
（一） 施工准备	1. 技术准备	①主要机具检测。 ②制定好施工防护措施。
	2. 材料准备	①材料的品质必须符合国家规范，并且具有相关合格证。 ②涂料和稀释剂应放在通风良好的库房内。
	3. 主要机具	打磨机、吸尘器（涂料施工后，应立即清洗有关设备和工具）等。
（二） 施工条件	1. 作业条件	①地坪进行整体打磨，除去油漆、胶水等残留物，凸起、酥松和空鼓的地方必须修整好。 ②用工业吸尘器进行地面清洁。
	2. 安全条件和措施	①施工场地四周10m内严禁明火作业，严禁吸烟。必须准备必要的灭火器。 ②涂料和稀释剂应放在通风良好的库房内。工作时注意做好个人防护。
（三） 质量控制要点	1. 技术关键要求	涂层干燥时间：环境温度（23±2）℃，相对湿度50（1±5%）℃条件下，表干≤6小时，实干≤24小时。
	2. 质量注意问题	① 表面平整度偏差≤0.5mm。 ②耐化学性及其他满足《环氧树脂地面涂层材料》JC/T 1015。
（四） 质量验收指标	1. 主控项目	①环境温度为25℃时，施工后2~3天应达到实干，即硬度达到完成固化的80%左右。 ②表面不能出现发黏现象。 ③气泡：平涂型、砂浆型无气泡，自流平允许1个小气泡/10㎡。 ④流平性好，无镘刀痕，大面积接口处基本平整。 ⑤无浮色发花，颜色均匀一致，大面积接口处允许有极不明显的色差。 ⑥无粗杂质，但允许有空气中的浮尘掉落造成的极小缺陷。 ⑦自流平表面应平整平滑，光泽度应达到设计要求（高光泽≥90、有光≥70、半光50~70），平涂型为有光，水性为半光至无光。
	2. 一般项目	①硬度：无指甲压痕或很快恢复。 ②耐磨性：≤0.024g（500g/1000r）。 ③中等强度、中等浓度碱及常见溶剂擦洗无影响。 ④湿拖把拖过或水冲洗表面不变色。 ⑤涂膜无脱层（咬底）、鼓起、露底等现象。
	3. 成品保护	①当该涂料施工完毕后，在保养期内切勿使用，并须加强通风设备及防火措施。 ②地坪竣工后，任何人不准穿有铁钉的皮鞋在上面行走。

（五）环氧树脂地坪漆施工工艺流程图

地坪表面的处理→涂饰强渗封闭涂料（环氧底漆）→环氧砂浆层→环氧腻子层→环氧面漆层→环氧耐磨层。

（六）操作工艺

1. 地坪的基层处理

① 新竣工的工业地坪必须经过一定的养护后方可施工，约28天。

② 清除表面的水泥浮浆、旧漆以及黏附在地表面的污渍。

③ 彻底清除地表面的油污。

④ 清除积水，施工前地面不能潮湿，尽可能使潮上彻底干燥。

⑤ 表面的清洁需用无尘清扫机及大型吸尘器来完成。

⑥ 平整的表面允许空隙为2～2.5mm，含水率在6%以下，pH值6～8。

⑦ 地坪表面的打毛，需用无尘打磨机来完成，并用吸尘器彻底清洁。

⑧ 对地坪表面的洞孔和明显凹陷处应用腻子来填补批刮，实干后，打磨、吸尘。

2. 涂饰强渗封闭涂料

① 在处理清洁、平整的砼表面，采用高压无气喷涂或辊涂，环氧封闭底涂料一道。

② 环氧封闭漆有很强的渗透性，在涂刷底漆时应加入一定量的稀释剂，使稀释后的底漆能渗入基层内部，增强涂层和基层的附着力，其涂布必须连续，不得间断，涂布量以表面刚好饱和为准。

③ 局部漏涂可用刷子补涂，表面多余的底漆必须在下道工序施工前打磨处理好。

3. 批刮料

在实干（25℃，约4小时）以后的底漆表面采用两道批刮腻子的方法，以确保地坪的耐磨损、耐压性、碰撞、水、矿物油、酸碱溶液等性能，并调整地面的平整度。

① 用70～140目的石英砂和无溶剂环氧批刮料，作为第一道腻子，要充分搅拌均匀，刮平。此道主要用于增强地面的耐磨及抗压性能。

② 用砂袋式无尘滚动磨砂机打磨第一道腻子，并吸尘清洁。

③ 用200～700目的石英砂和无溶剂环氧批刮料，作为第二道腻子，要充分搅拌均匀，用于增强地面的耐磨及平整度。

④ 用砂袋式无尘滚动磨机打磨第三道腻子并吸尘、清洁。

⑤ 两道腻子实干以后，如有麻面、裂缝处应先进行修补，然后用平板砂光机进行打磨，使其平整并吸尘、清洁。

⑥ 石英砂使用的目数由现场工程师根据地面具体情况而确定。

4. 涂饰地坪中间层

在打磨、清洁后的腻子表面上（20℃，24小时）涂饰中间层。

① 涂饰方法可用刷涂、批刮、高压无空气喷涂，大面积施工以高压无空气喷涂为最佳（喷涂压力为20～25Mpa）。

② 此遍涂饰可使地面更趋于平整，更便于发现地面仍存在的缺陷，以便面层施工找平。

③ 此遍涂饰方便甲方对设备安装等的安排。

5. 涂饰地坪面层

① 在中间层实干（20℃，7天）后，进行环氧无溶剂地坪面层涂装，涂装方法用批刮和高压无空气喷涂，但以高压无空气喷涂为宜。

② 涂装前应对于中间层用砂袋式无尘滚动磨砂机进行打磨、吸尘。

③ 如甲方在中间层实干后，先进行了设备的安装调试，造成地面形成新的缺陷，应用批刮料找平、打磨，并吸尘、清洁。

④ 面层喷涂后，如存在气泡现象应用消泡滚筒，在地坪上来回滚动，最后让其自行流平即可。

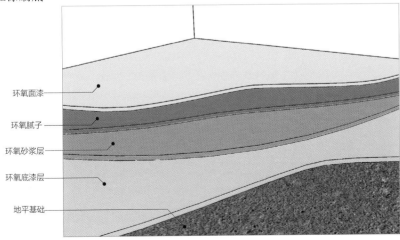

环氧面漆
环氧腻子
环氧砂浆层
环氧底漆层
地平基础

图4-36 环氧树脂地坪漆铺地结构剖面

八、透底（原色）地坪漆施工工艺

透底地坪漆是一种无色透明的液体，只增加混凝土表层的使用性能和产生光泽，因此，原有的地面状况对最终的效果是有影响的。一般的工业用途，常见的是一种发亮的、无尘的混凝土原色效果。在一些商业空间或办公空间会通过事先的设计，借助颜色和骨料的搭配以及研磨抛光工艺，实现露骨料的艺术效果。

施工进程	施工项目	具体要求
（一）施工准备	1. 技术准备	①设计方案确定。 ②检查施工现场条件。 ③确保现场温度、湿度符合施工要求。
	2. 材料准备	地面硬化剂品牌确定。质量符合国家相关规定和要求，同时具有相关检测部门出具的报告。
	3. 主要机具	低压喷嘴、滚筒、毛刷、提浆机、抹平机、木抹子、铁抹子、打磨机、抛光机等。
（二）施工条件	1. 作业条件	①室内不能允许其他工种同时作业。 ②对应原始地面条件，做好前期准备。 ③彻底清扫，室内不能堆放任何杂物。
	2. 安全条件和措施	①临时施工用电应符合规定要求，严禁乱扯乱拉。 ②施工工具专人使用，专人管理，离场前需切断电源。 ③严防疲劳作业，夜间施工应有足够的照明条件。
（三）质量控制要点	1. 技术关键要求	①密实度必须符合设计要求和施工规范规定。 ②面层与基层结合必须牢固，防裂缝、防剥落、防风化。
	2. 质量注意问题	①耐磨、硬化、抗渗、上光、防潮附着力强、柔韧性好、耐冲击、超强渗透力、便于清洁。 ②原混凝土符合以下规定：表面保留原有状况，不改变平整度只增加光洁明亮、遮盖力佳、抗紫外线不褪色、装饰效果好。
（四）质量验收指标	1. 主控项目	①混凝土耐磨地面的质量应符合《混凝土结构工程施工质量验收规范》（GB50204-2002）、《建筑地面工程施工质量验收规范》（GB50209-2002）和《建筑装饰工程质量验收规范》（GB50210-2001）的规定。 ②本施工工艺流程经过实践检验，平整度可以达到用2m标准靠尺检查偏差在3mm以内。
	2. 一般项目	①表面质量应光滑，无裂纹、显露均匀，颜色一致，无斑痕。 ②边角整齐光滑，光质一致。
	3. 成品保护	养护期间在成品的进出口处应设置护栏，派专人看护，严禁上人行车。

（五）透底（原色）地坪漆施工工艺流程图
表面基层清理→粗磨→修理破损→中磨→喷洒固化剂→工具擦拭→抛光。

在多孔或者粗糙的地面上可能需要第二次使用固化剂才能达到理想的效果。

（六）操作工艺

1. 新混凝土

① 当混凝土基层进行面层浇筑达到表面终凝，可以上人而不会出现脚印的情况时，在表面裂纹还没有产生之前，即可使用液体硬化剂。养护一星期后使用效果更好。

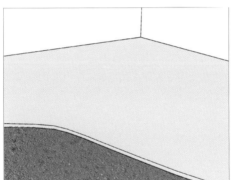

图 4-37 地面清理和处理

② 当地面使用液体硬化剂后，觉得稠滑时，用雾状水喷洒地面。

③ 当脚下再度觉得液体硬化剂滑稠时，用水彻底冲洗表面并且拭干以去除所有表面的污渍及残留的液体硬化剂。

④ 任何残留的液体硬化剂必须拭去或者扫清，然后除去水迹擦干地面。

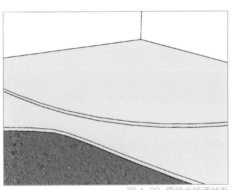

图 4-38 地面使用液体硬化剂

图 4-39 雾状水喷洒地面

2. 旧混凝土/耐磨骨料地面/水磨石地面

① 所有原地面必须进行清理和处理，并确保坚固不能有脱落，清除所有形成的化合物、油漬、其他污染物。如果要求得到较佳的效果，需努力清除混凝土上的水泥乳核斑纹，彻底修理好所有裂纹和破损。

② 喷洒液体硬化剂，用毛刷或机械洗地机进行擦拭。用这种方法处理，通常30分钟后产品开始凝结发黏，少许洒水稀释使之继续渗透地面，持续10~30分钟。随后彻底刷洗。

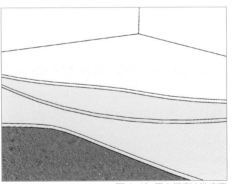

图 4-40 用水彻底冲洗表面

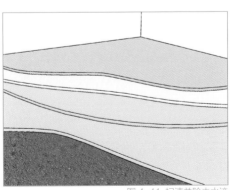

图 4-41 扫清并除去水迹

九、软木地板施工工艺

软木地板所谓的软，其实是指其柔韧性非常好。在显微镜下我们可以看到软木是由成千上万个犹如蜂窝状的死细胞组成，细胞内充满了空气，形成了一个一个的密闭气囊。在受到外来压力时，细胞会收缩变小，细胞内的压力升高；当压力失去时，细胞内的空气压力会将细胞恢复原状。正是这种特殊性的内在结构，使得软木产品有着极强的韧性。地板有着较好的耐磨度和使用寿命，减噪、吸音的作用明显。

施工进程	施工项目	具体要求
（一）施工准备	1. 技术准备	①设计方案确定。 ②查看现场施工部位的基本情况，对工艺技术做到心中有数。
	2. 材料准备	凡软木板有掉角、表面有裂纹、明显色斑等不得使用。同一品种的软木花式、纹理应基本相同，不能有明显的视觉差异。
	3. 主要机具	刷子、美工刀、钢板尺、卷尺、木工铅笔、墨壶、红外线标线仪、皮锤等。
（二）施工条件	1. 作业条件	①与地面施工相关的构造处理完成，地面需完全干燥。 ②地下铺设的沟、管、线等隐蔽项目得到验收。 ③基层的平整度、强度符合铺装要求。 ④与其他材料的衔接处做法已经确定。
	2. 安全条件和措施	①临时施工用电应符合规定要求，严禁乱扯乱拉。 ②施工场地四周严禁明火作业，严禁吸烟。
（三）质量控制要点	1. 技术关键要求	基层处理的规范和细致程度直接影响到日后的铺装效果。确保自流平的平整度。
	2. 质量注意问题	①铺装后不允许出现分层，漆膜不允许鼓泡、皱皮、龟裂。 ②防止地板开裂起翘等现象。
（四）质量验收指标	1. 主控项目	软木地板依据标准LY/T1657-2006和JB/T 20238-2006《木质地板铺装、验收和使用规范》。
	2. 一般项目	①表面平整，接缝对齐。 ②软木不能起鼓和开胶。
	3. 成品保护	①软木地板铺装竣工后，严禁在地板面层施工作业。 ②不能马上交验，需现场封闭，防止踩踏，最好满铺简易廉价的保护层。

（五）软木地板施工工艺流程图

选板材→现场施工准备（放线）→找平层→
铺装→质量检测→保养。

（六）操作工艺

1. 基层处理

① 要对有缺陷的原始地面进行修补处理，
这一环节工作的细致与否，直接影响软木
的铺装。

② 同样要对原始地面高出的部分进行打磨并
有效吸尘，这一工作不仅仅关系到软木日后铺
装的平整度，同时影响其黏结度的效果。

③ 对原始地坪一定要做自流平水泥，确保铺
装后的视觉效果。

④ 自流平工艺竣工后同样要进行必要的打磨
吸尘。

⑤ 对打磨过的自流平水泥一定要检查缺陷并
由专人修补处理。

2. 涂胶

安装时软木板背面与基础面均需刷胶，刷胶
时要注意均匀，不可软木板四边涂抹，也不
可过多，否则安装时会出现未粘牢或渗漏现
象。刷胶后大约15分钟，等胶水干后（以手
触碰不粘手拉丝为准）方可进行安装。

3. 铺装

① 铺装计划线由铺设方式、铺设图案来决定
且由中间向两边开始。

② 胶水要求用专用的环保水性胶，滚涂时要
均匀且越薄越好。特别注意：对潮湿的地方
或有地热的地方不要用万能胶，以防起鼓和
开胶。

③ 软木地板铺装结束后，无论缝隙铺装得
有多紧密，都易藏污纳垢，时间一长会形成
黑线，拖地板时拖布上的水也易渗入（特别
是卫生间、厨房间等潮湿的地方）。解决办
法：将铺装好的软木地板清洁后再滚涂一遍
耐磨且环保的软木地板专用油漆（注：油漆
性能一定要与软木的弹性相匹配）。

④ 48小时后，可以给软木地板做一次保护，
一套软木地板专用保护液能够让地板耐磨性
增加、使用寿命大大延长。

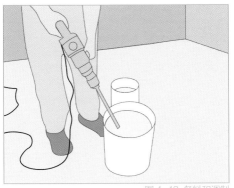

图 4-42 备料和调制

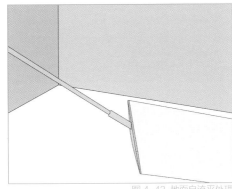

图 4-43 地面自流平处理

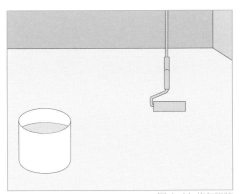

图 4-44 均匀刷胶

图 4-45 软木块铺装

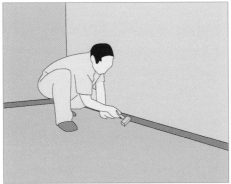

图 4-46 安装压边收口（踢脚）

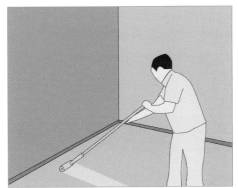

图 4-47 滚涂软木专用保护液

第四章 地面典型界面

第 三 节

典型地面施工实践图例

/ 地热施工工艺图录
/ 白理石地面施工工艺图录
/ 地面白理石与楼梯湿铺施工工艺图录
/ 地砖施工工艺图录
/ 静电地板施工工艺图录

本节列举了石材地面、地砖、木地板的施工实践图例，通过施工工程中的照片图例，感性、直观地表现工程形象进度。

通过学习、训练要求学生能够对典型地面现场施工和管理有直观感性的认知，并学习一些企业在建筑施工质量与安全方面的有效经验。对于将要走入社会的学生来说这是一个更进一步了解实际项目的过程。

一、地热施工工艺图录

二、白理石地面施工工艺图录

三、地面白理石与楼梯湿铺施工工艺图录

四、地砖施工工艺图录

五、静电地板施工工艺图录

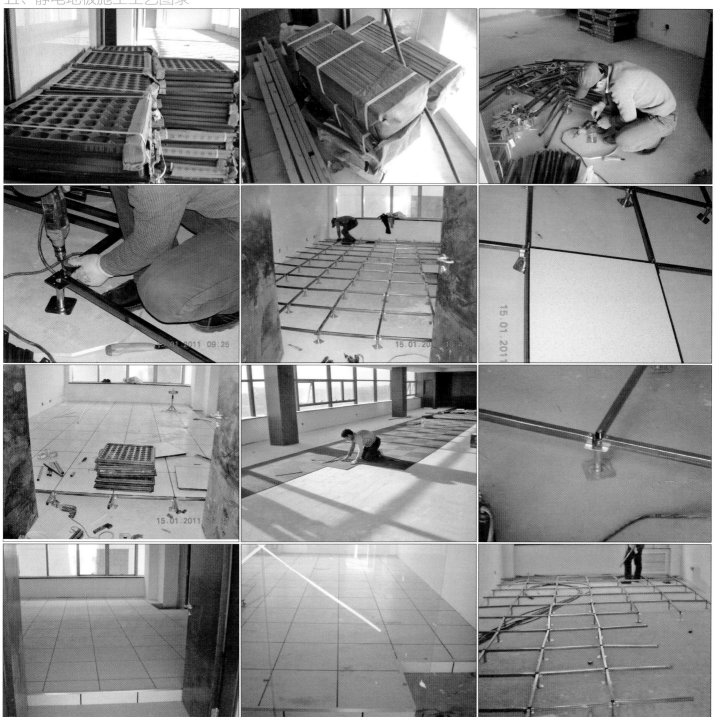

[提问1]:

老师，地面的材料和地面施工工艺我们认知度会好一点，相对比较熟悉，但我们还是想知道建构一般的地面有着怎样的要求？

[解答1]:

在理石、瓷砖、马赛克等湿作业施工时，对气温有要求，环境温度在零下就不能作业，一般要求在5℃以上。

地面铺装宜在吊顶工程、墙面大白、地面隐蔽工程完成或验收后进行，这样可以对地面成品进行有效的保护。

地面铺装材料的品种、规格、颜色等均应符合设计要求，并应有产品合格书。

地面天然石材铺装时，尤其是白色大理石，应采取防护措施，防止出现污损、泛碱、变黄等现象。

地面木质铺装时，龙骨、垫木、毛地板等木料的含水率，以及防潮、防腐、防蛀、防火处理等均应符合国家现行标准、规范的有关规定。

[提问2]:

在平日我们的大多数设计学习中，在完成效果图或者地面地材图时，对石材的规格确定没有太多考虑，600x600mm，800x800mm，900x900mm，好像我们习惯用这样的规格了，我们处在学习之初，长处是表现空间的感觉和画面的视觉效果，但现实更多的时候是设计师的经验在起作用。听说设计师很辛苦，亲自跑材料是常态，老师，是这样吗？这方面的经验能简要地告诉我们吗？

[解答2]:

天然石材价格昂贵，控制造价是每个项目都会遇到的问题。

很多时候，设计师的成熟就是体现在综合能力的具有，解决问题的方法对路上。当地面确定选择石材材料时，应该对市场该材料的毛板有一次寻找和比对，对毛板的出材率有一个准确的计算，在规格和视觉的效果两方面都有兼顾。这里既是艺术的问题更是经济的问题，没有这样的意识，我们的设计离"成熟"还会很远。在现实的很多设计工作中，设计师可能会因板材的漂亮纹理而去调整将要使用的石材的规格，可能理石的尺寸就不一定是整数。当然，影响理石尺寸的因素还可能是空间、层高、色彩、肌理。

[提问3]:

我们知道花岗岩质地硬，大理石质地相对软，在地面铺装的过程中有没有特殊的要求，听说铺装浅色，尤其是大花白理石，采用的水泥不一样，是吗？

大理石施工完成后，一定要进行成品保护吗？听说在没有打蜡前，任何有色的水迹都不能残留，否则会永远存留，留下遗憾，说得对吗？

[解答3]:

大理石铺装一定强调在天花、墙面等工程基本完工后进行，交叉作业不符合施工规范。天然石材在铺装前应采取防护措施，防止出现污染、泛碱等现象。尤其是以进口的大花白为代表的白色石材，为能完整表现其质地、品质，除了在石材的六个面涂刷防潮、防腐剂外，水泥也应选择白水泥，这是因为白理石有一点点的透光性，用白水泥能基本保证石材的原貌，这是施工中必须了解的重要的经验。

石材质地相比其他材料有着自身的优势，但不进行成品保护，无谓的硬伤会影响日后的效果，修补永远只能是补救。理石还有一最大特点，就是渗透力强，一旦不小心，有色液体残留、纸盒受潮、草绳受潮等等没有看见并及时处理，都有可能渗透到理石表面，留下永远的遗憾，影响最终的美观。

[提问4]:

玻化砖使用比较广泛，其材料比传统瓷砖规格大，比天然理石质地轻，其效果虽没有天然石材效果好，但价格有优势，品种多，选择余地大，大面积的玻化砖铺贴还有什么不同的要求吗？

[解答4]:

首先进行地面清理和清洗，在基层上刷好水泥浆，再按地面标高留出地砖厚度做灰饼，用1:2干硬性水泥砂浆，做找平层。玻化砖在铺装前应浸水2~3小时，然后取出阴干。放砖前，应在找平层上撒一层干水泥面，洒水后马上铺装，随铺随处理干净，次日用1:1水泥砂浆灌缝，随灌随处理，在常温下铺装24小时后要浇水养护。

[提问5]:

很多时候我们确定材料只是凭感觉或仅有的一点点经验，比如地毯材料的确定，应该遵循什么原则？在设计和施工的过程还有什么具体要求？

[解答5]:

地毯作为高级的地面装饰材料，具有隔音、隔热，脚感舒适、色彩丰富等特点，公共空间对地毯的选择首先应考虑其阻燃性，其次是耐磨性、艺术性。

使用地毯面积比较大时，不要分批购买。一个工厂的统一批号，不是同一批次生产的，出现色差也是正常的，尽量选择去厂家订购，这样会确保产品的质量。

地毯适合地面干燥的环境，潮湿的位置、有可能被水浸到地方，原则上不考虑选择地毯。地毯的维护费用较高且耐久性不如其他材料。所以，在人流密集的位置，一般情况要慎用地毯。

[提问6]:

听施工现场的工人说，大块的高档地毯铺装，在对花、接缝处理好后，拉抻不要过紧，甚至还要留有一定的余量，当然，表面不能起褶，是这样吗？

地毯为什么要铺装胶垫？局部的铺装或者主要人行的地方铺装可以吗？办公场所的块状地毯也需要铺装胶垫吗？这些在以后看来都是小问题，但我们现在很想了解，望老师给予我们说明！还有，当地毯与其他材料交接时，应该有着怎样的考虑。

[解答6]:

大块地毯，尤其是含毛成分高的高档地毯，由于其缩水性大，日后，正常的清洗每次都会不同程度地缩水，所以，新毯铺装一般不对平整过于苛求，看上去平整服帖即可，墙角、柱角有踢脚的话，一定在铺装时让地毯尽可能地插入，此时的留有余地，对于日后的美观是必须坚持的。

办公环境选用的块状地毯是不需要地毯胶垫的，其有质地轻、薄等优点，铺装快捷，日后维护方便。大块地毯是需要铺装地毯胶垫的，胶垫要求满铺在地面上，这一环节对日后的使用起决定性的效果，有之脚感舒适，富有弹性；反之，再好的地毯也感受不到其优良的品质。铺装时应铺贴平整，对缝严密，胶垫的接口应用胶黏带黏结封牢。

地毯与其他材料交接时，传统的方法可能会选择金属压条，这取决于设计的要求，很多时候不选择压条，但有一点是肯定的，地毯与理石、地砖、地板等这些材料交接，处理的结果是不能高于它们，低3~5mm是可以接受的。

[提问7]:

传统的地板施工工艺，在铺装前先进行木龙骨施工，在坚固、稳定、防腐等一系列问题处理结束，在表面平整检查确认之后，才铺装已经采购的地板，有的甚至铺装两层地板，为什么我们看到现在的地板施工简单了，很多时候我们并没有看到龙骨基层和毛地板铺装，老师，能给我们说说其中的缘由吗？

我们早就知道地板有变形一说，特别是实木地板，我们在设计和施工的过程中应该怎样去注意和要求？

[解答7]:

这个问题不知道这么回答同学是否可行，首先如我们看到的体育场馆有训练比赛的要求，必须按照规范来实施，不许有任何偷工减料，甚至在很多细节上还有具体的说明和要求，比如增加弹性的橡胶垫块等等。一般性的公共空间采用地板的形式已经悄然发生变化，多元的地板选择，既能达到地板质地和视觉的效果，又符合环保的理念。实木复合、强化复合已经受到大众的欢迎。

现在我们很多空间已经很难在地面采用龙骨的方式进行地板铺装，一方面空间高度的限制，再有就是地面材料的交接，或许还有价格的因素。北方地区还有一个特点，很多空间是地热设置，这样的空间铺装龙骨的可能性就没有了，地面无法固定木格栅，所以很多空间选用的都是直接铺装的地热地板。比如实木复合、强化复合等等。

是天然的材料一定会有不同程度的变形，但开始就要做到严把地板质量关，了解到地板的干燥程度，这个时候货比三家，品牌的产品可能就更具说服力了。

[提问8]:

石材和砖材对基层的厚度有着一定的要求，会影响层高，有时对楼层的荷载也会产生一定影响；传统的地板适合特定的场所要求和高档家居环境，以上很多时候公共空间是不能选用的，尤其是大面积的使用。现在我们看到很多商场和大型办公、学校好像在使用一种商用环保地板，这种"薄"地板有着怎样的优势？

[解答8]:

商用环保地板又称PVC地板，有块材和卷材两种，质地轻，厚度薄，造价便宜，施工方便，养护期短。但对基层的处理要求较高，基层的条件不好就会增加底层处理的成本。该产品有轻微的刺激性，施工期间需防火。商用环保地板工艺技术独特，材质优良、色彩纯正，耐磨，寿命较久，特别是绿色环保的理念符合国家的规范和要求。其耐磨性、防火、耐压性、抗化学性、防滑性、吸音性、抗静电性都有着良好的表现，保养及维护费用较少，不需打蜡，是很多大型公共空间和商业空间的理想选择。

[提问9]:

老师，我们看到一些国外大公司在国内开的超市、专卖店，既没有用理石也没有用瓷砖，就好像素混凝土，感觉很好，看上去就环保，表面还特别平滑和光亮，这是一种什么新材料？其造价、使用寿命、功能和效果是个怎样的情况？

[解答9]:

这是一种透明地坪漆，是一种液体化学处理剂，作用于已经固化成型的混凝土地面，通过有效反应提高混凝土表层的密实度、强度和抗渗性，使地面变得坚硬、耐磨、无尘、抗渗及耐污损，把普通的混凝土的地面变成符合各类标准的工业地坪，达到直接使用的标准。与其他地坪材料相比，施工和运行维护及经济性等方面具有良好的优势。

这一材料在国外已经使用多年，适用的场合很广泛，仓储、学校、停车场、厂房、体育场、食品及酿造厂等等，耐污染，无需维修，使用时间越长越光亮，大大降低了维修和使用成本。就耐久而言是一种性价比较高的产品，防尘，耐磨，不起皮，无剥落，无毒，无味，天然，环保。

/ 教学关注点

1.典型地面装修工程质量验收规范
国颁《建筑装饰装修地面工程施工质量验收规范》。（略）

2.不同地面材料对应设计的要求
随着季节的变化，有些材料在设计和施工之时，应充分考虑其受到冷热的气候环境后变形的事实，预留收缩缝隙就很重要。特别是天然的木质地板。

不同的地面材料确定，由于施工的工艺及要求不同，两种材料平面交接时，首先满足湿作业施工，当交接的材料是卷材、地板、地毯时，需提前对这部分材料的地面铺设垫层，铺设的高度视材料的厚薄而定。因此，室内净高的确定既受到地面自然情况的影响，同时材料的确定与施工工艺也是重要的因素。

3.材料的多义性
材料有着自身的基本语义，但同样的材料经过不同的设计师创意，其感觉可以完全颠覆传统的一般表现。材料的色彩、质地、形状、肌理在功能的满足之后，视觉的表现让空间更具特色、个性和艺术魅力，有时材料还能成为空间表达的主题，成为一种文化的符号。所以，材料使用的位置、使用的多少、与其他材料如何搭配、与照明怎样结合，这些都是设计学习始终面对的问题。材料是室内环境的物质承担者，材质的美是通过空间整体感知的，缺少材质的细腻结构，空间的生命力无从谈起。

4.防水地面的施工要求
有防水要求的建筑地面工程，应采取蓄水的方法，蓄水的时间不能少于24小时。蓄水的高度为20~30mm。因此在铺设前必须对立面、套管和地漏与楼板节点之间进行密封处理，排水坡度应符合设计要求。厕所间与有防水要求的建筑地面不能整体做，必须设置防水隔离层，防水隔离层严禁渗漏，坡向应正确，排水畅通。

5.影响选择地面材料的因素
课堂上设计的学习和研究，学生们开始时更喜欢关注材料的色和形，注重表现空间整体的协调或者风格的统一。这种情况可以理解，说明同学们对设计的诠释还是不够充分的。通过对各种材料特性的了解，工艺要求和流程的熟悉，尤其是不一样的价格、品质、品牌，不仅会影响设计的效果，同时还可能影响设计的可行性。成熟的设计师对材料的选择应该是准确的，与功能相关，与意境相关，更与造价相关，受经济的制约。

/ 训练课题

[课题1]:
画出五种典型地面剖面构造图

训练目的：掌握典型地面结构的构成要素，理解地面在空间布局中的需要，建立好与空间物理环境系统的关系。
训练要求：徒手画出每种地面的剖面图和节点大样。

[课题2]:
画出两种材料交接处工艺做法及详图

训练目的：认知地面面层材料，了解地面材料交接工艺，掌握对结构和骨架的理解。
训练要求：用平面、剖面、节点大样的方式进行完整表达。

/ 参阅资料

[1]《高级建筑装饰工程质量检验评定标准》DBJ/T01-27-2003
[2]《建筑装饰装修工程质量验收规范》GB50210-2001
[3]《住宅装饰装修工程施工验收规范》GB50327-2001
[4]《装饰材料与构造》，王强，天津大学出版社，2011
[5]《环境艺术设计教材：装饰材料与构造》，高祥生，南京师范大学出版社，2011
[6]《装饰材料与构造》，李朝阳，安徽美术出版社，2006

在室内空间装饰设计中，除了前面我们叙述的天、墙、地三大类界面外，还有其他各类具体界面和设施。本章分门、窗、楼梯和拦河四种具体界面，分析其基本样态和构造工艺，并列举具体类型的构造工艺，以便参考学习。

第五章 其他界面建构

第五章 其他界面建构

第五章

其他界面建构

第 一 节

门界面基本构造

/ 门的基本组成
/ 门的尺寸和数量
/ 门的基本功能
/ 门的基本类型
/ 典型门的构造与工艺

1. 木质 / 镶板门	4. 铝合金 / 推拉门	7. 金属 / 卷帘门
2. 木质 / 夹板门	5. 玻璃 / 地簧门	8. 玻璃金属 / 自动感应门
3. 铝合金 / 平开门	6. 复合材 / 折叠门	9. 金属玻璃 / 旋转门

在空间装饰工程中，门窗是相对独立的一部分，大部分的门窗都是在工厂加工好后，直接将成品运至施工现场安装即可，完全在现场制作门窗的情况已很少见了。门窗的制作逐渐脱离手工为主的制造方式，而走向了工业化生产的道路。在此过程中，门窗的结构、材料和工艺都由传统而革新，出现了很多新的门窗产品。

自20世纪80年代以来，在传统木门窗和钢门窗之后，相继在建筑中采用铝合金门窗、彩板门窗、塑料门窗、铝木复合门窗等，这些门窗具有良好的开启功能、封闭功能、抗风压功能、抗雨水渗漏功能、保温功能、隔声功能、抗老化性能、尺寸稳定性能和装饰功能的制品，从而使我国的建筑门窗工程跃上了一个新阶段。此外，还出现了具有独特功能的防火木门、卷帘钢门、感应自动门等。

一、门的基本组成

门是由门扇和门框两部分组成的。门的各部分名称如图5-1所示。各种门的门框构造基本相同，但门扇却各不一样。

（一）门框

门框又称门樘，由两根竖直的边框和上框组成。门带有亮子时，还有中横框。多扇门则还有中竖框、上框、中框、下框、边框。为便于门扇密闭，门框上要有裁口，单裁口用于单层门，双裁口用于双层门或弹簧门。门框的安装分塞口和立口两种。

（二）门扇

由门梃、冒头、门板组合而成。门扇按其构造方式不同，有镶板门、夹板门、玻璃门、纱门等。

（三）亮子

当门的高度超过2.1m时，还要增设门上窗，俗称亮子。

（四）五金和附件

门还有合页、拉手、插销、门锁、闭门器、门挡等五金和门蹬、门头、门帘等其他辅助物。

二、门的尺寸和数量

（一）门的宽度

由人体尺寸、通过的人流股数、家具设备的大小等因素决定。公共空间的门宽900mm以上，单扇门为700~1000mm，双扇门为1200~1800mm，宽度在2100mm以上则为三扇、四扇门或双扇带固定扇的门。如观众厅、会场等人流集中的房间，门总宽按每100人0.6m宽计且每樘门最小净宽不应小于1400mm。

（二）门的高度

一般为2100~2300mm，带亮子的应增加500~700mm。四扇玻璃外门宽为2500~3200mm，高（带亮子）可达3200mm，可视立面造型与房高而定。

（三）门的数量

根据房间的人数和面积及疏散方便等决定。防火规范规定面积超过60㎡，人数超过50人的房间，需设两个门，并分设房间两端。如观众厅、会场等人流集中的房间，安全出口的数目不应少于两个。人数不超过60人的房间且每樘门的平均疏散人数不超过30人时，其门的开启方向不限。

三、门的基本功能

门的主要功能是供水平交通，分隔和联系建筑空间。门的数量、大小、位置、开关方向与交通安全要求相关，聚集人流较多的建筑外门必须向外开。门同时也起通风和采光作用，在紧急情况下起到防火、疏散的功能。门是建筑造型重要的组成部分，其形状、尺寸、比例、排列、色彩、造型等对建筑空间内外的整体造型都有很大的影响，是建筑空间造型设计和立面装饰装修设计的重要手法。

四、门的基本类型

（一）按材料分类

木门、钢门、铝合金门、塑料门、玻璃钢门、铝木复合等其他材料门。

（二）按使用功能分类

一般工业及民用建筑门、特殊工业及民用建筑门、围墙大门、隔声门、防火门、防光门、防辐射门、密闭门、防盗门、抗冲击波门、卸爆门等。

（三）按开启方式分类

平开门、推拉门、上提门、上翻门、下滑门、折叠门、卷帘门、旋转门等。

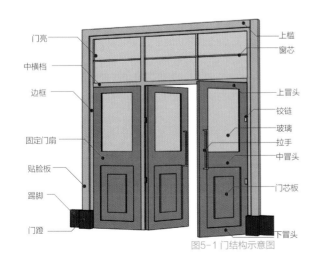

图5-1 门结构示意图

门亮　中横档　边框　固定门扇　贴脸板　踢脚　门蹬
上槛　窗芯　上冒头　铰链　玻璃　拉手　中冒头　门芯板　下冒头

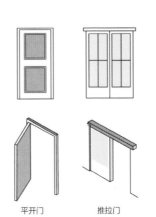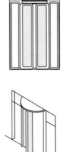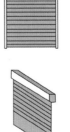

平开门　推拉门　旋转门　卷帘门　折叠门

图5-2 门类型示意图

五、典型门的构造与工艺

（一）木质/镶板门

1.镶板门概述

门扇由骨架和门芯板组成。门芯板可为木板、胶合板、硬质纤维板、塑料板、玻璃等。门芯板为玻璃时，则为玻璃门。门芯为纱或百叶时，则为纱门或百叶门。也可以根据需要，部分采用玻璃、纱或百叶，如上部玻璃、下部百叶组合等方式。

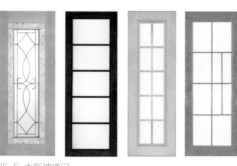

图5-3 实木镶板门　图5-4 人造板镶板门　图5-5 木框玻璃门

2.结构与工艺分析

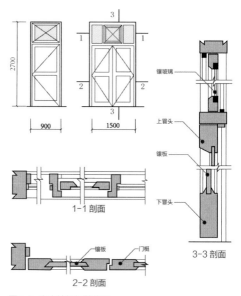

1-1 剖面

2-2 剖面

图5-6 实木镶板门结构图

图5-7、8 实木镶板门制作

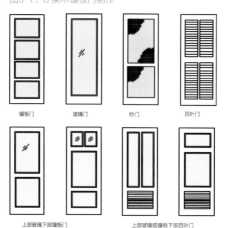

镶板门　玻璃门　纱门　百叶门

上部玻璃下部镶板门　上部玻璃或镶板下部百叶门

图5-9 镶板门类型图

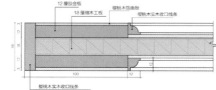

图5-10 人造板实心门剖面图

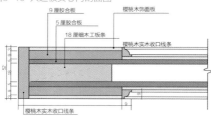

图5-11 人造板空心门剖面图

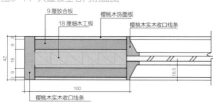

图5-12 人造板木框玻璃门剖面图

① 实木镶板门

实木镶板门是传统的木门形式，是以实木方材为框架，中间再镶嵌以实木芯板而做成的木门，成品表面需涂饰油漆以起到保护和装饰的作用。

由于全部采用天然木材制作，实木镶板门给人以自然环保、宁静温馨的感受，深受众多人的喜爱。然而，天然木材不可避免的湿胀干缩现象，在长时间的使用过程中，或多或少地都会影响到门的平直度，出现门板变形、开裂的情况，在使用中带来诸多不便。

② 人造板镶板门

为了避免天然木材湿胀干缩导致门扇变形的缺点，通常采用人造板来替代实木制作镶板门。人造板性能均一、不易变形，且使用人造板可以提高木材的利用率。制作镶板门常用的人造板材主要有细木工板、中密度板、胶合板、饰面板等。

人造板镶板门的外观样式同实木镶板门，但内部结构却完全不同，其常见结构有：A. 以细木工板整板为门芯材，结构稳定平整，为实心门。B. 以木方或细木工板条为龙骨，制作出空心框架，再两面附板形成门面凹凸造型，为空心门，质量略轻。

在具体工程中，所用到的收口线条、人造板的厚度、种类都可以根据要求灵活变化。面层的饰面板，也可以用镜子、不锈钢板、布料软包、石材等材料，不同的材料仅是与基层的连接方法不同，门内部结构都相同。

（3）木框玻璃门

木框玻璃门是一种特殊的镶板门，只不过这种门中间镶嵌的不是板材而是玻璃，可以是透明的白玻璃，也可以是磨砂、喷砂、喷漆玻璃、花纹玻璃、冰花玻璃等不同品种的玻璃，所镶玻璃通常为3~6mm厚（特殊种类的玻璃会厚一些，如冰花玻璃）。

当然，在同一扇门上也会同时出现镶嵌玻璃和木板，甚至是百叶的情况，这种门多用于厨卫空间或一些需要半隔断效果的办公空间。

3.木制门框、门套的构造及安装

图5-13 传统门框构造 剖面图

图5-14 门套构造 剖面图

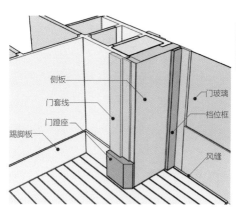

侧板
门套线
门蹬座
踢脚板
门玻璃
档位框
风缝

图5-15 门套构造 立体图

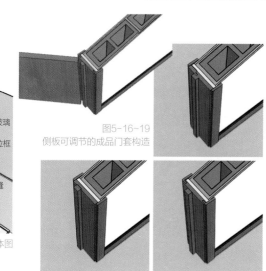

图5-16~19
侧板可调节的成品门套构造

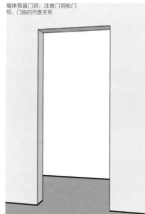

墙体预留门洞，注意门洞和门框、门扇的尺度关系

门框（门套线）放置门洞，用木楔调整门框至水平和垂直位置，注意铰链和门锁位置必须加上木楔垫片

安装门套侧板

安装门套挡位线

安装门扇，整体调整门套

图5-20~24 成品门套的构造和安装步骤

① 门框、门套的构造

传统的门框很简单，主要由上框、边框、中横框、中竖框四种构件组成，全部采用实木制作，主要起到固定门和限制门启闭位置的作用。随着材料工艺和观念的发展，传统的门框工艺逐渐演变成门套的概念，材料的选用也逐渐以人造板为主，使之在满足功能的基础上，与门的装饰相呼应，追求建筑立面整体协调统一的效果。

门套一般由门套线、侧板和挡位框三部分组成，其中门套线的造型最为丰富，可以根据需要被设计成多种样式。门套的主要功能一是固定门并限制门的启闭位置；二是保护门洞阳角；三是装饰作用，装饰作用主要体现在门套线的造型变化上，其饰面材料往往与门板统一。

② 门套的施工工艺要点

A. 与墙体的连接通常用圆钉木楔法，将木垫块先与墙体连接牢固，而后基层（通常采用细木工板）和面层的饰面板再与该木垫块连接。

B. 门套平直的调整，通过左右两侧、不同高度位置的若干楔形木块来调整，调整到平直后，截去木块多出的部分，其余部分保留并与门套基层板材钉牢。

C. 铰链和门锁的位置都必须加装垫块。在安装门套线时，注意留出门铰链的安装位置。

E. 注意各台阶处的收口处理，不允许最后有基材或板材断面的暴露。

F. 门安装位置的宽度应比门宽多出约10mm的余量，以利门的安装和使用。

③ 可调节的成品门套

由于不同的建筑门洞，其尺寸不可能完全相同。因此，通常情况下门套的制作和安装全部在装修现场作业，不仅加工效率低，而且品质不稳定。

近些年来，在工业化生产的背景下，一种可调节侧板宽度的成品门套被设计出来，这种门套具有一个可伸缩的侧板结构，使门套的工厂批量化生产成为可能，不但生产效率得到提高，其品质也得到了极大的提升。

（二）木质 / 夹板门

1. 夹板门概述

传统平板门俗称蒙板门，也叫"工艺门"，中间为轻型骨架，两面贴胶合板、纤维板、模压板等薄板的门，一般为室内门。

2. 结构与工艺分析

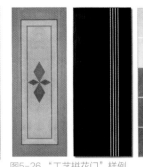
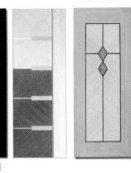

图5-25 夹板门"蒙板门"

图5-26 "工艺拼花门"样例

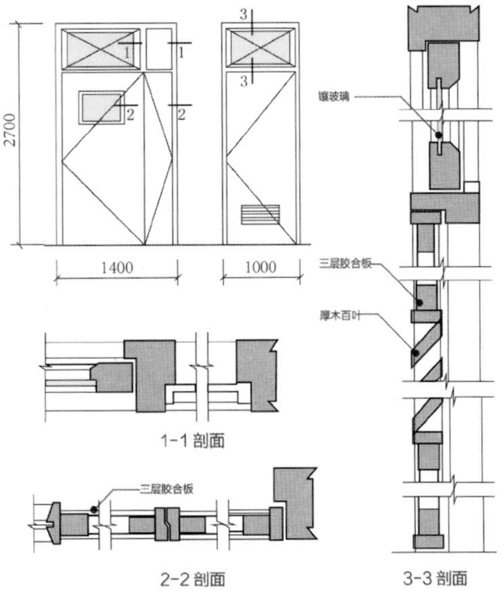

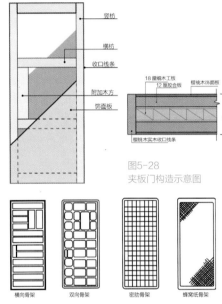

图5-28 夹板门构造示意图

图5-27 夹板门结构图

图5-29 夹板门骨架形式示意图

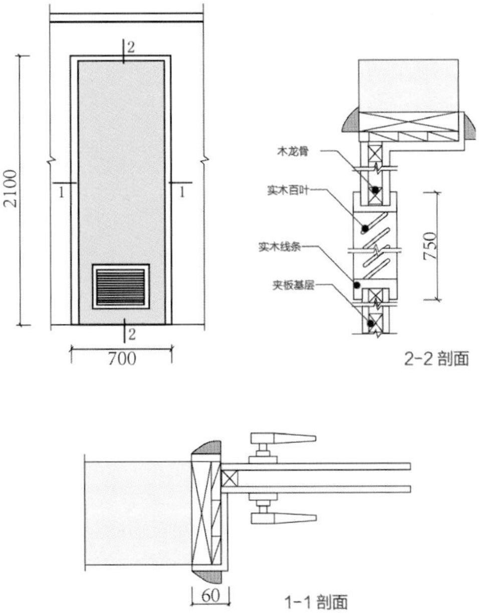

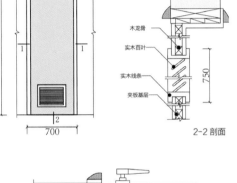

图5-30 夹板门实例图纸

第五章 其他界面建构

① 夹板门的制作

实将木料拼成门框，然后在框的两面满钉以胶合板。三夹板有白杨、桧木、水曲柳、柚木、橡木等，厚度约4~6mm。三夹板可整张或拼花钉之。夹板门简洁光滑，合乎清洁卫生要求，唯胶合板视胶的质量而定，通常受潮易脱胶，日晒易起裂，不宜用外门。

如果是做混水效果的夹板门，可以直接用三夹板贴面。或用红榉或红胡桃代替，这两种饰面板价格便宜，饰面板的平整度要比夹板好，油漆施工也容易。夹板门的门框四周一般采用实木线条收边，一来是美观，二来使门不易变形。

这种门制作方法简单，用料少，所以它的价格在几种门中是最便宜的。但它却是销量最大的一种门，所以市面上卖这种门的商家也最多，家家都有这种门。

② 夹板门的缺点

A. 夹板门（工艺门）是工厂加工，而门套都是现场制作的。如果是清水门，则有可能使门套与门之间有色差。即使是同花色的饰面板，不同牌子之间也是存在色差的，有些色差还很严重。

B. 隔音效果差，夹板门多是空心的，声音极易穿透，要想取得较好的隔音效果，须在框架里填充木块。空心的夹板门分量很轻，一般人都能举得起。

C. 夹板是几种门中最容易变形的一种，这里说的变形有两种，一种是整体弯曲，致使门关不严，另一种变形是表层饰面板呈波浪形变形。这种变形在油漆施工后尤其明显。前一种变形是因为框架材料未经烘干引起的，后一种变形是因为饰面板较薄引起的，解决的办法是采用加厚饰面板。一般的饰面板厚2mm，而好的饰面板可以达到3.5mm，或采用双层饰面板。

③ 工艺拼花门

是在人造板平板门的基础上发展出来的一种具有丰富装饰效果的平板门类型，门的表面往往被设计成各种样式的平面拼花形式。这种拼花可以是不同纹理或颜色的木材形成的图案，也可以是不同材质形成的特殊对比效果——如工程中常见的拉丝不锈钢、镜子、布艺、石材与木材饰面板等材料的相互组合拼饰。

（三）铝合金 / 平开门

1. 平开门概述

是水平开启的门，它的铰链装于门扇的一侧
与门框相连，使门扇围绕铰链轴转动。平开
门构造简单，开启灵活，加工制作简便，易
于维修，是建筑中使用最广泛的门。

2. 结构与工艺分析

图5-31 铝合金平开门（银色双扇）

图5-32 铝合金平开门（暗灰色弹簧铰链）

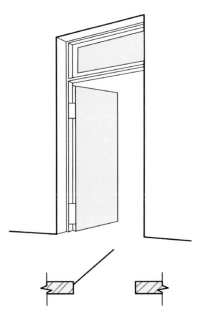

图5-33 平开门示意图

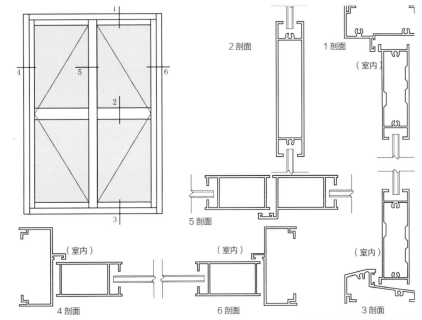

图5-34 铝合金平开门结构图

① 平开门的类型

有单开的平开门和双开的平开门。单开门指只有一扇门
板，而双开门有两扇门板。平开门又分为单向开启和双
向开启。单向开启是只能朝一个方向开（只能向里推或
向外拉），双向开启是门扇可以向两个方向开启（如弹
簧门）。市场上常把铝合金卫浴平开门简称为平开门。

从形式上分为：普通平开门、门中门、子母门和复合
门。普通平开门即为单扇开启的封闭门。门中门既有栅
栏门又有平开门的优点，它外门的部分为栅栏门，在
栅栏门后有一扇小门，开启小门可作为栅栏门通风等用
途，关闭小门作为平开门的作用。子母门一般用于家庭
入户门框较大的住宅，既保证平时出入方便，也可让大
的家具方便地搬入。复合门也称一框两门，前门为栅栏
门，后门为封闭式平开门。

② 铝合金门的型材和玻璃款式

型材有南北方之分。北方以铝材厚、款式沉稳为主要特
色，最具代表性的就是格条款式，而格条中最具特色的
是唐格。

南方以铝材造型多样、款式活泼为主要特色，最具代表
性的就是花玻款式，比较有特色的款式有花格、冰雕、
浅雕、晶贝等。

③ 铝合金门的安装

将门框在抹灰前立于门洞处，与墙内预埋件对正，然后
用木楔将三边固定。经检验确定门框水平、垂直、无挠
曲后，用连接件将铝合金门框固定在墙（柱、梁）上，连
接件固定可采用焊接、膨胀螺栓或射钉方法。

（四）铝合金 / 推拉门

1. 推拉门概述

开启时门扇沿轨道向左右滑行，通常为单扇和双扇。推拉门开启时不占空间，受力合理，不易变形，但在关闭时难于严密，构造亦较复杂。多用在工业建筑中，做仓库和车间大门。在民用建筑中一般采用轻便推拉门分隔内部空间。

2. 结构与工艺分析

图5-35 铝合金推拉门（三扇）

图5-36 铝合金推拉门（四扇）

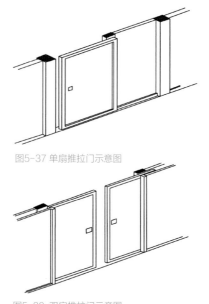

图5-37 单扇推拉门示意图

图5-38 双扇推拉门示意图

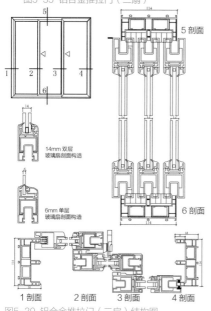

图5-39 铝合金推拉门（三扇）结构图

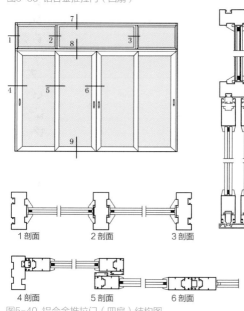

图5-40 铝合金推拉门（四扇）结构图

① 推拉门的特点

从使用上看，推拉门无疑极大地方便了居室的空间分割和利用，其合理的推拉式设计满足了现代生活所讲究紧凑的秩序和节奏。

从情趣上说，推拉式玻璃门会让居室显得更轻盈，其中的分割、遮掩等等都是那么简单但又不失变化。在提倡亲近自然的今天，在阳台位置可以装一道顺畅静音、通透明亮的推拉门，尽情享受阳光和风景。

② 推拉门注意事项

A. 厚度，如果采用玻璃或银镜做门芯，一般用5mm厚的；太薄，推拉起来显得轻浮、晃动，稳定性较差，而且使用一段时间后，极易翘曲变形，卡住导轨，导致推拉不顺畅，影响正常使用。

B. 漆面，在喷涂转印前经过双层烙化，即表面除尘、除杂烙化，这样增加了漆面的附着力，漆面永不脱落，而有些小的厂家的型材只是简单地烙化，甚至不烙化，所以漆面易脱落，纹理不清晰。

C. 板材，做推拉门框材要有一定的强度，用料要足，对门扇的整体稳定性起到很重要的作用。

D. 滑轮，是推拉门中最重要的五金部件，目前，市场上滑轮的材质有塑料滑轮、金属滑轮和玻璃纤维滑轮三种。金属滑轮强度大，但在与轨道接触时容易产生噪声。碳素玻璃纤维滑轮，内含滚柱轴承，推拉顺滑，耐磨持久，盒式封闭结构有效防尘，更适合风沙大的北方地区，两个防跳装置确保滑行时安全可靠。

（五）玻璃／地簧门

1. 地簧门概述

使用地簧作开关装置的平开门，门可以向内或向外开启。铝合金地簧门分为有框地簧门和无框地簧门。地簧门通常采用70系列和100系列。钢化玻璃活动门扇的结构没有门扇框，活动门扇的开闭是用地簧来实现，地簧又是与门扇的金属上下横挡铰接，地簧的安装方法与铝合金门相同。

2. 结构与工艺分析

图5-41 玻璃地簧门（无框）

图5-42 玻璃地簧门（钢框）

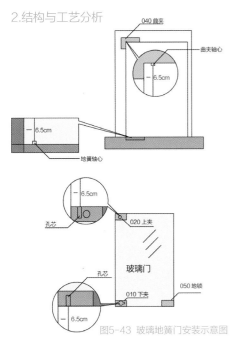

图5-43 玻璃地簧门安装示意图

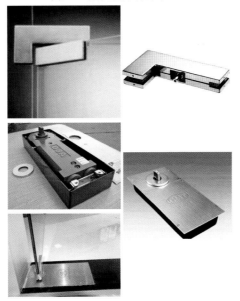
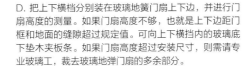

图5-44~48 玻璃地簧门部件图

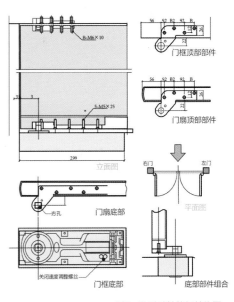

图5-49 玻璃地簧门结构图

① 玻璃地簧门的安装步骤与方法

A. 门扇安装前，地面地簧与门框顶面的定位销，应定位安装固定完毕，两者必须同轴线，即地簧转轴与定位销的中心线必须在一条垂直线上。测量是否同轴线的方法可用锤线方法。

B. 在门扇的上下横挡内划线，并按线固定转动销的销孔板和地簧的转动轴连接板。安装时可参考地簧所附的安装说明。

C. 钢化玻璃应倒角处理，并打好安装门把手的孔洞（通常在购买钢化玻璃时，就要求加工好）。注意钢化玻璃的高度尺寸，应包括插入上下横挡的安装部分。通常钢化玻璃的裁切尺寸，应小于测量尺寸5mm左右，以便进行调节。

D. 把上下横挡分别装在玻璃地簧门扇上下边，并进行门扇高度的测量。如果门扇高度不够，也就是上下边距门框和地面的缝隙超过规定值。可向上下横挡内的玻璃底下垫木夹板条。如果门扇高度超过安装尺寸，则需请专业玻璃工，裁去玻璃地弹门扇的多余部分。

E. 在定好高度之后，进行固定上下横挡操作。其方法为：在钢化玻璃与金属上下横挡内的两侧空隙处，两边同时插入小木条，并轻轻敲入其中，然后在小木条、钢化玻璃、横挡之间的缝隙中注入玻璃胶。

F. 门扇定位安装方法：先将门框横梁上的定位销，用本身的调节螺钉调出横梁平面1~2mm。再将玻璃门扇竖起来，把门扇下横挡内的转动销连接件的孔位，对准地簧的转动销轴，并转动门扇将孔位套入销轴上。然后

以销轴为轴心，将门扇转动90°（注意转动时要扶正门扇），使门扇与门框横梁成直角。这时就可把门扇上横挡中的转动连接件的孔，对正门框横梁上的定位销，并把定位销调出，插入门扇上横挡转动销连接件的孔内15mm左右。

G. 安装玻璃门拉手：安装玻璃门拉手应注意：拉手的连接部位，插入玻璃拉手时不能很紧，应略有松动。如果过松，可以在插入部分裹上软质胶带。安装前在拉手插入玻璃的部分涂少许玻璃胶。拉手组装时，其根部与玻璃贴靠紧密后，再上紧固定螺钉，以保证拉手没有丝毫松动现象。

（六）复合材 / 折叠门

1. 折叠门概述

是一种门扇可以折叠的门，当门完全开启时门扇折叠排列在门洞一侧或两侧，可分为侧挂式和推拉式两种。折叠门开启的旋转半径小，结构紧凑，占空间少，但构造较复杂，一般用作商业建筑的门或公共建筑中作灵活分隔空间，具有运行稳定、低噪音、密封性能良好等特点。

图5-50 侧挂式折叠门 　　图5-51 推拉式折叠门

图5-52 活动隔断

2.结构与工艺分析

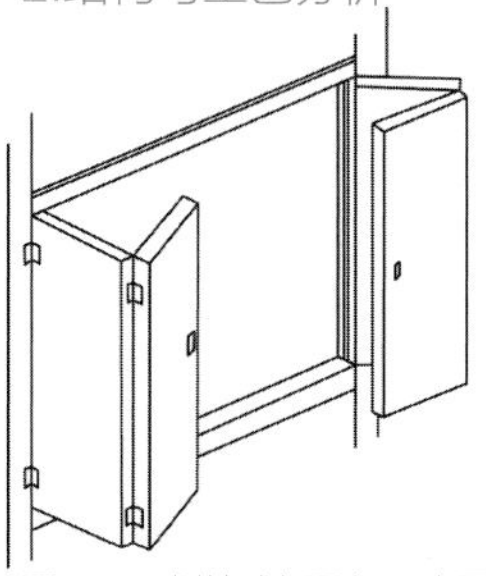

图5-53 侧挂式折叠门示意图

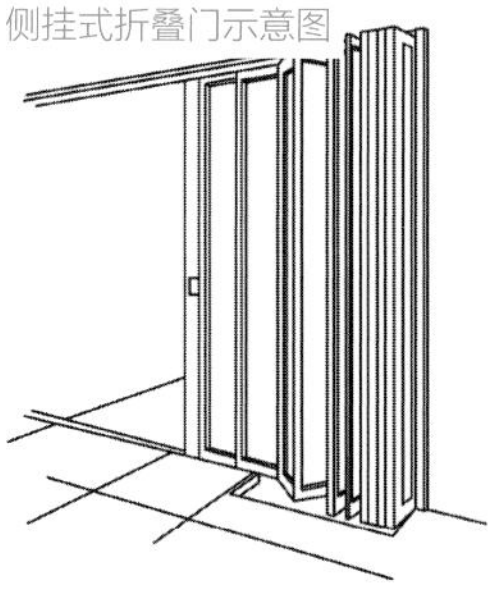

图5-54 推拉式折叠门示意图

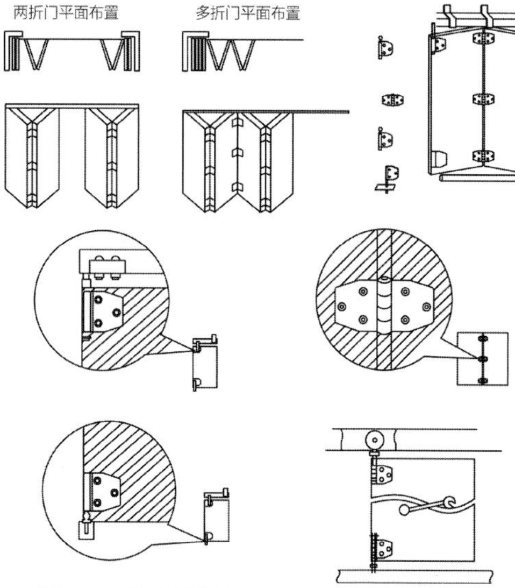

图5-55 折叠门结构图

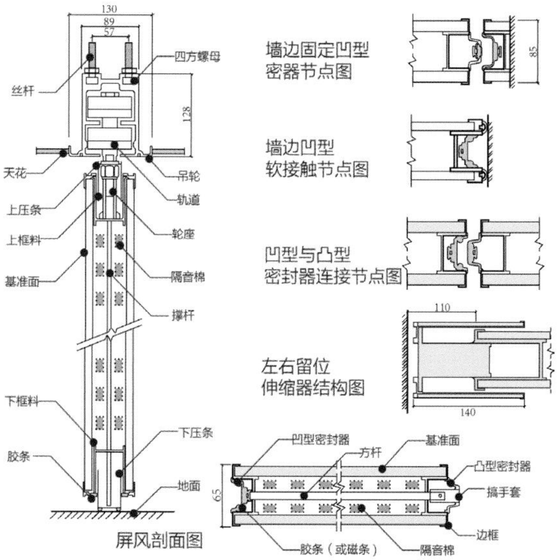

图5-56 活动隔断（屏风）结构图

① 折叠门的类型

承载方式分上悬挂和下承重。上悬挂结构简单，门体运行阻力小，上轨道承载，下轨道起导向作用，对建筑框架强度要求较高。下承重的地轨结构，施工较复杂，需预埋，门体运行阻力小，上轨道起导向作用，下轨道承载。

按门扇数量和运行方向分：单扇单侧、单向开启、双扇双侧平开、双扇单侧平开、双向开启、多扇双侧等组成。开启形式分手动、电动、遥控、自动或集中控制开启等。

② 材料和组件

折叠门在材料选择上非常广泛，可以采用彩钢夹芯板、铝合金夹芯板、不锈钢夹芯板、钢化玻璃、PVC复合板等多种材料，门体刚性大，抗风载性能优异。传动装置由高质量的电机、齿轮、涡轮蜗杆减速机、直线导轨等机构组成。

③ 安装注意事项

紧固件与墙体连接时必须牢固可靠。运动顺滑无阻碍，必时添加润滑脂。洞口小时无法同时布置采光窗和小门。上下轨道或导向槽要等长且中心一致。门口面积≥25m² 或墙体为空心砖时，使用墙体预埋件。

④ 活动隔断折叠门的变体

根据功能的需求，把空间灵活分隔，给经营场所带来无限的使用效益。无需在地面上设地轨，只需将道轨吊挂于天花板上，与装饰天花持平。每件门扇连接后相互勾牵，安全稳固，不会出现左右摆动。隔音效果好，最大降低隔音系数可达60db。

运用防火材料制作，隔热防火性能强。饰面可根据空间风格和个人爱好自由搭配。活动隔断推动轻巧，一个人可在短时间内完成整个隔断操作，可广泛应用于酒店、宴会厅、包间、会议厅、办公室等场所。

（七）金属 / 卷帘门

1. 卷帘门概述

是以多关节活动的门片串联在一起，在固定的滑道内，以门上方卷轴为中心转动上下的门。适用于商业门面、车库、商场、医院、厂矿企业等公共场所或住宅。尤其是门洞较大，不便安装地面门体的地方，起到方便、快捷开启作用。如用于车库门、商场防火卷帘门、飞机库门。

洞口宽度（mm）	洞口高度（mm）	卷机功率（W）	卷轴直径（mm）	卷帘箱总重量（kg）
≤ 3600	≤ 3600	250	φ 140	600
≤ 4800	≤ 3900	370	φ 140	700
≤ 6000	≤ 4500	550	φ 165	800
≤ 8400	≤ 5100	750	φ 219	1200

图5-58
网状卷帘门

2.结构与工艺分析

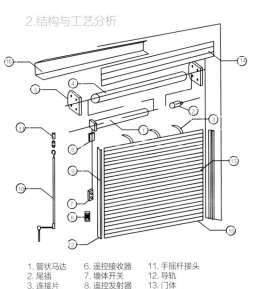

1. 管状马达
2. 尾插
3. 连接片
4. 传动管
5. 支架
6. 遥控接收器
7. 墙体开关
8. 遥控发射器
9. 手动钥匙
10. 手摇杆
11. 手摇杆接头
12. 导轨
13. 门体
14. 挡板
15. 底梁
16. 外罩

图5-57 卷帘门基本部件和结构

图5-59
彩板卷帘门

图5-60
水晶卷帘门

图5-61
轨道式卷帘门

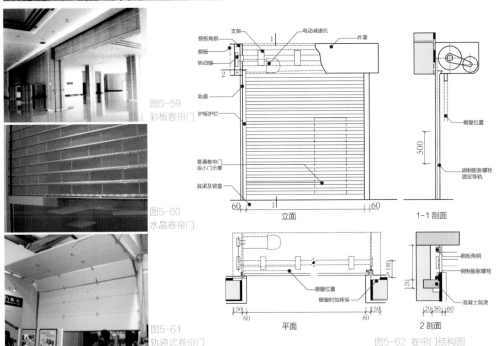

图5-62 卷帘门结构图

① 卷帘门类型

A. 按门片的材质分为：无机布卷帘门、网状卷帘门、欧式卷帘门、铝合金卷帘门、水晶卷帘门、不锈钢卷帘门、彩板卷帘门等。

B. 按开启形式分：手动卷帘，借助卷帘中心轴上的扭簧平衡力量，达到手动上下拉动卷帘开关。电动卷帘，用专用电机带动卷帘中心轴转动，达到卷帘开关，当转动到电机设定的上下限位时自动停止。

C. 按专用电机分：外挂卷门机、澳式卷门机、管状卷门机、防火卷门机、无机双帘卷门机、快速卷门机等。

D. 按用途上分：普通卷帘门、防风卷帘门、防火卷帘门、快速卷帘门、电动澳式（静音）卷帘门、不锈钢卷帘门等。

② 卷帘门的特点

A. 防上推装置，防止以强制手段撬动门体，安全防盗。

B. 遇障碍自动反弹的人性化设计，防止门体下落运行时对车物的碰撞，使人或车辆顺利通过。门体坚固且可配（可选自动报警装置）防上推装置，防止以强制手段撬动门体，持续报警，安全防盗。

C. 根据建筑物的不同特点可以选择内装、外装、中装三种不同的安装方式，开启后卷帘收卷在门体上部，节省内部空间，并且不会把泥土、雨、雪等杂物带入，外表美观时尚。

③ 铝合金卷帘门的优点

与普通卷帘门相比，无论是从外观、环保还是安全上，都拥有相当的优势。

A. 铝合金卷帘门可在其表面喷涂各种颜色及图案。

B. 铝合金卷帘门可有效防止强光照射和紫外线辐射，完全解决阳光对室内产生的温室效应，适用于各种气候和天气的变化。

C. 铝合金卷帘门一改传统卷帘门噪音大的固有缺点。

D. 门帘片有两种铝合金中空挤压型材和铝合金填充聚氨酯发泡型材，挤压型帘片强度、硬度、制作宽度、防护性能都优于填充型材，可以依照客户不同需求来自由选择门体帘片的型材。

（八）玻璃金属／自动感应门

1.自动感应门概述

是近些年广泛用于商店、酒店、企事业单位等场所的一种玻璃门，它最直接的特点是当有人或物体靠近时，它会自动将门打开。自动感应门大致可分为平移式、旋转式和推拉式。其中，平移式和旋转式最适合设置感应器。

2.结构与工艺分析

图5-63 平移自动感应门（全玻璃）

图5-64 平移自动感应门（铝合金+玻璃）

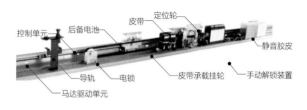

图5-65 平移自动感应门部件图

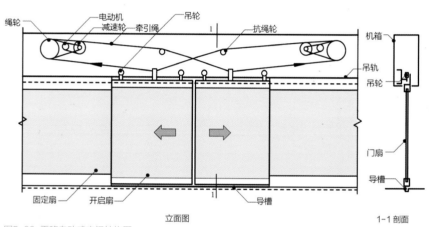

图5-66 平移自动感应门结构图

① 自动感应门的结构

以平移式为例，它有主控制器、感应探测器、马达、门轨道、吊具走轮系统、同步皮带、下部导向系统、自动感应机组等部分。这些组件构成了其工作的全部功能部件。

② 自动感应门的工作原理

感应探测器探测到有人进入时，感应探测器将收集信号，生成脉冲信号，其后脉冲信号传给主控器，主控器判断后通知马达运行，同时监控马达转数，以便通知马达在一定时候加力和进入慢行运行。马达得到一定运行电流后做正向运行，将动力传给同步带，再由同步带将动力传给吊具系统使门扇开启；门扇开启后由控制器作出判断，如需关门，通知马达做反向运行，关闭门扇。

③ 自动感应门的设计

在购买和安装前，必须先进行设计。要求专业的人员进行测量、设计出正规的CAD图纸和3D立体效果图。根据出入人数的多少和频率设置好各个组件的参数值。切忌不合实际，设定的数值过大或过小都会影响其使用寿命。

④ 自动感应门的维护保养

定期检查机箱内的机油，清除灰尘；检查各个部件螺丝是否有松动。检查控制器对电机输出、开关门宽度、速度、制动等情况，检查电压参数是否正常。由于现在自动感应门质量参差不齐，所以一定要和物业及业主达成协议，做到定期保养和检查，以免整个感应系统的瘫痪。无框玻璃感应门还要在施工后，在其上面贴有例如"小心玻璃"等字样，避免人或物体碰到。

第五章 其他界面建构

（九）金属玻璃 / 旋转门

1. 旋转门概述

是由两个固定的弧形门套和垂直旋转的门扇构成。转门对隔绝室外气流有一定作用，可作为寒冷地区公共建筑的外门，但不能作为疏散门。旋转门以其美观、大方，通过量大等特点逐渐应用到办公大楼、酒店、银行等单位，成为建筑行业十分常见的一种玻璃门。其可分为手动和电动（自动）两大类。依据门翼等特征有水晶旋转门、两翼安全自动旋转门、三翼旋转门、四翼旋转门等类型。

2. 结构与工艺分析

图5-67 旋转门

图5-68 四翼旋转门

图5-69 三翼旋转门

图5-70 两翼旋转门

图5-71 水晶旋转门

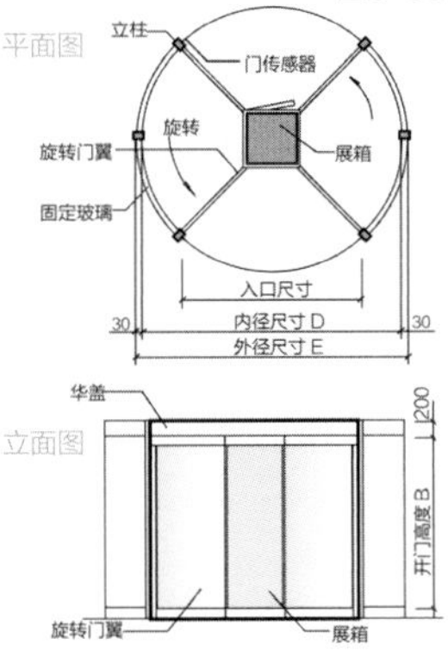

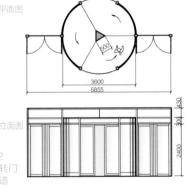

图5-72 四翼旋转门基本构造

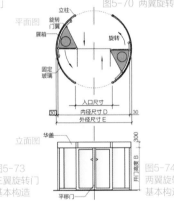

图5-73 三翼旋转门基本构造

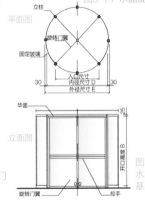

图5-74 两翼旋转门基本构造

图5-75 水晶旋转门基本构造

① 旋转门部件组成

A. 固定框架由上支撑组件及立柱，上、下码头和固定吊板组成。上支撑组件又由冒头、多个梁架、多个支撑板和托架用螺钉、螺母链接而成。立柱和上、下冒头是固定框架的基础。曲壁玻璃也安装在上、下冒头和立柱之间。吊顶板安装在固定框架上。

B. 旋转组件。由闭门器、展箱、旋转吊顶和门组件组成，用于门的开启和关闭。

C. 中心轴组件。是自动旋转门的驱动系统，是在电控系统控制下启动和关闭自动门的驱动机构。它由减速电机和驱动机构组成。

② 安装工艺

A. 检查各类零部件。在金属转门开箱后，检查各类零部件是否齐全、正常，门樘外形尺寸是否符合门洞口尺寸以及转门壁位置要求，预埋件位置和数量。

B. 固定木桁架。木桁架按洞口左右、前后位置尺寸与预埋件固定，并保持水平，一般转门与弹簧门、铰链门或其他固定扇组合，就可先安装其他组合部分。

C. 装转轴、固定底座。底座下要垫实，不允许出现下沉，临时点焊上轴承座，使转轴垂直于地平面。

D. 装转门顶与转门壁。转门壁不允许预先固定，以便于调整与活扇的间隙。

E. 装门扇。保持90°（四扇式）或120°（三扇式）夹角，转动门扇，保证上下间隙。

F. 调整转门壁的位置。以保证门扇与门壁的间隙。

G. 固定门壁。先焊上轴承座，用混凝土固定底座，埋插销下壳，固定门壁。

H. 安装门扇上的玻璃。一定要安装牢固，不准有松动现象。

I. 喷涂涂料。若用钢质结构的转门，在安装完毕后，对其还应喷涂涂料。

第五章　其他界面建构

第 二 节

窗界面基本构造

/ 窗的基本组成
/ 窗的尺寸和层数
/ 窗的基本功能
/ 窗的基本类型
/ 典型窗的构造与工艺

1. 木制 / 平开窗
2. 钢材 / 平开窗
3. 铝合金 / 推拉窗
4. 塑料 / 推拉窗
5. 仿古式 / 木门窗
6. 铝木 / 复合门窗

窗是"房间的眼睛",清新的空气就通过这个眼睛流入室内,美丽的风光透过这个眼睛映入室内。窗是私人生活与外界沟通的管道,室内借助窗提供愉悦人的"视力",内空间依仗窗获得与外界保持适度的距离,获得独立性和安全感,又与外界连接在一起,达到和谐的统一。

一、窗的基本组成

窗一般由窗扇、窗框、五金件及附件组成，在窗扇上安装玻璃。窗扇：是窗的主体部分，分为活动扇和固定扇两种，一般由上冒头、下冒头、边梃和窗芯（又叫窗棂）组成骨架，中间固定玻璃、窗纱或百叶。窗框：是窗与墙体的连接部分，由上框、下框、边框、中横框和中竖框组成。五金件：包括铰链、插销、风钩等。附件：窗帘盒、窗台板、贴脸板等。

二、窗的尺寸和层数

窗的尺寸主要取决于房间的采光通风、构造做法和建筑造型等要求，并要符合现行《建筑模数协调统一标准》的规定。

平开窗扇的宽度一般可在400~600mm，高度一般可在800~1500mm。当窗较大时，在窗的上部或下部设亮窗，北方亮窗多为固定，南方的上亮子常做成可开/关式的。亮子的高度一般采取300~600mm。推拉窗扇宽度可达900mm左右，高度不宜大于1500mm，过大时开关不灵活。

各地的气候和环境不同，窗扇要求的层数也不同。一般情况下，单扇窗已可满足使用要求。而夏季蚊蝇多的地区，常在窗扇的一侧增加一层纱扇，成为"一玻一纱"的双层窗。寒冷地区和严寒地区，根据保温和节能的需要，必须设双层窗甚至三层玻璃的窗，如单层扇双层玻璃、双层扇三层玻璃的窗。

三、窗的基本功能

窗的主要功能是用来满足采光和通风的要求。采光面积与窗子形状、长宽比例、窗扇的数量有关。居住建筑空间的起居室和卧室的窗面积不应小于地板面积的1/7，学校为1/5，医院手术室为1/3~1/2，辅助房间为1/12。空间通过窗户的自然通风调节内外气场。其次，通过窗能进行物品的传递，空间内外的观察和眺望。另外，窗是建筑造型重要的组成部分，其形状、大小、比例、色彩等造型也是建筑空间造型设计和立面装饰装修设计的重要内容，起到装饰的重要作用。

四、窗的基本类型

窗的类型按其开启方式通常有：平开窗、推拉窗、立转窗、提拉窗、百叶窗、悬窗、固定窗等，主要取决于窗扇的转动五金部位和转动方式，可根据使用要求来选用。窗按窗的层数分有：单层窗和双层窗，玻璃窗、纱窗、百叶窗组合等。窗按使用主要材料分有：木窗、钢窗、铝合金窗、塑料窗（塑钢）、玻璃钢窗、铝木复合窗等。

普通木窗，制作方便、经济，密封性好，保温性高；相对透光面积小，防火差，耐久性低，易损坏。

钢窗密封性差，保温性差，耐久性差，易生锈。铝合金窗透光系数大、强度大、重量轻、不生锈、密封性能好、隔声、隔热、耐腐蚀、易保养。

塑钢窗绝缘性能佳，保温隔热性能好，耐腐蚀性能好，制作工艺简单，抗风压性能、耐候性较好，高雅美观。

玻璃钢窗是以玻璃纤维及其制品为增强材料，以不饱和聚酯树脂为基体的玻璃纤维增强复合材料。以其质轻、高强、防腐、保温、绝缘、隔音等诸多性能优势成为新一代窗。

铝木复合窗主体结构与实木一致，具有实木窗的所有优点，铝合金型材通过特殊结构、工艺包附在纯木窗的外侧，大大加强了窗的抗日晒、风吹、雨淋等性能，也进一步提高了产品外表抗老化能力，是具有双重装饰效果的一种高档的节能环保型窗。

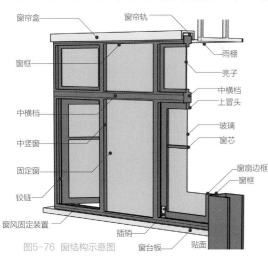

图5-76 窗结构示意图

a.外平开窗　　b.内平开窗　　c.上悬窗　　d.下悬窗　　e.垂直推拉窗　　f.水平推拉窗

g.中悬窗　　h.立转窗　　i.固定窗　　j.百叶窗　　k.滑轴窗　　l.折叠窗

图5-77 窗类型示意图

五、典型窗的构造与工艺

（一）木制／平开窗

1. 平开窗概述

窗扇一侧用铰链与窗框相连，窗扇可向外或向内水平开启。平开窗构造简单，开关灵活，制作与维修方便，在一般建筑中采用较多。

2. 结构与工艺分析

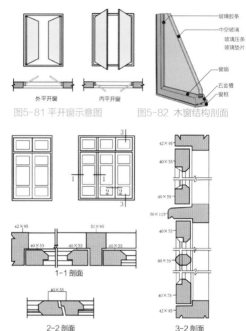

图5-81 平开窗示意图　　图5-82 木窗结构剖面

图5-83 平开木窗结构图

图5-78 平开木窗（现代）

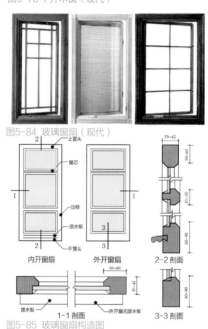

图5-84 玻璃窗扇（现代）

图5-85 玻璃窗扇构造图

图5-79 平开折叠百叶窗 　　图5-80 平开木窗（传统）

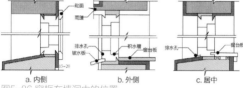

a. 内侧　　b. 外侧　　c. 居中

图5-86 窗框在墙洞中的位置

砖墙预埋木砖，铁钉固定　　混凝土墙预埋木砖，铁钉固定　　混凝土或石墙预埋螺栓固定

图5-87 木窗框与墙的固定方法

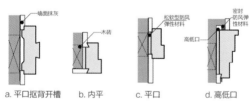

a. 平口抠背开槽　　b. 内平　　c. 平口　　d. 高低口

图5-88 窗洞、窗框及缝隙处理的构造

第五章 其他界面建构

① 木窗

木窗是中国的传统形式，现代木窗结合现代加工工艺，采用高性能集成材料、密封胶条以及进口五金配件，可以实现窗的平开、平开上悬、推拉、折叠等不同的开启方式。

② 木窗主材

以木材为主，具有更加优良的保温隔声和密封性能。再加上密封胶条系统，真正实现了建筑的高效节能，并且能与室内的装修浑然一体，充满浓重的古典味道。选用的天然木材有落叶松、红松、云杉、柚木等，材料经脱水、脱脂、指接、集成等工艺处理，起到防腐、防虫、防翘、防变形的作用。

③ 木窗的安装

A. 窗框的安装。木窗窗框的安装方式有两种，窗框和窗扇分离安装是立口法，整体安装是塞口法。窗框在墙洞口中的安装位置有三种：一是与墙内表面平（内平），这样内开窗扇能贴在内墙面，不影响室内空间。二是位于墙厚的中部（居中）。三是与墙外表面平（外平）。

B. 窗框的断面形状和尺寸。常用木窗框断面形状和尺寸主要应考虑：横竖框接榫和受力的需要，框与墙、扇结合封闭（防风）的需要，防变形和最小厚度处的劈裂等。

C. 墙与窗框的连接。主要应解决固定和密封问题。温暖地区墙洞口边缘多采用平口施工；在寒冷地区的有些地方常在窗洞两侧外缘做高低口，以增强密闭效果。

D. 窗扇的安装。一般由上、下冒头和左、右边框榫接而成，有的中间还设窗棂。窗扇厚度约为35~42mm，一般为40mm。上、下冒头及边框的宽度视木料材质和窗扇大小而定，一般为50~60mm，下冒头可较上冒头适当加宽10~25mm，窗棂宽度约27~40mm。玻璃的常用厚度为3mm，较大面积可采用5或6mm。为了隔声保温等需要可采用双层中空玻璃；需遮挡或模糊视线可选用磨砂玻璃或压花玻璃；为了安全可采用夹丝玻璃、钢化玻璃以及有机玻璃等；为了防晒可采用有色、吸热及涂层、变色等种类的玻璃。玻璃窗扇的断面形式与尺寸等详见《建筑木门、木窗》JG/T122-2000。

E. 五金配件。平开木窗常用五金附件有：合页（铰链）、插销、撑钩、拉手和铁三角等。

F. 木窗附件。传统木窗一般还有披水条、贴脸板、压缝条、筒子板、窗台板、窗帘盒等附件的安装。随着现代工艺的发展，现代木窗多采用系统套件整体装配进行防水、防风等处理。

（二）钢材 / 平开窗

1. 钢窗概述

在强度、刚度、防火、密闭等性能方面，均优于木窗。由于断面小，透光系数大，外形美观，在过去曾被广泛地应用于公共空间。但在潮湿环境下易锈蚀，耐久性差，保温隔热性能差，耗钢量大。我国许多地方已经限制或禁止在民用建筑中使用钢门窗。

2. 结构与工艺分析

图5-89 传统35钢窗

图5-90 现代钢窗

图5-91 彩板钢窗

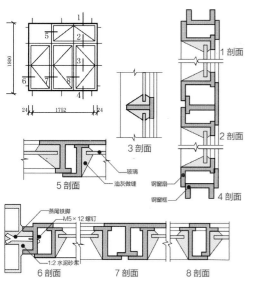
图5-92 钢窗结构图

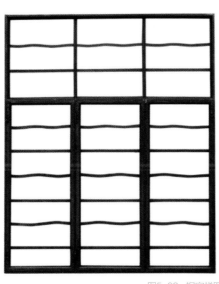
图5-93 钢窗样图

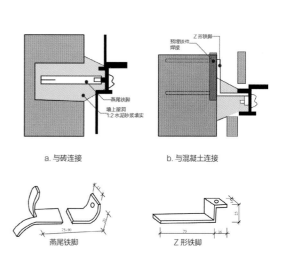
图5-94 钢窗与窗洞连接的做法

① 钢窗的构造

钢窗按构造类型分为"一玻"及"一玻一纱"。实腹钢窗料的选择一般与窗扇面积、玻璃大小有关，通常25mm钢料用于550mm宽度以内的窗扇；38mm钢料用于700mm宽的窗扇。

② 普通钢窗类型

A. 空腹钢窗，选用普通碳素钢，钢窗料采用1.2mm厚带钢，高频焊接轧制成形。采用二氧化碳气体保护焊，涂料用红丹酚醛防锈漆；密封条为橡胶制品；玻璃一般为3mm厚净片，但高于1100mm的大玻璃采用5mm厚净片玻璃。窗纱采用16目铝纱或铁纱。

B. 实腹钢窗，主要采用热轧窗框钢和小量热轧或冷轧型钢。框料高度分40mm、32mm、25mm三类。

③ 钢窗的安装

钢窗在构造上与木窗基本相同，与洞口四周的连接方法一般也采用塞口法安装。在砖墙洞口两侧预留孔洞，将钢门窗的燕尾形铁脚埋入洞中，用砂浆窝牢；在钢筋混凝土过梁或混凝土墙体内则先预埋铁件，将钢窗的Z形铁脚焊在预埋钢板上；钢门窗框的铁脚间距一般为500～700 mm，最外一个铁脚距框角180 mm。

④ 彩板钢窗（涂色镀锌钢板窗）

是以涂色镀锌钢板和4mm厚平板玻璃或双层中空玻璃为主要材料，经过机械加工而制成的。其窗四角用插接件插接，玻璃与窗交接处以及门窗框与扇之间的缝隙，全部用橡皮密封条和密封胶密封。生产工艺完全摒弃焊接工艺，全部采用插接件组焊自攻螺钉连接。

这种门窗的涂层具有良好的防腐性能，解决了普通钢门窗长期以来没有解决好的防腐问题；窗玻璃用4mm厚平板玻璃，特别是采用中空玻璃制作，具有良好的保温、隔音性能。

适用于商店、超级市场、试验室、教学楼、高级宾馆旅社、各种剧场影院及民用住宅高级建筑的门窗工程。

177

（三）铝合金 / 推拉窗

1. 推拉窗概述

窗扇沿着导轨或滑槽推拉开启的窗，有水平推拉窗和垂直推拉窗两种。推拉窗开启后不占室内空间，窗扇的受力状态好，适宜安装大玻璃，但通风面积受限制。推拉窗常用的有90系列、70系列、60系列、55系列等。

2. 结构与工艺分析

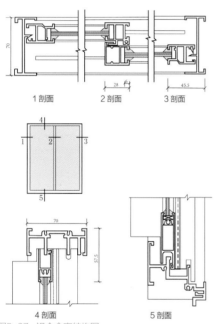

1 剖面　2 剖面　3 剖面

4 剖面　　5 剖面

图5-97 铝合金窗结构图

图5-95 铝合金窗样图

图5-96 铝合金窗

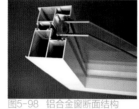
变幻多彩

图5-98 铝合金窗断面结构　　图5-99 彩色断桥铝

a.预埋铁件　b.燕尾铁脚　c.金属膨胀螺栓　d.射钉
图5-100 铝合金窗框与墙体固定方式

图5-101 镀锌连接片安装位置

① 铝合金窗

多采用水平推拉式的开启方式，窗扇在窗框的轨道上滑动开启。窗扇与窗框之间用尼龙密封条进行密封，以避免金属材料之间相互摩擦。玻璃卡在铝合金窗框料的凹槽内，并用橡胶压条固定。铝合金门窗质量轻，较钢门窗轻50%左右。密封性好，气密性、水密性、隔声性、隔热性都较钢、木窗有显著提高。铝合金材料特质，色泽美观。

② 施工作业准备

明确外窗抗风压、气密性和水密性三项性能指标，铝合金窗设计符合规格要求和提供组装结构施工详图等技术准备工作。铝合金型材应按国家标准规定，对型材内隔热材料、加工制作精度、装配间隙等进行准备工作。窗洞口处的墙体上弹好安装的位置线，完成洞口修整等准备。

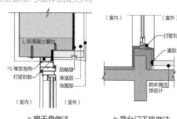

图5-102
外墙保温做法
a.窗天盘做法　b.露台门下槛做法　c.窗台做法　d.窗侧做法
③ 施工工艺要点

A. 弹线定位和洞口修整：窗安装必须弹线找直达到上下一致，横平竖直，进出一致，根据窗框安装线、外墙面砖的排版，对洞口尺寸进行复核；如预留尺寸偏差较大，可用细石混凝土补浇或用钢丝网1：3水泥砂浆分层粉刷，禁止直接镶砖。

B. 窗框就位固定：窗框安装应采用镀锌连接片固定，中间间距400~500mm，角部小于180mm采用射钉直接固定在混凝土块上；连接片严禁直接在保温层上进行固定。

C. 塞缝、打发泡剂：侧壁和天盘打发泡剂，发泡剂必须连续饱满，溢出框外的发泡剂应在固化前塞入缝内，严禁外膜破损，窗台可采用水泥砂浆或细石混凝土嵌填。高层有防雷要求的由水电安装单位连接，门窗施工单位配合。

D. 打密封胶：从框外边向外涂水泥防渗透型无机防水涂料两道，宽度不小于180mm，粉刷完成后外侧留divided5~8mm左右的凹槽再打密封胶一道。打防水胶必须在墙体干燥后进行。窗框的拼接处，紧固螺丝必须打密封胶。密封胶应打在水泥砂浆或外墙腻子上，禁止打在涂料面层上。

E. 门窗扇的安装：室外玻璃与框扇间应填嵌密封胶，不应采用密封条，密封胶必须饱满，黏结牢固，以防渗水。室内镶玻璃应用橡胶密封条，所用的橡胶密封条应有20mm的伸缩余量，防止转角处断开，并用密封胶在转角处固定。为防止推拉门窗扇脱落，必须设置限位块，其限位间距应小于扇的1/2。

F. 配件安装：各类连接铁件的厚度、宽度应符合细部节点详图规定的要求。五金配件与门窗连接用镀锌螺钉。

第五章　其他界面建构

（四）塑料 / 推拉窗

1. 塑料窗概述

是以聚氯乙烯（PVC）、改性聚氯乙烯或其他树脂为主要原料，经挤压成各种截面的空腹窗型材组装而成。由于塑料的变形大、刚度差，一般在型材内腔加入钢或铝等，以增加抗弯曲能力，即所谓"塑钢窗"，较之全塑窗刚度更好，重量更轻。

2. 结构与工艺分析

图5-103 塑钢窗

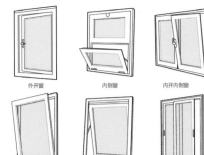

图5-104 塑钢窗类型

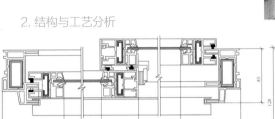

1 剖面　　2 剖面　　3 剖面

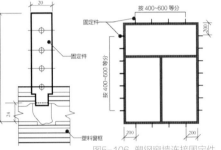

图5-106 塑钢窗墙连接固定件

 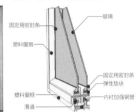

图5-108 推拉塑钢窗样　图5-109 塑钢窗断面构造

图5-110 塑钢窗密封刷

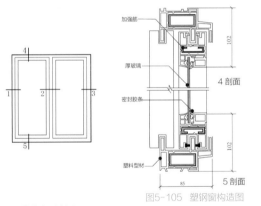

图5-105 塑钢窗构造图

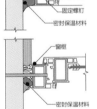

图5-107 塑钢窗外墙保温做法图

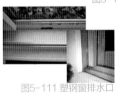 

图5-111 塑钢窗排水口　图5-112 塑钢窗铰链

① 塑钢窗特点

塑钢窗表面光洁细腻，不但具有良好的装饰性，而且有良好的隔热性和密封性。其气密性为木窗的3倍，铝窗的1.5倍；热损耗为金属窗的1/1000；隔声效果比铝窗高30db以上。

同时，塑钢本身具有耐腐蚀等功能，不必刷涂料，可节约施工时间及费用。因此，塑钢窗发展很快。导热系数低，耐弱酸碱，无需油漆并具有良好的气密性、水密性、隔声性等优点。

② 塑钢窗的类型

按开启方式分有平开窗、推拉窗、上提窗、悬窗、立转门窗等多种形式。按构造层次分，有单层玻璃门窗、双层玻璃门窗等。按其框料截面宽度分有45、50、58、60、70、80和85系列等。

③ 窗框与墙体的安装

塑钢门窗采用塞口法安装，不允许采用立口法安装。固定点每边不得少于两点且间距不得大于0.7m。在基本风压大于等于0.7kPa的地区，不得大于0.5m；边框端部的第一固定点距端部的距离不得大于0.2m。

A. 直接固定法，用木螺钉直接穿过门窗框型材，与墙体内木砖连接或用塑料膨胀螺钉直接穿过门窗框将其固定在墙体或地面上。

B. 连接铁件固定法，门窗框通过铁件与墙体连接。将固定铁件的一端用自攻螺钉安在门窗框上，另一端用射钉或塑料膨胀螺钉固定在墙体上。

塑钢门窗与墙体之间必须是弹性连接，以确保塑钢门窗热胀冷缩时留有余地，一般采用在门窗框与墙体之间的缝隙处分层填入油毡卷或泡沫塑料，再用1:2水泥砂浆或麻刀白灰嵌实，用嵌缝膏进行密封处理。

固定窗

将玻璃直接镶嵌在窗框上，不设可活动的窗扇。一般用于只要求有采光、眺望功能的窗，如走道的采光窗和一般窗的固定部分。

立转窗

窗扇绕垂直中轴转动的窗。这种窗通风效果好，但不严密，不宜用于寒冷和多风沙的地区。

悬窗

窗扇绕水平轴转动的窗。按照旋转轴的位置可分为上悬窗、中悬窗和下悬窗。上悬窗和中悬窗的防雨、通风效果好，常用作门上的亮子和不方便手动开启的高侧窗。

 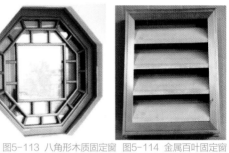

图5-113 八角形木质固定窗　图5-114 金属百叶固定窗

图5-117 百叶立旋窗　图5-118 金属立旋窗

图5-121 中悬窗　图5-122 上悬窗

图5-115 观景固定窗

图5-119 工厂立旋窗组

图5-123 木质上悬窗

图5-116 走廊固定窗

图5-120 彩钢板立旋窗

图5-124 固定窗与下悬窗组合

（五）仿古式 / 木门窗

1. 仿古木门窗概述

仿古木门窗有悠久的历史、丰富的品类、生动的神韵、精美的雕饰、精湛的技艺和广泛的表现内容。仿古木门窗是民族的瑰宝，蕴含着各地区民族人们的智慧，融会了其民族特有的气质和文化素养。我们可以从文化价值和造型风格出发学习研究仿古门窗。

2. 结构与工艺分析

图5-125 仿古木窗（中式）

图5-126 仿古木门（欧式）

图5-127 仿古木门（中式）

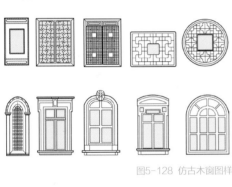

图5-128 仿古木窗图样

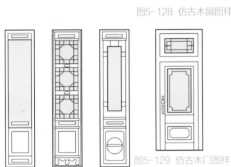

图5-129 仿古木门图样

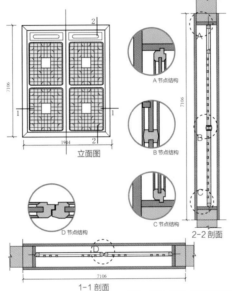

图5-130 仿古木窗结构图

图5-131 西塘古镇古典木门窗

图5-132 酒店仿古木门窗运用

① 仿古木门窗的雕刻工艺

在仿古木门窗上加上纯手工雕刻的图案花纹，由于这种不可复制性更是凸显仿古木门窗与众不同的尊贵感。这种手工雕刻尤其在实仿古木门窗上表现得更见淋漓尽致。从内到外自然材质的天然健康，受到一些追求高端生活品位的消费者的青睐。

精湛的手工雕刻工艺，栩栩如生的雕刻绘画。仿古木门窗不仅仅是一种家居中的装饰品，更是一种实用的艺术品，手工雕刻的工艺让人们重温返璞归真的自然生活。

② 仿古木门窗的安装工艺

A. 仿古木门窗只限于室内，用于卫生间时下部应设置通风百叶窗。

B. 门套制作与安装所使用材料的材质、规格、花纹和颜色、木材的燃烧性能等级和含水率及人造木板的甲醛含量应符合设计要求及现行国家标准的有关规定。

C. 门套表面应平整、洁净、线条顺直、接缝严密、色泽一致，无裂缝、翘曲及损坏。

③ 仿古木门窗的安装施工要点

A. 木材应选用一二等红白松或材质相似的木材，夹板门的面板采用五层优质胶合板或中密度纤维板，油漆采用聚酯漆，使用耐水、无毒型胶黏剂。

B. 大于1.5m²的玻璃门应采用厚度5mm的安全玻璃。宽度大于1m的仿古门窗，合页应按"上二下一"的要求安装，中间合页的位置应处于门框高度的2/3处。合页安装前，门框与门扇应双面开槽，注意合页的安装方向。

C. 门应采用塑料胶带粘贴保护，分类侧放，防止受力变形。

D. 门装入洞口应横平竖直，外框与洞口应弹性连接牢固，不得将门外框直接埋入墙体。

E. 防腐处理，若设计无要求时，门侧边、底部、顶部与墙体连接部位可涂刷如橡胶型防腐涂料或聚丙乙烯树脂保护装饰膜。

181

（六）铝木 / 复合门窗

1. 铝木复合门窗概述

制作材料采用铝合金型材与木型材两种主要材料经过复合而成。断面结构增加了木材部分，使得整个门从室内来看是木质效果，从室外来看是铝合金效果。使建筑物外立面风格与室内装饰风格得到了完美的统一，具有双重装饰效果的一种高档的节能环保型门，最大的特点是保温、节能、抗风沙。

2. 结构与工艺分析

图5-133 铝木复合窗（双平开）

图5-134 铝木复合窗（单平开和固定窗组合）

图5-135 铝木复合窗（下悬）

图5-138 铝木复合门（内侧）

图5-139 铝木复合门（外侧）

① 铝木门的类型

根据其断面结构的不同分为两大类：

A. 铝包木也叫德式铝包木门窗，其断面特点为木材部分占到整个断面面积的60%，主要受力部位为木材部位，同时铝材部位也承担次要受力。

B. 木包铝也叫意式木包铝门窗，其断面特点与铝包木门窗断面特点恰恰相反，是以铝合金为主要受力部位，木材辅助受力。有时也叫"铝木复合"。

② 铝木复合门窗原材料的选用

A. 木材。多采用质地较硬的柞木、橡木、樱桃木等，经集成加工工艺处理，其材质紧密，握钉力强；所用指接胶为D3级单组分防水胶，不易起翘变形，含水率稳定；木材含水率在生产过程中严格控制在10%～14%之间。柞木、橡木、樱桃木等硬质木材外表花纹美丽同时具有很高的力学强度。

B. 铝材。铝材按照国家标准GB/T5237.1选用6063-T5铝合金热挤压型材。优点在于：抗紫外线色变、抗粉化、抗失光性能高，表面无瑕疵，颜色一致，硬度高，耐磨损，抗冲击，耐酸碱，高阻燃；可以通过多种表面处理方式获得理想的颜色效果。

C. 油漆。所用油漆多采用欧洲门窗专用油漆，这种油漆具有防腐、防水、防霉、防虫的特点，其高渗透性和防紫外线的性能可以有效地保护木材的同时展现木材的纹理，面漆成膜后具有高弹性，而且维护简单。

D. 中空玻璃。主要有槽铝式双道密封中空玻璃、胶条式中空玻璃。其平整度高、透光性好，保温、隔音性强，铝隔条内灌分子筛，可以充分吸收两层玻璃间的水分，从而使得门窗不会出现汽雾、凝霜，可以根据不同的气候条件选用不同的玻璃。

E. 五金件。采用原装进口五金配件，其材质表层采用镀铬、镀锌、浸防腐金属漆三种工艺，强度高，韧性强，耐磨损，通用性强，承重力大，可满足窗扇最大自重130kg；三维可调性强，便于窗扇的调整与维护；操作简便，开启方式多样，隐藏式设计，安全性能高。具有操作灵活、表面处理工艺先进、外观考究、耐腐耐磨、使用寿命长久等优点。并具有平开、上悬、推拉等多种开启方式。

F. 密封胶条。采用三元乙丙（EPDM）胶条，这种材料的胶条抗紫外线性能、抗老化性能、耐高低温性能优良，是优质的门窗密封材料。

窗锁链细节   图5-137 铝包木窗（中悬和上悬）

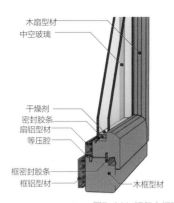

木扇型材
中空玻璃

干燥剂
密封胶条
扇型材
等压腔

框密封胶条
框铝型材
木框型材

图5-141 铝包木门窗结构断面

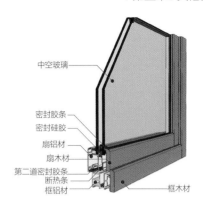

中空玻璃

密封胶条
密封硅胶
扇铝材
扇木材
第二道密封胶条
断热条
框铝材
框木材

图5-142 木包铝门窗结构断面

图5-140 铝木复合门窗组合运用

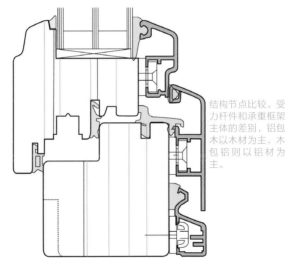

结构节点比较，受力杆件和承重框架主体的差别，铝包木以木材为主，木包铝则以铝材为主。

图5-143 铝包木结构图

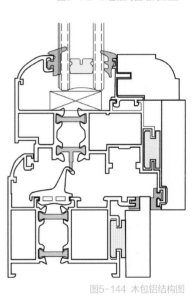

图5-144 木包铝结构图

a."铝包木"

铝包木主体结构与实木一致，具有实木门窗的所有优点，铝合金型材通过特殊结构、工艺包附在纯木门窗的外侧，大大加强了门窗的抗日晒、风吹、雨淋等性能，也进一步提高了产品外表抗老化能力。

b."木包铝"

木包铝是以铝合金挤压型材为框、梃、扇的主料作受力杆件，承受并传递自重和荷载，另一侧覆以实木装饰制作而成。

183

图5-145~148 铝木材料结构细节

第五章 其他界面建构

第三节

梯界面基本构造

/ 楼梯的基本组成
/ 楼梯的尺度
/ 楼梯的基本功能
/ 楼梯的基本类型
/ 楼梯的结构方式
/ 典型楼梯的构造与工艺
/ 楼梯的选择与布置

1. 单跑楼梯 / 直线钢梯
2. 交叉式楼梯 / 自动扶梯
3. 双跑楼梯 / 钢筋混凝楼梯
4. 双分双合式平行楼梯 / 钢筋混凝楼梯

5. 剪刀式楼梯 / 钢筋混凝楼梯
6. 转折式三跑楼梯 / 木楼梯
7. 螺旋楼梯 / 成品楼梯钢木组合
8. 弧形楼梯 / 大理石等混合材料

在建筑空间中，作为楼层间垂直交通用的设施，用于楼层之间和高差较大时的交通联系。这些设施有楼梯、电梯、自动扶梯、爬梯、坡道、台阶等。楼梯作为竖向交通和人员紧急疏散的主要交通设施，使用最广泛；电梯主要用于高层建筑或有特殊要求的建筑；自动扶梯用于人流量大的场所；爬梯用于消防和检修；坡道用于建筑物入口处方便行车用；台阶用于室内外高差之间的联系。中国战国时期铜器上的重屋形象中已镶刻有楼梯。15~16世纪的意大利，将室内楼梯从传统的封闭空间中解放出来，使之成为形体富于变化带有装饰性的建筑空间组成部分。

一、楼梯的基本组成

楼梯一般由楼梯段、楼梯平台、栏杆（或栏板）和扶手四部分组成。楼梯所处的空间称为楼梯间。

1. 楼梯段

又称楼梯跑，是楼层之间的倾斜构件，同时也是楼梯的主要使用和承重部分。它由若干个踏步组成。为减少人们上下楼梯时的疲劳和适应人们行走的习惯，一个楼梯段的踏步数要求最多不超过18级，最少不少于3级。

2. 楼梯平台

是指楼梯段与楼面连接的水平段或连接两个梯段之间的水平段，供楼梯转折或使用者略作休息之用。平台的标高有时与某个楼层相一致，有时介于两个楼层之间。与楼层标高相一致的平台称为楼层平台，介于两个楼层之间的平台称为中间平台。

3. 栏杆（栏板）和扶手

是楼梯段的安全设施，一般设置在梯段和平台的临空边缘。要求它必须坚固可靠，有足够的安全高度，并应在其上部设置供人们的手扶持用的扶手。在公共建筑中，当楼梯段较宽时，常在楼梯段和平台靠墙一侧设置靠墙扶手。

4. 楼梯各部名称细化（表5-1）

名称	英文名	解释说明
楼梯	Stair	由一个或若干个连续的梯段和平台组合，用以连接不同标高的平面
楼梯间	Stair enclosure	用以容纳楼梯，并由墙面或竖向定位平面限制的空间
楼梯间开间	Stair opening	在楼梯间，定位轴线之间宽度的水平距离
楼梯梯段	Flight	两个平台之间若干连续踏步的组合
梯段宽度	Width of stair flight	梯段边缘或墙面间垂直于行走方向的水平距离
坡度线	Pitch line	在楼梯梯段中，各级踏步前缘的假定连线
坡度	Pitch	坡度线与水平面的夹角Q，或以夹角的正切表示踏步的高宽比
平台	Landing	连接楼地面与梯段端部的水平部分
中间平台	Intermediate landing	位于两层楼面之间的平台
平台净高	Headroom of landing	平台或中间平台最低点与楼地面的垂直距离
楼段净高	Headroom offlight	梯段之间垂直于水平面踏步前缘线处的净距
踏步	Step	踏步面和踏步踢板（或不带踢板）组成的梯级
踏步面	Tread	踏步的水平上表面
踏步踢板	Riser	与踏步面相连的垂直（或倾斜）部分
踏步宽度	Going	相邻两踏步前缘线之间的水平距离
踏步高度	Rise	相邻两踏步面之间的垂直距离
踏步前缘	Nosing	踏步前面的边缘
矩形踏步	Rectangular step	踏步面的宽度相同其长度也相同成矩形的踏步
扶手	Handrail	附在墙上或栏杆上的长条配件，也可以在梯段中单独设置

二、楼梯的尺度

楼梯尺度涉及到梯段、踏步、平台、净空高度等多个尺寸。

1. 楼梯段的宽度

是指墙面至扶手中心线或扶手中心线之间的水平距离。楼梯段的宽度除应符合防火规范的规定外，供日常主要交通用的楼梯的梯段宽度应根据建筑空间的使用特征，按每股人流宽为0.55＋（0～0.15）m的人流股数确定，并不应少于两股人流。0～0.15m为人流在行进中人体的摆幅，公共建筑人流众多的场所取上限值。楼梯应至少于一侧设扶手，梯段净宽达三股人流时应两侧设扶手，达四股人流时宜加设中间扶手。每个梯段的踏步不应超过18级，亦不应少于3级。

2. 楼梯平台的深度

楼梯平台是连接楼地面与梯段端部的水平部分，有中间平台和楼层平台。平台深度不应小于楼梯梯段的宽度，并不应小于1.2m，当有搬运大型物件需要时应适当加宽。但直跑楼梯的中间平台深度以及通向走廊的开敞式楼梯楼层平台深度，可不受此限制。

3. 楼梯的坡度与踏步尺寸

楼梯的坡度是指梯段的坡度，即楼梯段的倾

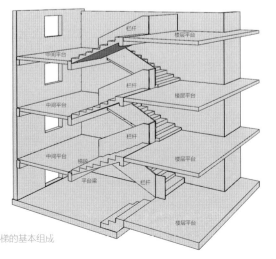

图5-149 楼梯的基本组成

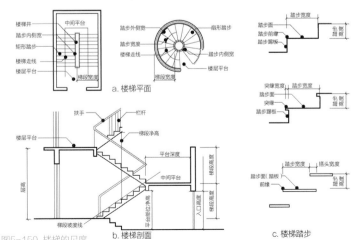

a. 楼梯平面

b. 楼梯剖面

c. 楼梯踏步

图5-150 楼梯的尺度

斜角度（参见图5-151）。它有两种表示方法，即角度法和比值法。用楼梯段与水平面的倾斜夹角来表示楼梯坡度的方法称为角度法；用楼梯段在垂直面上的投影高度与在水平面上的投影长度的比值来表示楼梯坡度的方法称为比值法。一般来说，楼梯的坡度越大，楼梯段的水平投影长度越短，楼梯占地面积就越小，越经济，但行走吃力；反之，楼梯的坡度越小，行走较舒适，但占地面积大，不经济。所以，在确定楼梯坡度时，应综合考虑使用和经济因素。

一般楼梯的坡度范围在23°～45°，适宜的坡度为30°左右。坡度过小时（小于23°），可做成坡道；坡度过大时（大于45°），可做成爬梯。公共建筑的楼梯坡度较平缓，常用26°34′（正切为1/2）左右。住宅中的共用楼梯坡度可稍陡些，常用33°42′（正切为1/1.5）左右。楼梯坡度一般不宜超过38°，供少量人流通行的内部交通楼梯，坡度可适当加大。楼梯、坡道、爬梯的坡度范围如图5—151。

楼梯的坡度取决于踏步的高度与宽度之比，因此必须选择合适的踏步尺寸以控制坡度。踏步高度与人们的步距有关，宽度则应与人脚长度相适应。确定和计算踏步

尺寸的方法和公式有很多，通常采用两倍的踏步高度加踏步宽度等于一般人行走时的步距的经验公式确定，即 $2h + b = 600 \sim 620$ mm（公式中h–踏步高度，b–踏步宽度），600～620mm为一般人行走时的平均步距。

民用建筑中，楼梯踏步的最小宽度与最大高度的限制值，见下表。

楼梯踏步最小宽度与最大高度（表5-2）

楼梯类别	最小宽度	最大高度
住宅共用楼梯	260	175
幼儿园、小学校等楼梯	260	150
电影院、剧场、体育馆、商场、医院、旅馆和大中学校等楼梯	280	160
其他建筑楼梯	260	170
专用疏散楼梯	250	180
服务楼梯、住宅套内楼梯	220	200

（单位：mm）

对成年人而言，楼梯踏步高度以150mm左右较为舒适，不应高于175mm。踏步的宽度以300mm左右为宜，不应窄于250mm。当踏步宽度过大时，将导致梯段长度增加；而踏步宽度过窄时，会使人们行走时产生危险。在实际中经常采用梯段总长度不变的情况下出挑踏步面的方法，如图5-152出挑长度为20～30mm。

4. 楼梯栏杆扶手的高度

楼梯栏杆扶手的高度，指踏步前沿至扶手顶面的垂直距离。楼梯扶手的高度与楼梯的坡度、楼梯的使用要求有关，很陡的楼梯，扶手的高度可矮些；坡度平缓时，高度可稍大。在30°左右的坡度下常采用900mm；儿童使用的楼梯一般为600mm。对一般室内楼梯≥900mm，通常取1000mm。靠梯井一侧水平栏杆长度＞500mm，其高度≥1000mm，室外楼梯栏杆高≥1050mm。高层建筑的栏杆高度应再适当提高，但不宜超过1200mm。

5. 楼梯的净空高度

楼梯的净空高度包括楼梯段间的净高和平台上的净空高度。楼梯段间的净高是指梯段空间的最小高度，即下层梯段踏步前缘与其正上方梯段下表面的垂直距离，梯段间的净高与人体尺度、楼梯的坡度有关；平台过道处的净高是指平台过道地面至上部结构最低点（通常为平台梁）的垂直距离。在确定这两个净高时，还应充分考虑人们肩扛物品对空间的实际需要，避免由于碰头而产生压抑感。我国规定，楼梯段间净高不应小于2.2m，平台过道处净高不应小于2m，起止踏步前缘与顶部凸出物内边缘线的水平距离不应小于0.3m。

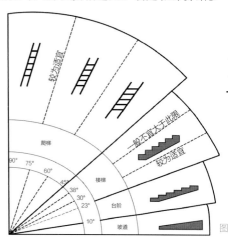

图5-151 楼梯、坡道、爬梯的坡度范围

图5-152 出挑踏步面的方法

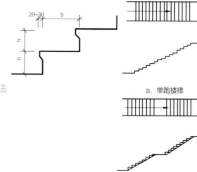
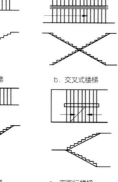

a. 单跑楼梯　　b. 交叉式楼梯　　c. 双跑折梯

d. 双跑式直楼梯　　e. 双跑行楼梯　　f. 双分式平行楼梯

图5-153 楼梯类型

ᵉ78ᵉaasᵉ3456789

三、楼梯的基本功能

楼梯作为建筑空间垂直交通设施之一，首要的作用是联系上下交通通行。其次是楼梯作为建筑物主体结构还起着承重的作用。另外是楼梯有安全疏散的功能。还有空间造型、界面装饰等功能。设有电梯或自动扶梯等垂直交通设施的建筑物也必须同时设有楼梯。在设计中要求楼梯坚固、耐久、安全、防火；做到上下通行方便，便于搬运家具物品，有足够的通行宽度和疏散能力。

四、楼梯的基本类型

建筑空间中的楼梯形式较多，楼梯一般有以下几种分类。

按楼梯的材料分类有：钢筋混凝土楼梯、钢楼梯、木楼梯及组合材料楼梯。按楼梯的位置分类有：室内楼梯、室外楼梯和室内外组接楼梯。按楼梯的使用性质分类有：主要楼梯、辅助楼梯、疏散楼梯及消防楼梯等。按楼层间的楼梯段（跑）数分类有：单跑楼梯、双跑楼梯、三跑楼梯等。按楼梯的造型平面形式分类有：直线、折线、弧线、螺旋以及剪刀形、交叉形等（参见图5-153）。

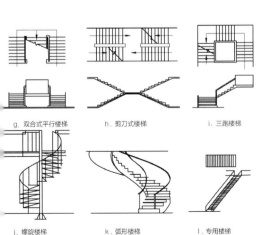

g. 双合式平行楼梯　　h. 剪刀式楼梯　　i. 三跑楼梯

j. 螺旋楼梯　　k. 弧形楼梯　　l. 专用楼梯

五、楼梯的结构方式

楼梯按承重构造和力学结构上分为梁式、板式、悬臂式、悬挂式等方式。

楼梯结构方式分析表（表5-4）

1. 梁式楼梯	梯梁承重，适用于层高和荷载较大的楼梯。当梁与踏板分开制作时，可采用预制钢筋混凝土、钢、木或组合材料结构；当梁与踏板整体制作时，可采用钢筋混凝土结构。
双梁	
单梁	
扭梁	
2. 板式楼梯	板承重，除搁板外，钢材及混凝土用量都比较多，自重也比较大。一般用于层高不大的预制或现浇钢筋混凝土楼梯。
搁板	
平板	
折板	
扭板	

六、典型楼梯的构造与工艺

我们按楼梯的造型形式和材料构造工艺特征，具体分为单跑楼梯、交叉式楼梯、双跑楼梯、双分双合式平行楼梯、剪刀式楼梯、转折式三跑楼梯、螺旋楼梯、弧形楼梯这八种较典型的楼梯。

（表5-4续）

3. 悬臂式	踏板悬挑承重，占室内空间少，适用于居住建筑或辅助楼梯。踏板可用钢筋混凝土、金属、木材或组合材料制作。
墙身悬挑板	
中柱悬挑板	
4. 悬挂式	踏板用金属拉杆悬挂在上部结构上，金属连接件多，安装要求较高。踏板可用钢筋混凝土、金属、木材或组合材料。
一端悬挂	
两端悬挂	

187

（一）单跑楼梯 / 直线钢梯

1. 单跑楼梯

是指连接上下层的楼梯梯段中间都没有休息平台，无论中途方向是否改变。单跑楼梯可以被简单分为：直线单跑（图5-154a）、折行单跑（参见图5-154b、d、i）、双向单跑（图5-154f、h）等。单跑楼梯之所以被认为节省空间，是因为一般梯下的空间还可被用来储藏杂物，或者改造为其他用途。此外，设计与施工都比较简单。单跑楼梯结构简单，踏步的宽度最好不小于25cm，高度不大于18cm。楼梯踏步数不能超过18步，所以一般用于层高较小的建筑内。

2. 结构与工艺分析

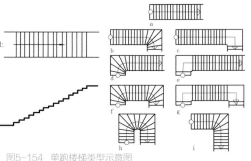

图5-154 单跑楼梯类型示意图

图5-155 直线钢梯

图5-156~159 钢梯结构细节

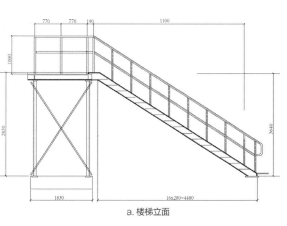

a. 楼梯立面

b. 楼梯平面　　c. 栏杆平面　　d. 基础平面

1 剖面

2 剖面

图5-160 直线钢梯结构图

第五章　其他界面建构

① 钢楼梯

钢制楼梯是金属楼梯中最常用的。在公共建筑中，多用作消防疏散楼梯。钢楼梯的承重构件可用型钢制作，各构件节点一般用螺栓连接锚接或焊接。构件表面用涂料防锈。踏步和平台板宜用压花或格片钢板防滑。为减轻噪声和考虑饰面效果，可在钢踏板上铺设弹性面层或混凝土、石料等面层；也可直接在钢梁上铺设钢筋混凝土或石料踏步，这种楼梯称为组合式楼梯。

钢楼梯是工业时代的产物，以前在工厂厂房广泛应用。近几十年来，随着许多高技派风格建筑的出现，其特有的审美特点：大量运用工业金属材料，暴露建筑结构构件。这些特征在很多建筑中有所体现，而钢楼梯更是能够表现其特征的一个重要元素。钢楼梯形式多种多样，但多以其舒展的线条同周围环境空间获得一种形体上的韵律对比。钢楼梯的结构支承体系以楼梯钢斜梁为主要

结构构件，楼梯梯段以踏步板为主，其栏杆形式一般采用与楼梯斜梁相平行的斜线形式。

② 钢梯安装

A. 搭设临时脚手架。安装过程中根据楼层高度搭设脚手架，楼层较低的采用移动式脚手架，便于操作；楼层较高的采用钢管脚手架，整体稳定性好。钢管脚手架的架子管均采用外径φ48mm、壁厚3.5mm的钢管。立杆横距b=1.2m，主杆纵距l=1.5m，脚手架步距h=1.5m。脚手板采用50mm厚木板，两端采用10#铁丝箍两道。

B. 埋件。脚手架拱设好后，对钢梯或平台埋件的位置进行量测，如有较大位移，及时上报监理。确认无误后，将埋件表面水泥浆清理干净，与埋件四周焊接完成后进行除锈、打磨确保其光滑平整。

C. 钢斜梯的安装要求，固定式钢斜梯与水平面的倾角应在30°~75°范围内，优选倾角为30°~35°。

D. 钢斜梯安装流程。安装梯梁；安装钢梯踏板，要求横平竖直；安装钢梯栏杆扶手，要求栏杆安装顺直，扶手与弯头高低一致，无明显接口印；清理飞溅物及焊渣，将凹凸不平的地方打磨平整，最后补刷防锈漆。

（二）交叉式楼梯 / 自动扶梯

1. 交叉式楼梯

由两个直行单跑梯段交叉并列布置而成。通行的人流量较大，且为上下楼层的人流提供了两个方向，对于空间开敞，楼层人流多方向进入有利，但仅适合于层高小的建筑。

2. 结构与工艺分析

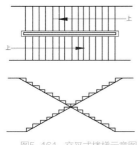
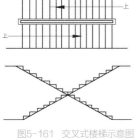

图5-161 交叉式楼梯示意图

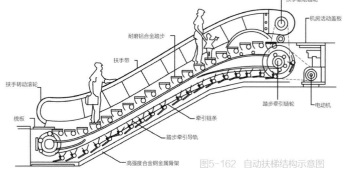

图5-162 自动扶梯结构示意图

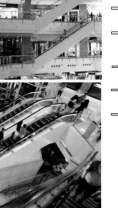

图5-163~166 自动扶梯

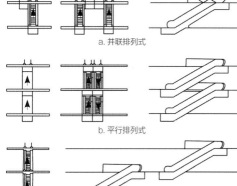
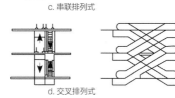

a. 并联排列式

b. 平行排列式

c. 串联排列式

d. 交叉排列式

图5-167 自动扶梯类型示意图

① 自动扶梯

自动扶梯适用于车站、码头、空港、商场等人流量大的建筑层间，是连续运输效率高的载客设备。自动扶梯可正、逆方向运行，停机时可当作临时楼梯行走。平面布置可单台设置或双台并列（参见图5-167）。

自动扶梯的机房悬挂在楼板下面，楼层下做装饰外壳，底层则做地坑。机房上方的自动扶梯口处应做活动地板，以利检修，地坑应作防水处理。

自动扶梯的驱动方式分为链条式和齿条式两种。自动扶梯的角度有27.3°、30°、35°，其中30°是优先选用的角度。宽度有600mm（单人）、800mm（单人携物）、1000mm、1200mm（双人）。

② 布置方式

自动扶梯一般设在室内，也可以设在室外。根据自动扶梯在建筑中的位置及建筑平面布局，自动扶梯的布置方式主要有以下几种：

A. 并联排列式：楼层交通乘客流动可以连续，升降两方向交通均分离清楚，外观豪华，但安装面积大。

B. 平行排列式：安装面积小，但楼层交通不连续。

C. 串连排列式：楼层交通乘客流动可以连续。

D. 交叉排列式：乘客流动升降两方向均为连续，且搭乘场相距较远，升降客流不发生混乱，安装面积小。

③ 基本尺寸

自动扶梯的电动机械装置设置在楼板下面，占用较大的空间。底层应设置地坑，供安放机械装置用，并作防水处理。

自动扶梯在楼板上应预留足够的安装洞，具体尺寸应查阅电梯生产厂家的产品说明书。不同的生产厂家，自动扶梯的规格尺寸也不相同。

自动扶梯的坡道比较平缓，一般采用30°，运行速度为0.5~0.7m/s，宽度按输送能力有单人和双人两种。

（三）双跑楼梯 / 钢筋混凝楼梯

1. 双跑楼梯

由两个梯段组成，中间设休息平台的楼梯。

① 双跑折梯，可通过平台改变人流方向，导向较自由。折角可改变，当折角≥90°时，由于其行进方向似直行双跑梯，故常用于仅上二层楼的门厅、大厅等处。当折角<90°成锐角时，往往用于不规则楼梯间中。

② 双跑直楼梯，直楼梯也可以是多跑（超过两个梯段）的，用于层高较高的楼层或连续上几层的高空间。这种楼梯给人以直接、顺畅的感受，导向性强，在公共建筑中常用于人流较多的大厅。用在多层楼面时，会增加交通面积并加长人流行走的距离。

③ 双跑平行楼梯，由于上完一层楼刚好回到原起步方位，与楼梯上升的空间回转往复性

吻合，比直跑楼梯省面积并缩短人流行走距离，是应用最为广泛的楼梯形式。

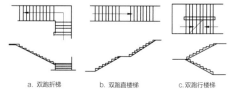

图5-168 双跑楼梯类型示意图
a. 双跑折梯　b. 双跑直楼梯　c. 双跑行楼梯

2.结构与工艺分析

图5-176 混凝土楼梯整体现场浇筑配筋

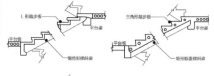

图5-177 混凝土预制装配梁式楼梯

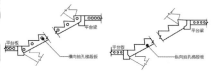

图5-178 混凝土预制梯段斜梁的形式

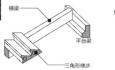

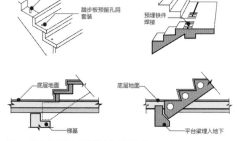

图5-179 混凝土楼梯构件连接构造

图5-169~172 双跑楼梯

图5-173~175 双跑楼梯混凝土浇筑过程图

① 钢筋混凝土楼梯

钢在结构刚度、耐火、造价、施工以及造型等方面都有较多的优点，应用最为普遍。钢筋混凝土楼梯的施工方法有整体现场浇注的、预制装配的、部分现场浇注和部分预制装配的三种。

A. 整体现场浇注。刚性较好，适用于有特殊要求和防震要求高的建筑，但模板耗费大，施工期较长。

B. 预制装配。楼梯构件有大型、中型和小型的。大型的是把整个梯段和平台预制成一个构件；中型的是把梯段和平台各预制成一个构件，采用较广；小型的是将楼梯的斜梁、踏步、平台梁和板预制成各个小构件，用焊、锚、拴、销等方法连接成整体。小型的还有一种是把预制的L形踏步构件，按楼梯坡度砌在侧墙内，成为悬挑式楼梯。小型预制装配的施工方法适应性强，运输安装简便，造价较低。

③部分现场浇注和部分预制装配。通常先制模浇注楼梯梁，再安装预制踏步和平台板，然后再在三者预留钢筋连接处浇灌混凝土，连成整体。这种方法较整体现场浇注节省模板和缩短工期，但仍保持预制构件加工精确的特点，而且可以调整尺寸和形式。

（四）双分双合式平行楼梯 / 钢筋混凝楼梯

1. 双分双合式平行楼梯

这种形式是在双跑平行楼梯基础上演变出来的。第一跑位置居中且较宽，到达中间平台后分开两边上。通常用在人流多，需要梯段宽度较大时。由于其造型严谨对称，经常被用作办公建筑门厅中的主楼梯。双合式平行楼梯，情况与双分式楼梯相似。

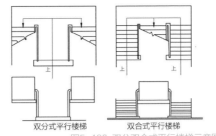

图5-180 双分双合式平行楼梯示意图

2. 结构与工艺分析

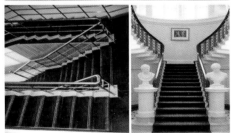

图5-181~185 双分双合楼梯

① 钢筋混凝土楼梯细部构造

A. 步及踏面的防滑处理

踏步由踏面和踢面构成。建筑物中，楼梯踏面最容易受到磨损，影响行走和美观，所以踏面应耐磨、防滑、便于清洗，并应有较强的装饰性。楼梯踏面材料一般与门厅或走道的地面材料一致，常用的有水磨石、花岗石、大理石、瓷砖等。

由于踏步面层比较光滑，行人容易滑跌，因此在踏步前缘应有防滑措施，尤其是人流较为集中的建筑物的楼梯。踏步前缘也是踏步磨损最厉害的部位，同时也容易受到其他硬物的破坏。设置防滑措施可以提高踏步前缘的耐磨程度，起到保护作用。

常用的有三种防滑措施做法：一种是在距踏步面层前缘40mm处设2~3道防滑凹槽；一种是在距踏步面层前缘

40~50mm处设防滑条，防滑条的材料可用金刚砂、金属条、陶瓷锦砖、橡胶条等（参见图5-189）。

另外底层楼梯的第一个踏步常做成特殊的样式，或方或圆，以增加美观。栏杆或栏板也有变化，以增加多样性（参见图5-187）。

B. 楼梯的基础。

楼梯的基础简称梯基，梯基的做法有两种：一是楼梯直接设砖、石或混凝土基础；另一种是楼梯支承在钢筋混凝土地基梁上（参见图5-186）。

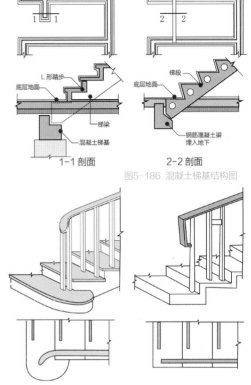

图5-186 混凝土梯基结构图

图5-187 楼梯底层第一步样图

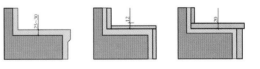

图5-188 楼梯踏面面层类型

a. 水磨石面层　　b. 缸砖面层　　c. 花岗石、大理石或人造石面层

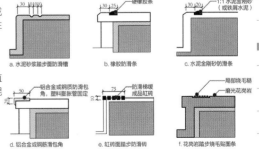

a. 水泥砂浆踏步防滑槽　b. 橡胶防滑条　c. 水泥金刚砂防滑条

d. 铝合金或钢质防滑包角　e. 缸砖面踏步防滑砖　f. 花岗岩踏步烧毛贴条

图5-189 楼梯踏步防滑处理

191

（五）剪刀式楼梯／钢筋混凝楼梯

1. 剪刀式楼梯

剪刀式楼梯实际上是由两个双跑直楼梯交叉并列布置而形成的。它既增大了人流通行能力，又为人流变换行进方向提供了方便。适用于商场、多层食堂等人流量大且行进方向有多向性选择要求的建筑中。

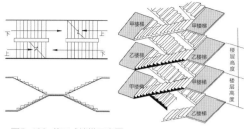

图5-190 剪刀式楼梯示意图

2. 结构与工艺分析

图5-191、192 剪刀式楼梯

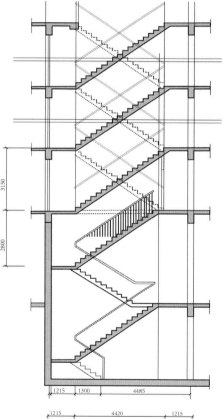

图5-193 剪刀式楼梯结构图

（六）转折式三跑楼梯／木楼梯

1. 转折式三跑楼梯

这种楼梯中部形成较大梯井，有时可利用作为电梯井位置。由于有三跑梯段，踏步数量较多，常用于层高较大的公共建筑中。

2. 结构与工艺分析

图5-195~197 转折式三跑木梯

① 木楼梯

全部或主体机构为木制的楼梯，常用于室内。木楼梯典雅古朴，但其防火性较差，施工中需作防火处理，应用范围受到限制。有暗步式和明步式两种。踏步镶嵌于楼梯斜梁凹槽内的为暗步式，钉于斜梁三角木上的为明步式。按楼梯的造型分类有直线、弧线和旋转梯等。

② 木楼梯的特点

木楼梯制作方便，款式多样，但是耐久性稍差，走动时容易发出声响。木材质在视觉上给人以和谐感，给人的感觉最温暖适中；木材吸收刺耳的高频率声波，可令我们感受到听觉上的和谐；木材具备调湿功能；木材的色差则是自然韵味的表现。实木楼梯的主要材料是欧洲白橡和欧洲榉木，适合一般的装修风格，耐用而不易过时。实木楼梯可做旧，让其更有沧桑感和历史感，也可进行多功能设计。

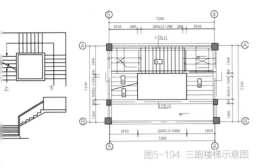

图5-194 三跑楼梯示意图

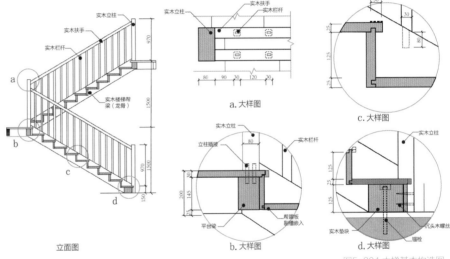

图5-203 木梯基本结构与部件

木梯基本结构部件

a. 梁——即龙骨,主题最为重要的部分,楼梯中联系梯板、立柱等部件的主要承重部分。

b. 梯板(踏板)——用以踩踏、分散承重的水平踏板。

c. 立板(挡板)——链接不同的梯板之间的垂直板材,并不是所有的实木楼梯都有的。

d. 起步板——起步时第一块梯板,一般做得较大,呈圆弧状,用以美观和方便起步踩踏,我们也常称之为豪华起步。

e. 面方(扶手)——用以手扶,功能在于使人可以通过手的力量来协助攀登。

f. 立柱——在扶手与梯板或龙骨之间的垂直链接部件,既是构成的不可缺少部分,也是艺术内容

较为丰富的方面,分为小立柱、大立柱。

g. 大立柱——在立柱中较大的,一般在起步、转角、结束等处,常见规格是90×90mm/100×100mm。

h. 将军柱——即起步大柱,起步时最前面的两根大柱,其中80%与大柱一样大,另有20%比大柱更大,也是实木楼梯中最为讲究的部分。

i. 弯头——扶手当中的弯形部分,有很多种,比如直角平弯、七字弯、三通弯、左右起步弯、逗号起步弯等等。

j. 踢脚线——梯板靠墙端所增加的装饰部分。

图5-198~202 木梯安装与细节

立面图

a. 大样图

c. 大样图

b. 大样图

d. 大样图

图5-204 木梯基本构造图

③ 实木楼梯的安装

A. 根据平面图、井口环境及龙骨的形状,确定安装顺序。再根据层高、步数、步距计算定位点高度。先将筋板与连接板连接,再将连接板根据尺寸安装在梁上。

B. 按平面图安装其他筋板。采用木销等连接时,先装木销定位,然后根据情况选用长自攻螺钉或螺栓螺纹镶套连接筋板。

C. 将靠墙侧筋板可靠固定在墙面上,筋板与墙之间有间隙时,根据情况锯削栏杆或配的扶手成一定长度作为垫加在之间。一般一个梯段至少装三个连接点,当步数多时可适当增加。

D. 将其余踏步板安装在筋板上,当为两段封闭式时,需先将踏板与筋板安装成整体后安装。踏步板安装一般采用从下往上的顺序。起步立板应与踏板固定,一般用细

钉将立板钉在踏板后面,然后补腻子、补漆。

E. 根据栏杆的安装方式安装栏杆。确定扶手长度及所用于的位置,确定立柱及连接点。一般先安装立柱,然后根据长度确定扶手长度及栏杆数量和位置。先安装最长的扶手,需同时考虑同一立柱两侧的扶手高度差,一般应等高或上梯段的扶手高于下梯段的扶手。同一梯段的扶手踏步为直踏步时两侧的扶手应等高和平行。

F. 楼梯上所有的立柱与踏步连接采用螺栓与M10固定螺套(半圆块)与踏步板连接。固定螺套露出时,要加装饰盖。

G. 楼梯围栏的栏杆及扶手安装时,应保证栏杆与踏步板垂直,偏差小于2%,扶手与地面平行,栏杆间距均匀一致。所有栏杆、扶手接合处最大间隙不大于5mm。

④ 实木楼梯的保养

A. 木质楼梯受潮而构件易变形、开裂、油漆脱落。金属楼梯受潮也会生锈,所以楼梯日常的清洁切不可用大量的水来擦洗,用清洁剂喷洒在其表面然后用软布擦拭。

B. 踏步板扶手等经常与人接触的部位,相对其他构件寿命较短,要定期上专用蜡或地板蜡保护。为避免木制踏步板在使用一段时间后出现局部的严重磨损,可在楼梯廊道中央踏步上铺设一条地毯。

C. 常检查各部件连接部位,防止松动或是生虫蛀蚀。因温湿的不断变化,各构件都在发生着细微的物理变化。

D. 如不慎发生被水浸泡,应该在发现后尽快擦干,并让其自然干燥,严禁使用电热器烘干或在阳光下暴晒。高温可能引起踏步板漆面的提前老化,应尽量避免。

193

（七）螺旋楼梯/成品楼梯钢木组合

1. 螺旋楼梯

螺旋楼梯平面呈圆形，通常中间设一根圆柱，用来悬挑支承扇形踏步板。由于踏步外侧宽度较大，并形成较陡的坡度，行走时不安全，所以这种楼梯不能用作主要人流交通和疏散楼梯。螺旋楼梯构造复杂，但由于其流线型造型比较优美，故常作为观赏楼梯。

图5-205 旋转楼梯示意图

2.结构与工艺分析

图5-208 旋转楼梯（混凝土）

图5-206 旋转楼梯（钢质）

① 成品楼梯

成品楼梯是指楼梯进行工业化加工各部件成型、成套，到现场组装成整体。楼梯的工业化组装，具备不同的款式、风格、颜色和材质可供选择，使楼梯与空间更加美观和突出个性。

以材质分有实木、钢木、金属、玻璃、石材楼梯等。依据构造分有缩颈楼梯、单梁楼梯、单筒楼梯、双梁楼梯、旋转楼梯、伸缩楼梯、其他个性化楼梯等。随着楼梯行业的产业化发展，近年来迈步、艺极、捷步、刘氏等一批行业知名企业在产品标准化方面做出了努力，"成品楼梯"的概念在逐渐推广开来。其中实木、钢木类楼梯发展速度较快，占据了大多数的国内市场。

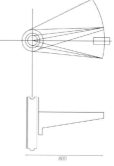

图5-207 旋转楼梯结构图

② 钢木楼梯

在成品楼梯中，以钢材和木材为主要材料相互组合的楼梯为钢木楼梯。它可兼有钢材楼梯和实木楼梯的特点，具有形式成型多样，结构稳定，实木界面宜人又典雅等优点。

③ 钢木楼梯安装流程

A. 龙骨表面经过喷塑处理，预留出连接孔。事先预埋木质材料，现场钻孔将连接件挂上。钻孔后将龙骨用膨胀螺丝固定到墙体。

B. 将中间段的龙骨连接成整体一段。连接好的整段龙骨挂到前段龙骨。用卷尺测量左右距离，保证龙骨的位置居中。

C. 用水平仪测量，保证龙骨的水平摆放。确定好位置后将同地面连接的支撑龙骨钻孔。膨胀螺丝深入地面近

图5-209 旋转楼梯（玻璃）

10cm，龙骨稳定牢靠。

D. 软性塑料封套封住洞口，既作装饰又防磕碰。出厂前的踏步板已经经过油漆处理，外面用塑料薄膜封好。每块踏步上都贴有编号，安装时严格按照顺序。

E. 将踏步板摆放在龙骨上，通过水平仪保证踏步水平放置。冲击钻钻孔后将龙骨同踏步板固定。考虑到受力因素，对楼梯的转角踏步板特别加固。

F. 栏杆扶手都是现成部件，现场只需要简单连接即可。测量栏杆垂直与否，为固定栏杆和安装扶手做准备。固定冲击钻钻孔后将栏杆同踏步板固定连接。

G. 楼梯转角处的栏杆同该处的踏步板一样也经过加固。将栏杆上的塑料连接件钻孔，用螺丝同扶手牢牢固定。

图5-210 缩颈楼梯

图5-211 单梁楼梯（斜梁）

图5-212 双梁楼梯（玻璃+钢质）

图5-213 双梁楼梯（实木成品）

图5-214 单筒楼梯

图5-215 旋转楼梯（中柱）

图5-216 伸缩楼梯

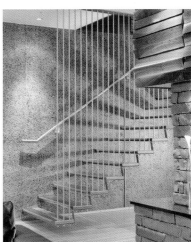

图5-217 个性化楼梯（悬挂成品）

-218 钢木成品楼梯安装图（①~⑦）

图5-219 个性化楼梯（玻璃成品）

（八）弧形楼梯／大理石等混合材料

1. 弧形楼梯

弧形楼梯的圆弧曲率半径较大，其扇形踏步的内侧宽度也较大，使坡度不致于过陡。一般规定这类楼梯的扇形踏步上、下级所形成的平面角不超过10°，且每级离内扶手0.25m处的踏步宽度超过0.22m时，可用作疏散楼梯。弧形楼梯常布置在大空间公共建筑门厅里，用来通行一至二层之间较多的人流，也丰富和活跃了空间处理。但其结构和施工难度较大，成本高。

2. 结构与工艺分析

图5-220 弧形楼梯示意图

图5-221 弧形楼梯（大理石玻璃）

图5-222 弧形楼梯（混凝土）

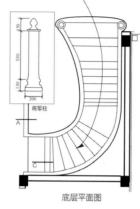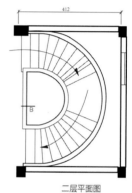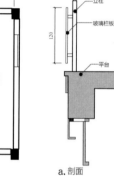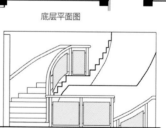

底层平面图　　二层平面图　　a. 剖面

将军柱

二层立面图　　c. 剖面　　b. 剖面

图5-223 弧形楼梯结构图

图5-224 弧形楼梯（大理石）

图5-225 旋转楼梯（单梁木踏板）

图5-226 旋转楼梯（大理石铁艺）

七、楼梯的选择与布置

楼梯是建筑中的小建筑，它体量相对较小，结构形式相对简单，对楼梯造型的限制相对较小。在创作中可以把楼梯当成一种空间的装饰品来设计，在满足其功能的情况下超越纯功能，发挥想象力。在进行楼梯设计时，必须考虑楼梯本身及其周围空间的关系，即楼梯内与外因素。内部是指楼梯本身的结构及构造方式，材料的选择，楼梯踏步与栏杆扶手的处理，而外部是指其周围空间的特征。只有两者统一考虑，才能使它们完美结合。在很多公共建筑中，楼梯往往是建筑设计的一个重点，起到点缀空间的作用，而空间也提供了一个舞台来展示楼梯的造型和语言。

（一）楼梯类型的选择

一般依据建筑空间的功能需求，从空间与结构的特点来设置具体不同的楼梯造型形式。螺旋形：180°的螺旋形楼梯是一种能节省空间的楼梯建造方式，目前大多数建筑设计都采用这类楼梯。特点是造型可以根据旋转角度的不同而变化。优点是盘旋而上的表现力强，占用空间小，适用于任何空间去表现。折线形：一般楼梯中会出现一个90°左右的弯折点，弯折点大多数出现在楼梯进口处，也有部分在楼梯出口处。优点是简洁，易于造型，需要较大的空间适合。弧线形：以一段曲线来实现上下楼的连接，美观大方，行走起来没有直梯拐角那种生硬感觉。优点是美观、行走舒适，需要适当的空间。直线形：是指上下楼间由梯直接连接，没有拐弯和变向。行走快捷，便于疏散。但是过于呆板，容易产生疲劳。适于狭长空间。

（二）大厅中庭空间内楼梯

公共建筑的中庭空间一般为两层高的空间，与入口大厅连接紧密，同时其他功能空间沿着它或回廊布置，或沿一侧布置。楼梯在这个采光较好的空间里，一般根据平面关系而设计。有的在中庭的中心位置，有的沿中庭一侧；而楼梯与中庭的平面布置关系，或平行或垂直于一边。一般这种楼梯设计相对轻巧、露明，踏步板只有水平面，楼梯材料根据建筑空间的特征而定。楼梯的各种形式如直线形、折线形及曲线形在这里都可以采用。楼梯的式样是由其空间的关系、交通流线及建筑的空间特征而决定的。人们在这里不仅仅是完成在竖向空间的上下行走，同时成为人们的视线中心。一方面从中庭空间的地面层，人们可以在踏上楼梯时向上观看，另一方面也可以在中庭空间的二层倚着回廊的栏杆向下俯视。

楼梯还起着丰富空间层次和使空间连续的作用。在楼梯造型上，可以采用不同的构成方式，或呼应空间，或对比空间。如果是双折楼梯，其休息平台与中庭空间的关系尤为重要。如果大厅空间相对封闭，以实墙面为主，当楼梯布置在沿墙一侧，往往强调的是楼梯上方空间的重要性，起到引导作用。楼梯设计可以与周围的封闭空间形成对比关系，使相对沉闷的空间有一个亮点。尤其在相对巨大的中庭空间，楼梯也许能成为空间的主角，来组织交通及构成中庭空间的整体造型。在中庭空间中，构成楼梯的每一个部分都需要反复斟酌和设计处理。在三维空间中，楼梯就像一个空间雕塑，其踏步、踏步底部、楼梯斜梁、栏杆、扶手都可以成为造型元素，而它们的材料及色彩也必须同时考虑，只有这样才能达到不同凡响的效果。

（三）建筑空间内一角的楼梯

楼梯设在建筑一角有两个情况：一个是楼梯间，一个是突出建筑的转角，使室内外空间层次更加丰富。设计楼梯间时，不仅完成楼梯本身的构造设计，同时要顾及立面的开窗形式与楼梯的关系，使建筑内外形成统一。如果楼梯所在的空间相对开放，没有楼梯间

实体墙面遮挡，一般其两边建筑立面也采用大玻璃通透处理，使室内外空间关系紧密。一般在这种情况下，双折楼梯采用较多，而楼梯栏杆的线条构成方式与立面的大玻璃划分应一起考虑。如果是螺旋楼梯，其动感的线条造型与通透外立面可形成较好的构成关系，丰富了建筑的立面。

在传统建筑的氛围中，透明的螺旋体并不与周围建筑冲突，反而形成很好的新与旧的对比。在建筑内外关系上，旋转楼梯上的人们在行走过程中，体验内外空间的变化，建筑外的行人同时可以感受到建筑内部的一切活动。而其夜晚的照明效果，使人联想到中国灯笼。可以说，贝聿铭通过旋转楼梯的透明螺旋体，很好地组织了不同建筑空间的关系，而使传统与现代、西方与东方在这里形成对话。

（四）在建筑立面上的楼梯

沿建筑立面设置楼梯一般采用直线楼梯及双折楼梯，长条式建筑形体居多，尤其是直线楼梯沿建筑长边布置，不仅丰富立面，同时也使空间有纵深感，打破建筑简单的形体，使建筑富有生命力。而双折楼梯一般布置在楼梯间，楼梯平台与建筑立面相连。

（五）建筑外立面上的楼梯

在建筑外运用较多的是螺旋式楼梯。可以说，楼梯在这里既符合引导作用，又成为其特有建筑特征的一个决定性因素。

楼梯作为联系建筑之间的手段，可以使建筑空间层次丰富，人们进入建筑需要先通过楼梯，再过渡到建筑内。楼梯一来解决连接不同高度的问题，二来作为交通空间的组织，引导人们从外部空间过渡到室内空间。

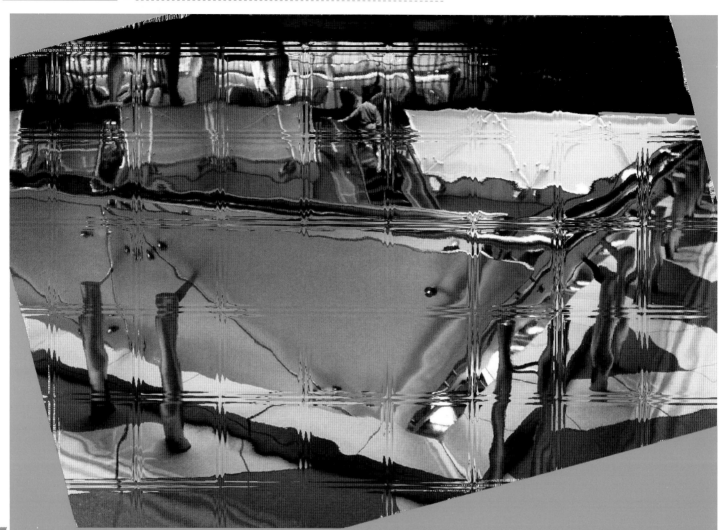

第四节

拦河基本构造

/ 拦河的基本组成
/ 拦河的尺度
/ 拦河的基本功能
/ 拦河的基本类型
/ 典型拦河的构造与工艺

1. 钢、不锈钢栏杆
2. 实木栏杆
3. 钢筋混凝土栏板（杆）
4. 玻璃栏板

5. 金属栏板（网）
6. 铁艺栏板
7. 高分子塑料栏杆（水晶栏杆）

拦河，是指在楼梯、平台、棚顶和桥梁等建筑空间的边沿上，设置的围栏。这里用"拦河"一词是对栏杆、栏板和扶手等设施的统称，平时俗称"栏杆"。栏杆中国古称阑干，也称勾阑等。拦河的设计，应考虑安全、适用、美观、节省空间和施工方便等因素。本节内容主要讨论建筑内部空间的拦河，桥梁、景观等外部空间暂不讨论。

一、拦河的基本组成

拦河一般由栏杆柱、扶手、横栅栏和底座等部分组成。1. 栏杆柱，拦河的竖向支撑的立柱或支杆。栏杆立柱有大小或主次之分，一般大柱承载扶手和底座的承重与连接，小立柱作为格挡之用。2. 扶手，在拦河顶部设有细致的部件，供人依附和抓靠。扶手是与人接触的主要部件，常常进行分段精加工，设多个连接部件，如连接弯头、端部转盘等。3. 横栅栏，用以横向隔挡的栅栏，有左右贯通的绳索形式，或者整体板块成型的栏板等形式。4. 底座，拦河的底部与地面、楼梯等承载基面连接的部分。考虑到拦河的稳定性和牢固度，一般底座与承载基面进行整体制作，或者将基座基础预埋在承载基面内。

二、拦河的尺度

拦河一般有高中低三档，低栏高0.2～0.3 m，中栏0.8～0.9 m，高栏1.1～1.3 m。栏杆柱的间距一般为0.5～2 m。拦河护栏高度、栏杆间距、安装位置必须符合规范，牢固安装。

1. 住宅楼梯栏杆尺度

①室内共用楼梯扶手高度自踏步中心线量起至扶手上皮不宜低于900mm，水平扶手超过500mm长时其高度不宜低于900mm。②室外共用楼梯栏杆高度不宜低于1050mm，中高层住宅不应低于1100mm。③楼梯井宽度大于200mm时，不选用易攀登的花格。栏杆垂直杆件之间净空不应大于110mm。

2. 阳台、外廊、室内回廊、内天井、上人屋面及室外楼梯等临空处的防护栏杆

①栏杆应以坚固、耐久的材料制作，并能承受荷载规范规定的水平荷载。②栏杆高度不应小于1.05m，高层建筑的栏杆高度应再适当提高，但不宜超过1.2m。③栏杆离地面或屋面0.1m高度内不应留空。④有儿童活动的场所，栏杆应采用不易攀登的构造。

3. 在低窗台附加栏杆，重外观效果更得重安全，常见的低窗台距地0.5m左右，如果紧贴内墙增加0.4m栏杆或栅栏才能达到规范要求的防护。

4. 封闭阳台的栏杆，不可采用窗台的高度，依据六层及六层以下的不应低于1.05m，七层及七层以上的不应低于1.10m安置，窗外有阳台或平台时可不受此限制。（更多信息参见《建筑装饰装修工程质量验收规范》GB50210-2001等规范和标准）

三、拦河的基本功能

拦河的主要功能是空间的安全防护。在不用的建筑和空间上，防护安全的等级和要求各有所异，安全标准越高的地方，对拦河的尺度和构造等要求越严格。拦河在使用中也起分隔和导向的作用，使被分割区域边界明确清晰，形成流动和走向线路。在人群密集的车站、展会、商店等公共空间内时常设置临时栏杆来引导人流，就是这个作用。另外，依据不同空间的品质需要，在造型、材料和工艺上精心设计拦河，能使拦河在空间中更具装饰意义。

四、拦河的基本类型

拦河可以依据功能空间分类，有楼梯、阳台、平台、甲板、走道、棚顶和工业设施、桥梁、院落景观等空间的拦河。

按拦河空透的情况，有实心栏板的板式、空化栏杆的杆式和部分空透的组合式。杆式由立杆、扶手组成，有的加设横档或花饰部件。板式是由实体栏板、扶手构成。组合式是由栏杆和栏板相结合，虚、实相得益彰。拦河还有与坐凳或靠背等设施结合的形式。

根据拦河使用的材料和工艺，有钢栏杆、不锈钢栏杆、玻璃栏杆、金属栏板（网）、钢筋混凝土栏板（杆）、木制栏杆、铁艺栏杆，还有石材栏杆、砖砌栏杆、高分子塑料栏杆等，以及不同材料的混合形式。

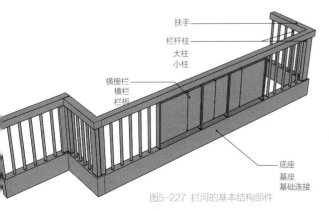

扶手
栏杆柱
大柱
小柱
横栅栏
横栏
栏板
底座
基座
基础连接

图5-227 拦河的基本结构部件

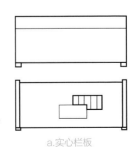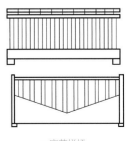

a.实心栏板　　　　b.组合式栏板　　　　c.空花栏杆

图5-228 拦河的基本类型

五、典型拦河的构造与工艺

（一）钢、不锈钢栏杆

1. 钢、不锈钢栏杆概述

取材方便，材料强度性能好，易于加工成型，广泛应用于各类公共空间中。钢材栏杆大量用于工业场所，但其防腐处理是一个重要环节。不锈钢栏杆则不易生锈，材质美观，现代风格的会展、商店、办公等公共场所多采用之。由于金属材质的手感较为冰冷，在室内环境中，也与木材、塑料等材料组合使用。

2. 结构与工艺分析

图5-229 钢栏杆（扁钢）

图5-230 钢栏杆（方管）

图5-231 不锈钢栏杆（圆管）

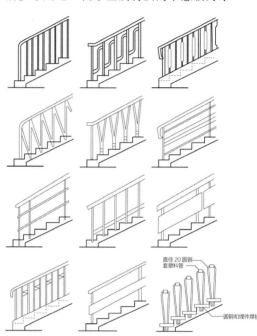
图5-232 栏杆的形式样图

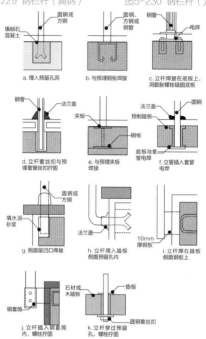
图5-233 栏杆和基础的连接

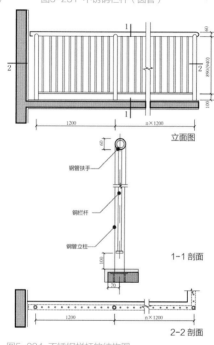
图5-234 不锈钢栏杆的结构图

① 栏杆的图案形式

栏杆多用方钢、圆钢、扁钢等型材焊接或铆接成各种图案，既起防护作用，又有一定的装饰效果。

② 栏杆和基座连接

主要有插入式、焊接式、螺栓结合式三类。

插入式，将开脚扁铁、倒刺铁件等插入基座预留的孔穴中，用水泥砂浆或细石混凝土填实锚结。焊接式，把栏杆立柱（或立杆）焊于基座中预埋的钢板、套管等铁件上。螺栓结合式，可用预埋螺丝母套接，或用板底螺帽拴紧贯穿基板的立杆。侧向斜撑式铁栏杆也同法（参见图5-233）。

③ 钢栏杆的施工工艺

工艺流程：工厂备料及开料→工厂制作→现场放线、预埋件施工（预埋件预埋由总包完成）→工厂金属基层防锈处理→工厂底、中、面漆喷涂→工厂包装后运输到现场→进场检验→栏杆安装→验收。

④ 不锈钢栏杆的施工工艺

A. 施工前应先进行现场放样，并精确计算出各种杆件的长度。

B. 按照各种杆件的长度准确进行下料，其构件下料长度允许偏差为1mm。

C. 选择合适的焊接工艺，焊条直径、焊接电流、焊接速度等，通过焊接工艺试验验证。

D. 脱脂去污处理：焊前检查坡口、组装间隙是否符合要求，定位焊是否牢固，焊缝周围不得有油污。否则应选择三氯代乙烯、苯、汽油、中性洗涤剂或其他化学药品用不锈钢丝细毛刷进行刷洗，必要时可用角磨机进行打磨，磨出金属表面后再进行焊接。

E. 焊接时应选用较细的不锈钢焊条（焊丝）和较小的焊接电流。焊接时构件之间的焊点应牢固，焊缝应饱满，焊缝金属表面的焊波应均匀，不得有裂纹、夹渣、焊瘤、烧穿、弧坑和针状气孔等缺陷，焊接区不得有飞溅物。

F. 杆件焊接组装完成后，对于无明显凹痕或凸出较大焊珠的焊缝，可直接进行抛光。对于有凹凸渣滓或较大焊珠的焊缝则应用角磨机进行打磨，磨平后再进行抛光。抛光后必须使外观光洁、平顺，无明显的焊接痕迹。

（二）实木栏杆

1. 实木栏杆概述

是指用木材为主要材料制作的栏杆，木材具有天然纹理、柔和的色泽、自然温馨、舒适感好等特点。许多室内空间的楼梯和平台的栏杆多用木材，表现空间的亲和温和的主题。其他材料的栏杆也常用硬木来做扶手，手感适宜。同时要注意木材的防蛀、防腐和阻燃的工作。

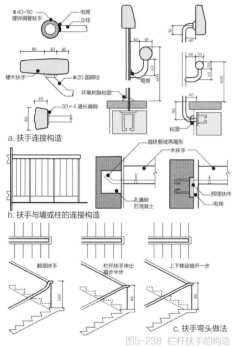

图5-238 栏杆扶手的构造

① 木扶手构造

木扶手有榫接的，若为望柱，则应将柱底卯入楼梯或平台的基础内，扶手再与望柱榫接。木制扶手常以木螺丝固定在立杆顶端的通长扁铁条上，木立杆时为榫接，也可用金属焊接和螺钉固接或以金属作骨衬，饰以木质面层。扶手与栏杆应有可靠的连接。扶手断头，有时必须固定在侧面的砖墙或混凝土上。双跑楼梯在平台转折处，扶手常有弯头的做法，来衔接高度。

② 扶手的安装工艺

A. 位与划线安装扶手的固定件。位置、标高、坡度、转角形状找位校正后，弹出扶手纵向中心线。按设计扶手构造，根据折弯位置、角度、划出折弯或割角线。楼梯扶手和栏杆顶面，划出扶手直线段与弯头、折弯段的起点和终点的位置。

2. 结构与工艺分析

图5-235~237 实木栏杆

图5-239~241 栏杆扶手的细节图

B. 弯头配制按扶手或栏杆顶面的斜度，配好起步弯头，一般扶手可用扶手料割配弯头，采用割角对缝粘接，在断块割配区段内最少要考虑四个螺钉与支承固定件连接固定。大于70mm断面的扶手接头配制时，除粘接外，还应在下面做暗榫或用铁件铆固。

C. 整体弯头制作：先做足尺大样的样板，并与现场划线核对后，在弯头料上按样板划线，制成雏型毛料。按划线位置预装，与纵向直线扶手端头粘接，制作的弯头下面刻槽，与栏杆扁钢或固定件紧贴结合。

D. 连接预装：预制木扶手需经预装，预装木扶手由下往上进行，先预装起步弯头及连接第一个扶手的折弯弯头，再配上下折弯之间的直线扶手料，进行分段预装粘接，粘接操作时环境温度应在5℃以上。

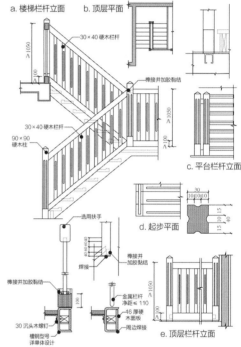

图5-242 实木栏杆的构造图例

E. 固定：安装木扶手与栏杆（栏板）上固定件，用木螺丝拧紧固定，固定间距控制在400mm以内。操作时应在固定点处，先将扶手料钻孔，再将木螺丝拧入，不用锤子打入，螺帽达到平正。

F. 扶手主要靠扶手料槽插入支承扁钢件抱紧固定，折弯处与直线扶手端头加热压粘，也可用乳胶与扶手直线段粘接。

G. 整修打光：扶手折弯处如有不平顺，应用细木锉平，找顺磨光，使其折角线清晰，坡角合适，弯曲自然，断面一致，最后用木砂纸打光。

H. 油漆粉刷：油漆可根据装修标准和设计要求，进行油漆涂刷。

（三）钢筋混凝土栏板（杆）

1. 钢筋混凝土栏板（杆）概述

取用钢筋混凝土、钢丝网水泥板或加筋砖砌体而成的栏板，这种实体构造做成的栏板整体严实、强度大、抗震性好，在公共空间中多用于防护性较强的实验室、车站、停车场等场所。但自重较大，所以经常与栏杆组合使用，这样虚实有致。还有钢筋混凝土预制栏杆和漏花，民用建筑中现在使用得较少。

图5-243~245 混凝土栏板

2. 结构与工艺分析

a.1:4 砖厚砖砌栏板　　b.现浇钢筋混凝土栏板

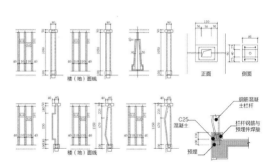

图5-246 混凝土栏板构造栏与花样图

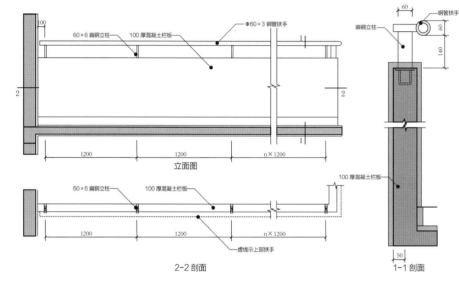

立面图

2-2 剖面

1-1 剖面

图5-247 混凝土栏板的结构图

---

① 钢筋混凝土栏板（杆）的构造

A. 栏板顶部的扶手可用水泥砂浆或水磨石抹面而成，也可用大理石板、预制水磨石板或木板贴面制成。

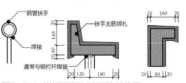

图5 240 栏板顶部和扶手的结构图

B. 栏板和基础的连接方式有焊接、榫接坐浆、现浇等，钢筋混凝土栏板多用预制立杆，下端同基座插筋焊接或预埋铁件相连，上端同混凝土扶手中的钢筋相接，浇筑而成。

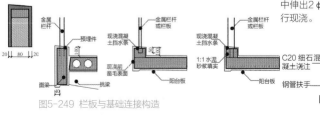

图5-249 栏板与基础连接构造

C. 扶手与墙的连接，应将扶手或扶手中的钢筋伸入外墙的预留洞中，用细石混凝土或水泥砂浆填实固牢；现浇钢筋混凝土栏杆与墙连接时，应在墙体内预埋240mm×240mm×120mm的C20细石混凝土块，从中伸出2φ6，长300mm，与扶手中的钢筋绑扎后再进行现浇。

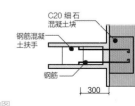

图5-250 扶手与墙连接结构图

（四）玻璃栏板

1. 玻璃栏板概述

是将大块的透明安全玻璃固定在地面的基座上，上面加设不锈钢、铜质或木质扶手。从立面的效果来看，通常透明的玻璃栏板，给人一种通透简洁的效果。与其他材料做成的栏板或栏杆相比，装饰效果别具一格。所以，在公共建筑中的主楼梯、大厅跑马廊、天井平台等部位用得较多。如剧院厢房、百货大楼楼梯间、酒吧等场所。

2. 结构与工艺分析

图5-251~253 玻璃栏板

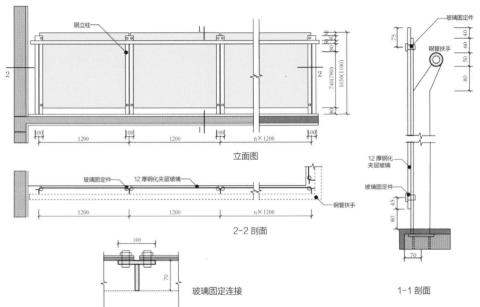

立面图

2-2 剖面

玻璃固定连接

1-1 剖面

图5-254 玻璃栏板结构图

图5-255~258 玻璃栏板细节

① 玻璃材料的特点

A. 玻璃。特点为强度高，耐冲击强度高，安全性好，即使破碎，也会先出现网状裂纹，破碎后成为不具有锐利棱角的碎块，较普通玻璃安全。

B. 夹层钢化玻璃。夹层钢化玻璃是一种更安全的安全玻璃，它是由两片或多片钢化玻璃之间嵌夹透明塑料薄片，经热压而成的平面复合玻璃制品。

C. 夹丝玻璃。夹丝玻璃亦称防碎玻璃和钢丝玻璃。它是将普通平板玻璃加热到红热软化状态，再将预处理的铁丝或铁丝网压入玻璃中间制成的。在玻璃遭受冲击或温度巨变时，使其破而不缺、裂而不散，受热炸裂时仍能保持固定状态，起隔绝火势的作用，故又称防火玻璃。

② 玻璃栏板的施工工艺

A. 采用木扶手构造的玻璃栏板，其木扶手的材质不但要好，而且纹理要美观，故常采用柚木、水曲柳、楸木、橡木、柳桉木等作为扶手材料，扶手两端要固定牢靠。

B. 采用金属圆管扶手玻璃栏板时，其金属圆管多数采用不锈钢扶手或铜管扶手。扶手一般是通长的，必须接长时一定要采用焊接方法，在安装玻璃前要把焊口打磨修整成与原管外径圆度一致，并进行初步抛光。为了提高扶手刚度及安装玻璃栏板的需要，常在圆管内加设型钢，型钢与钢管外表焊成整体。

C. 玻璃上口与扶手的连接做法。玻璃插入扶手，不得直接接触管壁或金属部分，要留有一定空隙，并应每隔500mm左右用橡胶垫垫好，使玻璃起到缓冲作用。安装玻璃时进入管的深度应以大于管的半径为好。如果安装的是加厚玻璃，玻璃进入管的深度可以小于半径。待玻璃下口与基座（地面）也固定后再把玻璃上口与扶手用硅酮密封胶密封。

③ 施工注意事项

A. 扶手安装完毕，要注意保护。由于工作间的相互干扰，有可能造成扶手的表面变形或破损，所以要对扶手表面进行保护。

B. 多层跑马廊部位的玻璃栏板，人靠时，由于居高临下，常常有一种不安全感。所以，该部位的扶手高度应比楼梯扶手要高一些，合适的高度宜在1.1~1.2m左右。

C. 不锈钢、铜管扶手，表面往往沾有各种油污或杂物，其光泽度受到一定影响。所以，在交工前除进行清洁外，一般还需要抛光处理。

（五）金属栏板（网）

1. 金属栏板（钢网护栏）概述

立柱中间夹钢网连接，安全性较高，不利于清洁，适合一些公共场所作为挡板，通透性能不高，但不失动感。

2. 结构与工艺分析

图5-259~263 金属栏板（网）

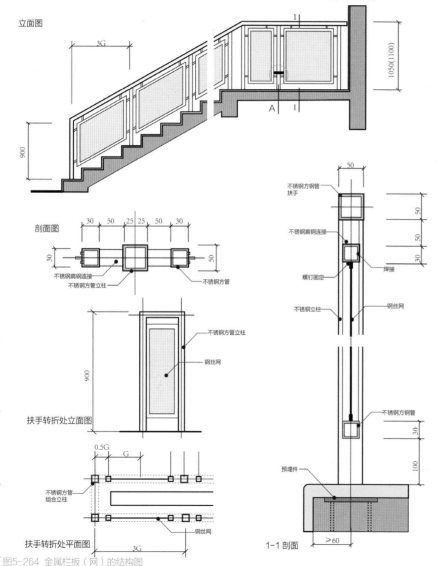

图5-264 金属栏板（网）的结构图

（六）铁艺栏杆

1. 铁艺栏杆概述

铁艺栏杆感觉比较古典，变化较大，花型较多，款式多为复古。随着现代建筑的推广，铁艺栏杆使用暂少。

2. 结构与工艺分析

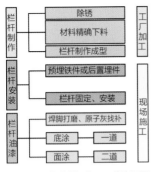

图5-265 铁艺栏杆施工工艺流程图

图5-266~269 铁艺栏杆

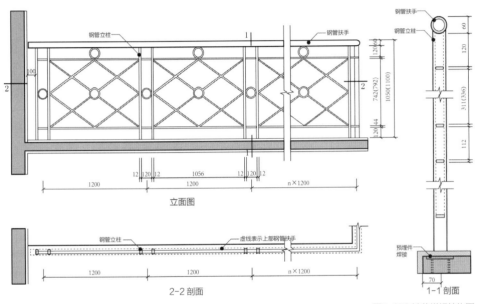

立面图

2-2 剖面

1-1 剖面

图5-270 铁艺栏杆结构图

① 铁艺栏杆安装施工工艺

A. 栏杆安装时，施工单位应根据安装的位置采用后置埋件，每个埋件应采用4个M12膨胀螺栓，将3mm厚度钢板固定在主体结构上，注意与后置埋件所焊接栏杆管件的长度与宽度。钢板固定后应对螺帽进行点焊固定。

B. 栏杆与埋件的焊接要求为四周满焊，根部间隙为1.5~5mm。当焊接处的栏杆立柱为钢板时，焊缝厚度h=0.7×钢板厚度；当焊接处的栏杆立柱为钢通方或钢管时，焊缝厚度h=0.5×材料壁厚。

② 铁艺栏杆油漆施工工艺

A. 油漆施工应参照油漆生产厂商印刷的使用说明执行。

B. 栏杆现场焊接完毕后，焊脚部位必须采用钢丝刷和手提式打磨机进行清渣、打磨，焊脚表面不光滑、存在观感缺陷的应补原子灰，并采用砂纸打磨平整，原子灰厚度不宜超过2mm，以避免补灰过厚导致开裂，确保焊脚部位的美观。

C. 喷涂底漆时，应确保栏杆表面的清洁、干燥；底漆喷涂完毕，必须达到实干后方可进行面漆的施工。

D. 面漆施工通常为两道，两道面漆的间隔时间不能过短，必须在第一道面漆干燥后，再进行第二道面漆的喷涂，干燥时间应符合油漆说明书的要求。

205

（七）高分子塑料栏杆（水晶栏杆）

1. 高分子塑料栏杆概述

塑料高分子材质，主要是PVC或以PVC为主料的合成材料。其优点为不易弯曲、变形，多种环境抗性好，可加工成型。但款式、色彩单一。适用于较为恶劣的环境，如车间、地下室、车站等场所。

2. 结构与工艺分析

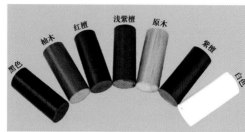

图5-271 高分子塑料栏杆型材

图5-272 高分子塑料栏杆

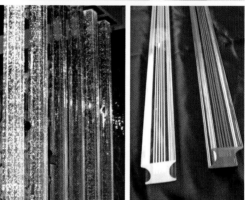

图5-273~278 "水晶"栏杆与构造细节

① 高分子塑料栏杆安装施工工艺

A. 安装前通常是土建已形成交付砖砌或砼浇捣的下部基础，护栏可采用机械式胀栓、化学螺栓等方式将立柱钢衬底板固定在下部基础的中心部位作直线均布。

B. 下部基础尚未形成，建议将立柱钢衬增加长度直接预埋在墙体内，待墙体养护期后即可正式施工；或预制预埋件敷设在墙体平面以后，将立柱钢衬用电焊方式与预埋件焊接，这两种方式的特点是较螺栓连接更为牢固，但预设时必须注意直线与水平线。

C. 立柱钢衬的间距须与设计尺寸一致，保证预装配的半成品能与之连接。

D. 在直线距离全段拉上下限两道平行线作安装调整基准。保证护栏安装竣工后上下端的平直度。

E. 栏杆的横、竖向钢衬均已在出厂前装设连接完成，各承重点的加强配件也已安装到位，现场施工时仅需将护栏横衬与立柱连接固定即可。

水晶栏杆

亚克力材质。具备款式、色彩种类多、晶莹通透、不易变形、不易开裂等优点。缺点是手感冰冷、适用面小。适用于酒店、酒吧、舞厅等现代主题空间。

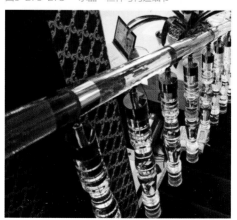

/问题与解答

老师我们知道家里安装大门时，经常外设防盗门和内装两道门，公共空间的门也有这样的具体要求吗？咱们教学楼的大门单扇玻璃门也有3m高，在设计和安全上有什么要求吗？

[解答1]:

为防风或保温，一般公共建筑经常出入的西北方向的门，常设双道门或门斗，外门外开，内门为双向弹簧门或电动推拉门。

门在建筑空间中担负着重要的功能，在构造设计上有一系列要求。如1. 用于疏散楼梯间的防火门，采用单向弹簧门，向疏散方向开启。2. 体育场馆供运动员经常出入的门，门扇净高必须大于2.2m。3. 托幼建筑不宜选用弹簧门，公共建筑选用各种门型，玻璃应采用钢化玻璃。4. 平面布置两个相邻并经常开启的门，应避免开启时互相碰撞。5. 经常出入的外门宜设雨篷。6. 变形缝处不得利用门框盖缝，而且门扇开启时不得跨缝。

咱们教学楼的大门是玻璃地簧门，单扇门2.8m高、0.9m宽，由三组对开门组成。考虑人流量和疏散的需要，设三组；设置较大的高度和宽度，为满足搬运大型设备等需要；整体安全玻璃的设计，通透明亮，内外空间互用，是门厅功能和现代设计的要求。

[提问2]:

老师我们知道门窗的大小是有比例的，是不是有"模数"的问题？这个模数比例是怎样的？不同空间的门窗大小怎样选择？

[解答2]:

"模数"指建筑设计中选定的标准尺寸单位。它是建筑设计、建筑施工、建筑材料与制品、建筑设备、建筑组合件等各部门进行尺度协调的基础。随便来个尺寸，建筑构件就无法标准化，难以批量化了。

基本模数的数值规定为100mm，以M表示，即1M=100mm。导出模数分为扩大模数和分模数。扩大模数就是基本模数的整数倍数，其基数为3M、6M、12M、15M、30M、60M共六个；分模数是整数除基本模数的数值，其基数为1/10M、1/5M、1/2M常用三个。扩大模数主要用于建筑物的开间、进深、层高、构配件截面尺寸和门窗洞口等；分模数用于缝隙、各种节点构造、构配件的断面以及建筑制品的尺寸等。

门窗常用模数是3M，即3×100=300mm，所以窗尺寸都是300mm的倍数。如窗宽高900×1500mm、1200×1800mm、1500×1800mm等。门窗的大小，一般是依据空间功能的要求和建筑的整体造型设定，在门窗模数的系列表中组合选择。门的宽度及数量。房间中门的最小宽度，是由人、家具和设备的尺度以及通过人流股数决定的。一般单股人流通行最小宽度取550mm，一个人侧身通行需要300mm宽。因此，门的最小宽度一般为700mm。卧室的门应考虑一人携带物品通行，卧室常取900mm，厨房可取800mm。住宅入户门考虑家具尺寸增大的趋势，常取1000mm。普通教室、办公室

等的门应考虑一人正在通行，另一人侧身通行，常采用1000mm。当房间面积较大，活动人数较多时，应该相应增加门的宽度或门的数量。为了开启方便和少占使用面积，通常采用双扇门（1200～1800mm）或四扇门（2400～3600mm）。

根据防火规范的要求，当房间使用人数超过50人，且面积超过60m²时，应该分别在房间两端设置两个门。对于一些大型公共建筑如影剧院的观众厅、体育场的比赛大厅等，门的数量和总宽度应按每100人600mm宽计算，并结合人流通行方便分别设双扇外开门于通道处且每扇门宽度不应小于1400mm。

窗口面积大小主要根据房间的使用要求、房间面积及当地日照情况等因素来考虑。不同使用要求的房间对采光要求不同，设计时可根据窗地面积比（窗洞口面积之和与房间地面面积比）进行窗口面积的估算，也可先确定窗口面积，然后按表中规定的窗地面积比值进行验算。

民用建筑采光等级表（表5-3）

采光等级	视觉工作特征		房间名称	窗地面积比
	工作或活动要求精确度	要求识别的最小尺寸（mm）		
I	极精密	<0.2	绘图室、制图室、画廊、手术室	1/3~1/5
II	精密	0.2～1	阅览室、医务室、专业实验室	1/4~1/6
III	中精密	1～10	办公室、会议室、营业厅	1/6~1/8
IV	粗糙	>10	观众厅、居室、盥洗室、厕所	1/8~1/10
V	极粗糙	不作规定	储藏室、门厅、走廊、楼梯	1/10以下

除此以外，还应结合通风要求、朝向、建筑节能、立面设计、建筑经济等因素综合考虑。有时，为了取得一定立面效果，窗口面积可根据造型设计的要求统一考虑。

207

[提问3]:

复合材料在门窗的运用越来越多了，老师，"铝包木"和"铝木复合"门窗都是铝材和木材的复合门窗，为什么是不一样的呢？在性能上有什么差别？

[解答3]:

两者是有本质区别的，主要在受力结构件和方式上。它们都是采用铝合金型材与木型材两种主要材料经过复合而成，使得门窗在室内看来是木质效果，从室外来看是铝合金效果。使建筑物外立面风格与室内装饰风格得到了完美的统一，具有双重装饰效果的一种高档的节能环保型门窗。

具体的区别是断面结构不同。铝包木也叫德式铝包木门窗，其断面特点为木材部分占到整个断面面积的60%，主要受力部位为木材部位，同时铝材部位也承担次要受力。木包铝也叫意式木包铝门窗，其断面特点与铝包木门窗断面特点恰恰相反就是以铝合金为主要受力部位，木材辅助受力。有时也叫"铝木复合"。

[提问4]:

在酒店和宾馆里仿古实木门窗很流行，请老师给我们说说在工艺和设计上要注意些什么？

[解答4]:

近年来，我国传统木装修在很多宾馆饭店、楼堂馆所等商业空间呈现出回归迹象，使用仿古门窗透漏着当代文化认知的新动向。仿古门窗一般有两类制作使用，一类是完全按古法工艺制作，适用古建筑修复和特殊主题装修；另一类则是把民族传统与现代工艺结合在一起，进行现代化设计制作。传统木仿古门窗装饰的空间，营造凝重、神秘、博大、高贵之气氛。

在设计使用仿古门窗时我们要注意风格定位、结构材料、加工工艺和维护保养等几个方面的问题。

1. 仿古门窗是为空间设计的复古风情而设计的，对空间的复古风情进行具体风格定位，是仿古门窗的具体造型风格的前提。复古风格设计有中式、西式风格之分，还有具体年代和风格流派的细分，要注意适合空间整体风格造型的要求。例如"唐风"装修空间则少用明式门窗和家具，在哥特式空间中不能使用拜占庭风格的门窗。虽然也有"混搭"的时候，但要明确空间设计整体风格的定位要求。

2. 其次是门窗的用材，不同品种的实木，成本价格和色泽外观也是不同的。高档的仿古门窗都用多年生硬木或次硬木来制作。为了节省材料和降低成本，也有许多使用实木集成材制作的，或者主结构和辅料分用不同木材料。由此仿古实木门窗的材料进行合理选用，才是更经济的。

3. 接着是加工工艺，涉及实木雕刻、组装和油漆等工艺。市场上的实木门窗的拼花或纹样多为机器加工雕刻，雕刻工艺体现仿古的效果和价值。组装结构是采用传统榫卯结构，还是现代五金连接件，也是加工工艺的重要问题。只有特殊要求的门窗还在使用传统结构，大部分的仿古门窗多采用现代五金件连接安装，不仅牢固可靠，也是工艺效率的选择。油漆工艺中要注意油漆的品质和工序是否充分，底层、面层油漆边数是否到位，色差、变色、气泡、塌陷、起皱等缺陷是否得到处理。

4. 仿古门窗的保护保养，主要是主材实木的护养。有防蛀、防潮等内容。含水率的指标主要影响仿古门窗尺寸稳定性和变形问题，含量过高或过低，在使用中都可能出现干缩、膨胀、开裂、变形等问题。一般来说，仿古门窗在生产过程中基本可以将含水率控制在标准范围内。夏季仿古门窗防潮，应该科学通风或适当抽湿，以保证室内湿度平衡。也可以选用保护蜡或专门的清洁剂均匀地涂在仿古门窗表面，使其在表面形成一个防潮层，可有效地防止潮气入侵。为了保证长期使用及可靠性，如在过分潮湿或长期地面积水、通风条件不好的环境（如卫生间、厨房、底楼、地下室、新砌门洞等）下使用，务必在安装时对仿古门窗套背面和接触地面的部位作防潮处理。

[提问5]:

楼梯的坡度和踏步的尺寸是怎样计算的？不同空间对楼梯的踏步分类有怎样的要求？

[解答5]:

楼梯的坡度的选择，要从攀登效率、节省空间、便于人流疏散等方面考虑。一般在人流量较大、安全标准较高或面积宽裕的场所，其坡度应该平缓，选择30°左右的坡度。仅供少数人使用或不经常使用的辅助楼梯坡度可以较陡，但也不超过38°。

楼梯踏步尺寸，公共建筑主要楼梯的踏步尺寸适宜范围为：踏步宽度300～320mm，踏步高度140～150mm；次要楼梯的踏步尺寸适宜范围为：踏步宽度280～300mm，踏步高度150～170mm；住宅共用楼梯的踏步尺寸适宜范围为：踏步宽度250mm、260mm、280mm，踏步高度160～180mm。

设计时，可选定踏步宽度，由经验公式 $2h+b=600～620mm$（h 为踏步高度，b 为踏步宽度），可求得踏步高度且各级踏步高度应相同。根据楼梯间的层高和初步确定的楼梯踏步高度，计算楼梯各层的踏步数量，即踏步数量为：$N=$层高（H）/踏步高度（h）。若得出的踏步数量 N 不是整数，可调整踏步高度 h 值，使踏步数量为整数。

住宅共用楼梯常用适宜的踏步尺寸，踏步高度156～175mm，踏步宽度250～300mm；学校、办公楼则是踏步高度140～160mm，踏步宽度280～340mm；剧院、会堂则是踏步高度120～150mm，踏步宽度300～350mm；医院则是踏步高度150mm，踏步宽度300mm；幼儿园则是踏步高度120～150mm，踏步宽度260～300mm等。具体的还可查阅《建筑设计资料集》等资料和规范。

[提问6]:

老师，听说建筑中有无障碍设计的强制要求，在楼梯和通道等建筑无障碍设计具体要求方面是怎样的？

[解答6]:

无障碍设计是人性关怀设计，强调在科学技术高度发展的现代社会，一切有关人类衣食住行的公共空间环境以及各类建筑设施、设备的规划设计，都必须充分考虑具有不同程度生理伤残缺陷者和正常活动能力衰退者人群的使用需求。配备能够应答、满足这些需求的服务功能与装置，营造一个充满爱与关怀，切实保障人类安全，方便、舒适的现代生活环境。

建筑无障碍设计主要包括入口、坡道、走道与地面、门、楼梯与台阶、扶手、电梯与升降平台、厕所浴室、无障碍客房、住房、停车位等。

1. 出入口。公共建筑与高层、中高层居住建筑入口设台阶时，必须设轮椅、坡道和扶手。建筑入口轮椅通行平台的最小宽度，一般建筑应≥1.5m，对大、中型公共建筑，公寓建筑应≥2m，门扇开启的净宽：推拉门、折叠门、平开门、弹簧门（小力度）应≥0.8m，自动门应≥1m，建筑物内所有的门均不得小于这个净宽。出入口内、外应留出供坐轮椅者回转的面积。否则无法改变行进方向。

2. 在公共建筑中配备电梯时，必须设无障碍电梯。电梯厅的深度应≥1.8m，按钮高度0.9～1.1m，电梯门应≥0.9m。

3. 坡道的坡度大小，关系到轮椅能否在坡道上安全行驶。因此，在不同坡度的情况下，坡道高度和水平长度应符合表中的规定。

坡度高度和水平长度参数表（表5-5）

坡度	1:2	1:16	1:12	1:1	1:8
最大高度（m）	1.5	1	0.75	0.6	0.35
水平长度（m）	30	16	9	6	2.8

一般设计时选用1/12的坡道，当高坡达到0.75m时，坡度的水平长度是9m。需在坡道中间设深度为1.5m的休息平台。休息平台向上和向下的坡道长度可以相等，也可以不相等。当坡度小于1/12时。允许增加坡道高度和水平长度。1/10～1/8的坡度，只限用于受场地限制改建的旧建筑物和室外通路。

4. 走道和道路，乘轮椅者通行的走道和道路最小宽度，应符合下表规定。

建筑类别与通道宽度对照表（表5-6）

建筑类别	最小宽度（m）
大型公共建筑走道	≥1.8
中小型公共建筑走道	≥1.5
检票口、结算口轮椅通道	≥0.9
居住建筑走廊	≥1.2
建筑基地人行通路	≥1.5

这些宽度，是按人流的通行量和轮椅行驶的宽度定的，一辆轮椅通行的净宽一般为0.9m，一股人流通行净宽为0.55m。则1.2m宽的走道能满足一辆轮椅和一人侧身互通；1.5m宽的走道能满足一辆轮椅和一人正面互通；1.8m宽的走道则能满足两辆轮椅互通。若走道净宽小于1.5m时，则应在走道末端设1.5m×1.5m的轮椅回旋面积，使之能调头行驶。

5. 对无障碍其他设施的设计，详见《城市道路和建筑物无障碍设计规范》相关部分的规定。

[提问7]:

我们知道楼梯设消防楼梯或通道，那楼梯的具体安全设计是怎样的呢？

[解答7]:

楼梯是垂直交通的主要空间，安全性具体要求如下：

1. 供日常主要交通用的楼梯的梯宽，应根据建筑物的使用特征，一般按每股人流宽的0.55+（0～0.15）m的人流股数确定。

2. 住宅楼梯梯段的净宽度不应小于1.1m，六层及六层以下，一边设有栏标杆时，不应小于1m。

3. 楼梯平台上部及下部的净高（从最低处即平台梁底计算）不应小于2m；梯段净高不应小于2.2m。当净高较小时为确保不碰头，梯段踏步的起步位置，应从平台梁边后退一梯步宽度或300mm。

4. 楼梯平台扶手处的最小宽度不应小于梯段宽度。

5. 梯段长度按踏步数定，最长不应超过18级，最少不应小于3级。踏步的高与宽，则随建筑的性质定。如住宅踏步宽度不应小于0.26m，踏步高度不应大于0.175m。

6. 有儿童经常使用的楼梯，如托儿所、幼儿园、中小学、少年宫等，梯井净宽大于0.2m时，必须采取安全措施。住宅梯井大于0.11m时，必须采取防止儿童攀滑的措施。

[提问8]:

老师我们知道栏杆要坚固耐久，必须有一定的强度，但是怎样做才能使栏杆强度好呢？

[解答8]:

这是要使栏杆的连接稳定问题，一般栏杆材料本身是比较坚固耐久的，栏杆顶部的水平推力一般要达到500N，在学校、食堂、车站、体育馆等人流较大的公共空间的栏杆则要达到1000N。

需要注意栏杆和基座连接，特别是大立柱的连接安装，必须做到每节连接牢固，不能有"虚连"。连接方式主要有插入式、焊接式、螺栓结合式三类，每类连接方式要注意提高施工质量。

另外是栏杆两端尽量与相邻的牢固建筑体相连，使其整体稳定性加强。如果没有相邻建筑体，栏杆是独立的，可以在两端和中间架设一定位移量的立柱，也可以设斜撑或拉筋，使栏杆整体支撑立体的"厚度"提升。

[提问9]:

成品楼梯是在工厂加工好的成品，在现场组装成型。老师我们在设计、安装和护理等方面要注意些什么呢？

[解答9]:

成品楼梯是楼梯建造的一个发展趋势，是现代工业化建筑的理念，对楼梯进行组件模块化和制造系统化的工业概念，使楼梯具备施工方便、安装精确，加工多样等特点。

设计使用成品楼梯时，必须充分考虑现有建筑空间的功能状态，特别是空间尺度和人流运动方式，成品楼梯的体量和方式必须与之相适应。

其次是成品楼梯的结构工艺和造型，需要精心设计。由于成品楼梯有使用钢材、实木、玻璃、塑料等多种材料，材料结构的稳定性是设计中的关键，材料间膨胀等组合与协接的问题也是设计注意的问题。

再则是安装实施时，施工工序必须严格，这时的楼梯是个"机器"设备或装置。与建筑空间的连接关系也需要合理安排。

另外，成品楼梯的护理必须定期进行。钢结构的楼梯要进行防腐、防锈和结构件牢固的检查和护理。实木材质需要表面护养、防蛀、防水等处理。玻璃材质需要注意应力集中和防撞击保护等问题。

/教学关注点

1. 门的功能与消防安排

门的基本功能有水平交通、分隔和联系空间、通风和采光等。我们不仅要熟悉从制作工艺分类门，还要深入了解从性能和使用功能角度对门的设计制作要求。在各类空间中，尤其是公共空间中，对消防的要求甚为严格，需要明确空间中门的消防功能，不能无故更改性能。

2. 窗的大小影响因素、空间采光系数

窗户的大小不仅在界面设计上起效果，还需要依据室内采光性能的要求来设定。不同空间的功能要求采光也不尽相同，在教学中需要依据采空系数，强化练习窗户与采光的换算，做到合理设计窗的大小。

3. 梯的形式选择与空间设置

多种楼梯形式，可以自由运用，关键在于空间功能的需要。每种楼梯有自己独到的性能和特点，在教学中不仅要明确各种楼梯的特点，更需要依据空间整体布局来选择合适的楼梯，学会创新又科学地运用。

4. 栏杆的形式设计与安全性

栏杆的主要功能是防护作用，在各种类型的拦河设计中，栏杆性能也有许多变化，在教学中要注意栏杆性能和形式设计并重的思路。

/训练课题

1. 窗的观察和绘图

就所在教学楼的窗户进行仔细观察并绘制图纸。
①描述窗户的方式类型、材料特点和使用情况。
②绘制窗户的立面和剖面结构图，并标注基本尺寸。

2. 仿古门窗调研

完成对本地区市场的仿古门窗的系列调查。
①分析市场仿古门窗的风格造型。
②研究仿古门窗所使用的材料和工艺情况。
③整理仿古门窗使用的环境和场所信息。

3. 楼梯设计实例

某学生宿舍楼的层高为3.3m，楼梯间开间尺寸3.6m，进深尺寸6.6m。楼梯平台下作出入口，室内外高差600mm。缓冲尺寸（距走廊或门口边要有规定的过渡空间）550mm，平台梁高350mm，墙厚240mm。试设计楼梯和其现代不锈钢栏杆。要求：
①写出楼梯的设计步骤。
②绘制楼梯平面图和剖面图。
③绘制栏杆尺度和结构造型图。

/参阅资料

[1] 《门窗规范大全》
[2] 《民用建筑设计通则》相关部分
[3] 《建筑楼梯模数协调标准》
[4] 《住宅建筑规范》GB50368-2005
[5] 《木门窗》GJBT-752建设部2004
[6] 《楼梯栏杆栏板（一）》GJBT-945建设部2006
[7]http://www.baidu.com百度网
[8]http://www.nipic.com昵图网
[9]http://jz.zhulong.com筑龙网

项目的组织与实施，是需要具备建筑装饰工程施工资质的企业来完成的。建筑装饰工程的施工企业资质等级标准分一级（甲）、二级（乙）、三级（丙）、四级（丁）企业。在健全体制的前提下，安全施工、文明施工、专业施工、科学的管理才能确保项目的顺利完成。

本章通过列举两项实际项目的施工与管理，说明相关管理的基本要素和重要步骤，引导学习项目组织设计。

第六章 项目组织与实施

1. 企业资质等级要求
2. 项目施工组织设计
3. 项目施工管理实例

/ 问题与解答
/ 教学关注点
/ 参阅资料

第六章 项目组织与实施

第 一 节

企业资质等级要求

/ 一级企业（甲级）
/ 二级企业（乙级）
/ 二级企业（丙级）
/ 四级企业（丁级）
/ 企业承包范围

市场上，承担项目的企业需要有一定的资质等级，对应大小不同的项目有不同等级的企业来承担，从而在制度上保障各类项目的合理开展。我国建筑装饰行业制定了四类企业资质等级，相关基本要求在本节作一介绍。

一、一级企业（甲级）

1. 企业近5年承担过2项单位工程造价1000万元以上的高档室内装饰工程施工，工程质量合格，无安全事故。

2. 企业经理具有5年以上从事施工管理工作的经历；具有本专业高级职称的总工程师；具有中级专业职称以上的总会计师；具有中级职称以上的总经济师。

3. 企业有职称的工程、经济、会计、统计等人员不少于50人，其中具有工程系列职称的人员不少于30人；工程系列职称的人员中，具有中、高级职称的人员不少于15人，且装饰设计（建筑或工艺美术）、建筑结构、暖通、给排水、电气等专业齐全。

4. 企业具有一级资质的项目经理不少于5人。

5. 企业资本金1000万元以上，生产经营用固定资产原值600万元以上。

6. 有与室内装饰工程施工相适应的先进的配备齐全的施工机具、设备和固定的工作场所。

7. 通过国家质量体系认证或有完善的质量保证体系，有健全的经营管理、安全、环保等各项管理制度。

二、二级企业（乙级）

1. 企业近5年承担过2项单位工程造价500万元以上的高档室内装饰工程施工，工程质量合格，无安全事故。

2. 企业经理具有3年以上从事施工管理工作的经历；具有本专业中级职称以上的总工程师；具有中级专业职称以上的总会计师；具有中级职称以上的总经济师。

3. 企业有职称的工程、经济、会计、统计等人员不少于30人，其中具有工程系列职称的人员不少于20人；工程系列职称的人员中，具有中、高级职称的人员不少于8人，且装饰设计（建筑或工艺美术）、建筑结构、暖通、给排水、电气等专业齐全。

4. 企业具有二级资质以上的项目经理不少于5人。

5. 企业资本金500万元以上，生产经营用固定资产原值300万元以上。

6. 有与室内装饰工程施工相适应的施工机具、设备和固定工作场所。

7. 有完善的质量保证体系和健全的经营管理、安全、环保等各项管理制度。

三、三级企业（丙级）

1. 企业近5年承担过2项单位工程造价100万元以上或4项单位工程造价50万元以上的建筑装饰工程施工，工程质量合格。

2. 企业经理具有2年以上从事施工管理工作的经历；具有本专业中级职称以上的技术负责人；具有助理会计师职称以上的财务负责人。

3. 企业有职称的工程、经济、会计、统计等人员不少于15人，其中具有工程系列职称的人员不少于10人；工程系列职称的人员中，具有中级职称以上的人员不少于4人且专业配置基本齐全。

4. 企业具有三级资质以上的项目经理不少于3人。

5. 企业资本金100万元以上，生产经营用固定资产原值60万元以上。

6. 企业年完成建筑总产值500万元以上，建筑业增加值120万元以上。

图6-1 建设部制 工程设计与施工资质证书图样

图6-2 地方室内装饰协会制室内装饰企业资质等级资质证书图样

四、四级企业（丁级）

1. 企业近 5 年承担过 2 项单位工程造价 10 万元以上的建筑装饰工程施工，工程质量合格。

2. 企业经理具有 1 年以上从事施工管理工作的经历；具有本专业助理工程师职称以上的技术负责人；具有会计员职称以上的财务负责人。

3. 企业有职称的工程、经济、会计、统计等人员不少于6人，其中具有工程系列职称的人员不少于4人。

4. 企业具有四级资质以上的项目经理不少于2人。

5. 企业资本金20万元以上，生产经营用固定资产原值10万元以上。

6. 企业年完成建筑业总产值50万元以上，建筑业增加值12万元以上。

五、企业承包范围

1. 一级企业：可承担各类建筑装饰工程的施工。

2. 二级企业：可承担单位工程造价1500万元以下建筑（包括车、船、飞机）的室内、室外装饰工程的施工。

3. 三级企业：可承担单位工程造价800万元以下建筑（包括车、船、飞机）室内、室外装饰工程的施工。

4. 四级企业：可承担单位工程造价100万元以下建筑的室内、室外装饰工程的施工。

图6-3~11 辽宁怡亚通装饰工程项目 竣工后现场实景

第二节

项目施工组织设计

/ 明确工程的内容和范围
/ 施工前必须具备的基本条件
/ 施工工期计划确定
/ 项目管理机构
/ 项目管理目标
/ 施工项目现场的技术、质量管理控制措施

/ 施工质量保证体系
/ 符合国家消防规范和要求，建立完善的安全消防措施
/ 项目工期保证
/ 甲、乙双方协调措施
/ 现场文明施工管理
/ 工程善后措施

编制施工组织计划，是企业施工前重要的工作，也是施工企业真实实力的展现。根据项目的内容、项目的复杂程度、项目的施工要求，分析采用可行的施工工艺，消耗用材，科学地制定合理施工工期。

一、明确工程的内容和范围

1. 工程简介：工程名称、工程地点、工程内容。

2. 工程承包范畴：依据设计图纸以及预算中的工程量为承包范围。

3. 工程重点：工程项目的情况会各有不同，这里更强调施工企业的系统化管理，对项目有一个科学和合理的分析。对于关键的区域、位置，必须保证施工不能出现瑕疵，杜绝出现质量问题。

4. 工程难点：可能是工期，可能是材料的供应，可能是施工的工艺，也可能是工程造价，总之，应先编制可行的施工方案，经确认后才能实施，在确保安全的情况下，保证施工质量，消除安全隐患，符合国家规范，满足投资人对项目的要求。

二、施工前必须具备的基本条件

1. 企业工程合同文件的签订：根据双方友好协商，签订施工正式文本。

2. 落实技术资料：无论是新建项目还是改建项目，施工应在建筑、消防、空调等其他工种配合下进行，正式开工前组织好图纸会审，核对现场各个空间的尺寸，确认施工图尺寸无误，再列出材料清单（需要订货的品牌、数量、规格）。

3. 施工前与各系统安装工程的配合：在甲方的协调下，会同监理单位，与各系统安装工程的设计和施工单位，进行图纸会审，检查装饰设计与隐蔽工程之间是否有矛盾，系统安装是否存在不合理的情况。发现问题及时解决，并提出解决冲突的方案。

4. 临时设施：包括现场办公、临时材料库房、施工人员宿舍等。与甲方现场管理部门协调，根据施工现场的具体情况，提出临时设施的要求。

5. 项目临时用电：施工用电需申报机具一览表的动力用电总量，按总用电容量配置架设临时电路，设动力配电总箱一个，挂表记量。大型施工现场，可在每一楼层或每一施工区域架设一个临时小型动力配电箱，选用的配电箱必须符合施工现场用电国家标准。

6. 项目施工用水：确认施工用水的水源，按甲方指定的施工用水点接出，使用需做好签认工作。

7. 材料进场路径：确保材料到达现场能够及时堆放到指定的位置。

8. 材料验收：工程采用的各种材料必须符合约定的要求和设计的要求，符合国家各项相应的验收标准及建筑材料行业验收标准，没有合格证或者不合格的材料禁止进入施工现场。全部材料在进入施工现场后，应及时会同甲方代表、监理代表、相关人员共同检查和验收，确认后方可使用，有些材料还需进行专门部门的专业检验后方能使用。所有乙供材料，乙方应当在材料运进现场前向甲方提供相应的产品合格证、备案证等品质合格证明材料。

三、施工工期计划确定

1. 施工总体布置：不同的施工项目，我们都可以将其粗略的划分为三个阶段。前期：隐蔽项目、基础项目。中期：各个界面基层、面层。后期：灯具、洁具、家具、饰品安置。合理地安排好各工种间的衔接和交叉。

2. 施工前期布置：施工进场前的工作是十分繁杂的，需要细化地思考和科学地安排，涉及到人、财、物，关系到施工企业形象，影响到企业的可信度，因此，前期的安排十分的关键和重要。

3. 施工阶段布置：施工期间的印象是建立在施工过程中的队伍管理、手段、专业、效率，专业的施工队伍，科学的有计划的引领，是确保企业完成合同任务，创造价值的保障。

四、项目管理机构

五、项目管理目标

1. 施工管理机构部署（表6-1）

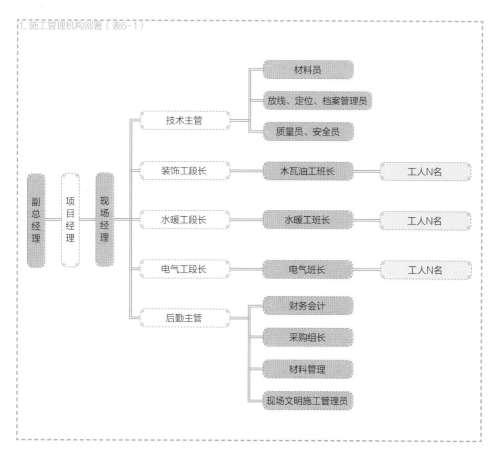

1. 质量目标：合格率100％，质量评定等级为优良。

施工企业必须严格按照经业主认可的施工图纸和国家现场施工、验收规范及工程质量评定标准和技术要求进行施工。

2. 工期目标：承诺合同固定的时间完成全部工程项目（不可抗拒的自然因素除外）。

3. 安全目标：应遵循国家有关工程建设安全生产的各项管理规定，确保文明施工、安全施工，无重大工伤事故，杜绝死亡事故的发生等。

2. 施工项目现场管理机构（表6-2）

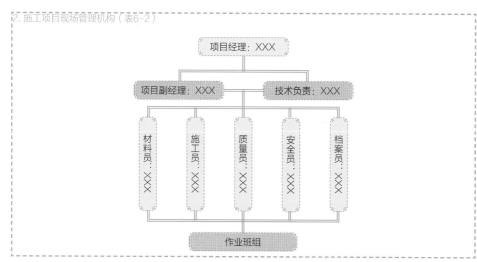

第六章 项目组织与实施

六、施工项目现场的技术、质量管理控制措施

1. 设专职质检员,有项目经理监督,严格按照国家质量验收标准进行检查、监督和验收,工作落实十分重要。

2. 施工班组要认真进行自检、互检,确保每一道工序的施工质量不留隐患。

3. 工程技术人员要做好施工前的图纸会审,及时发现问题,隐蔽工程完工后,要求现场甲方管理部门对基层等隐蔽工程进行验收,并填好工程技术联系单和隐蔽工程验收单。

4. 各个分项工种施工前,技术人员要向班组作业的负责人进行技术交底,特别提醒前工序和后工序的穿插作业的通病预防,把"预防为主"的思想贯彻给每一位施工人员。

5. 把好材料源头关,不合格的材料严禁进入施工现场。

6. 加强成品保护工作。

7. 对各分项工程施工前,做出详细的施工方案供监理公司审核并经甲方项目负责组同意后才能实施,确保在实施的源头、施工环节及施工后工程量确认等方面的多重控制。

七、施工质量保证体系

《建筑装饰装修工程质量验收规范》(GB50201-2001)、《建筑工程施工质量验收统一标准》(GB50201-2001)有着明确的规定,装饰企业需要运用施工的管理经验,对工程项目的工艺构造、安全、工期等诸多方面进行细致的思考和必要的准备,做到优质工程目标明确,制定和落实工程质量的保证体系,自始至终具有完好的组织、控制、协调、检查、处理等措施。

通过提高施工人员的思想认识,强调质量与诚信、质量与效益、质量与安全的教育,并能贯彻始终。建立一个有明确任务、职责权限又能互相促进的有机整体生产、监控部门,在施工的准备阶段、施工的过程中及质量管理三个方面要有明确的质量管理点和管理效果的检查。

质量保障体系布置图: (表6-3)
质量保证框架图: (表6-4)

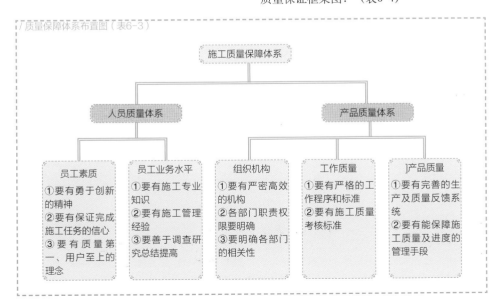

/质量保障体系布置图 (表6-3)

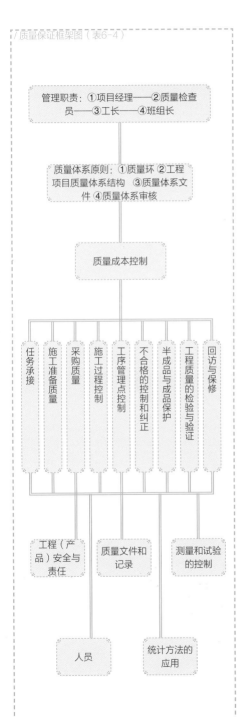

/质量保证框架图 (表6-4)

八、符合国家消防规范和要求，建立完善的安全消防措施

1. 施工现场禁止吸烟。禁止明火出现。

2. 设置专职的安全员。做好施工人员的三级教育工作，作业人员经考核合格后才能上岗作业，特殊工种的作业人员必须持证上岗。

3. 项目实施过程必须严格执行各项安全管理制度和安全操作规程，技术员和工长在进行各项工程生产、技术交底的同时，要进行安全的交底，如果没有安全措施，执行班组严禁施工作业。

4. 凡进入施工现场的人员，必须佩戴作业工卡、安全帽、安全带、工具袋，严禁穿拖鞋进入施工现场。施工过程中工具的接递不能投掷，登高作业要谨慎。

5. 临时配电箱要专人管理，定期检查电的线路和绝缘情况，防止触电事故发生，非操作人员不准动用机械设备，配电箱及各种电源开关必须符合施工用电规范标准。本着"三级配电，三级保护"的原则配置施工用电，并做到"一级一闸一保险"，主电箱做重复接地。

6. 项目现场严格管理动火要求，对电焊、气焊等要求严格执行动火制度，明火作业设专人看火，施工的区域在明显的地方设置防火工具及防火用品，动火的周边不能堆放易燃的材料。

九、项目工期保证

健全组织机构，落实岗位责任制，做好工程前的各项准备工作，科学地计划和安排好工序之间的穿插，做到分项工程的工期保证分部工程的工期，分部工程的工期满足整体工程的工期。

积极推广应用新技术、新工艺、新材料。充分发挥机械效率，设备做到定期检修，保证其安全正常地运行。

实行平面流水，立体交叉作业相结合的快速施工方法，做到施工整体一盘棋，统筹安排，定期召开施工班组会和各工种间的协调会，及时解决施工中存在的问题。

十、甲、乙双方协调措施

建立好互相的关系，按时参加甲方召开的工程相关会议，及时组织实施会议的内容，重视甲方提出的更改意见，对不能做到的必须予以解释，能做到的部分，做好现场签证，为日后的结算提供依据。

乙方在施工过程中如发现问题应及时与甲方沟通，以积极的、专业的姿态去面对每一项困难。

第六章 项目组织与实施

图6-12 团队开展项目研究

图6-13 设计小组进行方案设计

图6-14 工地现场设计核查

十一、现场文明施工管理

1. 设专人负责文明施工管理，负责检查施工现场的保洁和食堂、宿舍的卫生工作，由安全员负责牵头对每个工作日的各个班组进行检查，落实项目组完成情况的奖罚。

2. 施工中使用的较大型材料现场堆放整齐，分量较重的物料摆放要考虑楼板的荷载，避免带来安全隐患。施工过程中的余料要及时清理码堆，按指定的位置堆放整齐。

3. 每天作业产生的垃圾要及时清理并用袋装好运到指定的区域堆放，保证日产日清，垃圾存放点要做好遮挡，当垃圾能装满一车时应及时运离现场。

4. 施工现场施工人员着装统一，保持良好的施工企业形象，进入现场的施工人员一律佩戴胸牌，以便于辨认和管理。

5. 施工现场和宿舍区严禁随地大小便及乱扔杂物，禁止打架、赌博、酗酒等此类事件发生。

6. 做好施工现场施工完成的成品和半成品保护工作。

7. 施工现场和临时生活区做好宣传标语，现场标牌、施工责任牌等设置和合理放置在显眼的位置。

十二、工程善后措施

1. 工程竣工前的阶段性工作，我们称之为工程收尾。期间也是整个项目的关键时刻，对存在问题的区域和质量不达标的地方，要及时整改。对隐蔽验收的部分应详细核实并做好存档的文字资料。

2. 工程竣工前，需按照甲方档案管理的要求，由专人管理保存并负责随时提供与工程相关的各种资料。竣工后，及时提供全部竣工图纸，既满足存档的要求，同时也是竣工结算的依据。

3. 现场清洁。在初步自检之时对现场进行卫生清扫，必要时请专业的保洁队伍，为竣工验收创造良好印象。

4. 填写竣工报告。呈请甲方组织相关人员对工程进行全面验收，并在竣工报告中将验收的范围、评定签字盖章。

5. 现场的机具、余料及时撤场。

6. 各项成品的使用、操作程序和清洁的方法，以书面的形式给予业主清晰的说明。

7. 现场核准全部工程量，为结算做好准备。

8. 工程保修期内，兑现承诺。

图6-15 工地现场

图6-16 施工后期现场

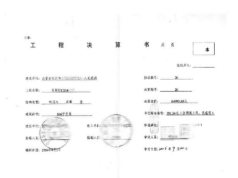

图6-17 工程决算书图样

223

第六章 项目组织与实施

第三节

项目施工管理实例

/ 大连国家生态工业示范园
/ 辽宁怡亚通供应链管理公司
大连分公司装饰工程

本节作两个实际项目的介绍，展现在实际项目施工过程的各个关节，以便能够更加具体形象地了解管理内容和施工关注点。

一、大连国家生态工业示范园
（一）项目简介

甲方：大连国家生态工业示范园
A座为东达办公楼
B座为海关、商检办公楼
总面积：9567㎡
乙方：大连异彩室内设计工程有限公司

（二）工程事项步骤

1.施工图纸绘制与会审、交接

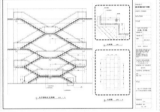

统一规范：统一标注、线型、颜色、索引符号、比例、字体；统一公用尺寸（门、门框的尺寸，窗的尺寸，踢脚线高度，吊顶高度等）；统一布局中的模板、比例、图号编号以及图纸目录准确有序。

绘制立面图特别是剖面节点图时，最重要的是要了解施工工艺，不同材料之间的关系和结构。

尽可能多画一些细节，既能够准确清晰地表现施工工艺，又丰富了画面，使整个施工图显得生动。

2.施工合同签订

施工方与甲方签订合同之前，要晒好蓝图，准备合同文本、材料清单、材料样品以及核算施工工程量。

确定合同的同时，相关负责人要联系各个施工工种，并掌握施工材料的相关数据，开始为施工做准备！

随着社会经济的日益发展，社会的不断进步，我们已经进入了WTO法制时代。然而，身处法制时代的我们在频繁的经济交往过程中，经济诈骗像妖魔一样让我们防不胜防。特别是近几年来，利用经济合同进行欺诈的违法活动日益猖獗，并呈智能化、职业化、团体化和国际化的发展趋势。合同签订必须认真、细致，防范经济合同的法律风险，及时发现经济合同的法律漏洞对于企业经营者以及合同管理部门是极其重要的问题。

3.施工进度总表

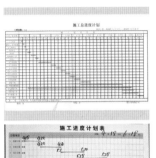

整体工程施工进度安排一目了然。建立好工种间的联系和关系。施工过程根据具体情况及时修正。

施工进度表既要强调科学性、可行性，还要给不确定因素留有余地。

4.施工前现场状态、条件记录，施工准备

2011.07.07

施工前对空间的各个部分进行有效地记录和存档，是非常重要的。这为甲乙双方的日后交流提供依据，对甲乙双方遇到相关纠纷维护自身权利时是最好的证明。

施工技术人员对施工现场的了解和熟悉有利于施工技术的选择和判断。

正式开始施工之前，要确保施工用电、水以及生活用电、水的正常供应。要与甲方协商确保施工进度条件（如现场环境湿度过大需要对窗户门洞进行临时性封堵并配备除湿机）。

与其他作业工种沟通配合（消防、弱电、空调、土建等），以便更好地统筹安排施工进程（与甲方和相关作业工种协商施工进度作业计划）。

施工方项目部要负责做好与施工相关的工作（材料报验、现场施工安全、档案管理、与甲方、监理沟通、与各工种处理现场施工问题等）。

5.材料样品

6.项目部设置

7.现场材料交验、堆放

8.现场大型材料堆放和小型材料入库

根据设计要求的品质和效果，由公司去市场采买、收集工程全部主材，在规定的时间将实样交由甲方指定代表接受并封存。大规格的材料提供品牌样本和产品合格证书、检验报告。

乙方施工管理现场办公区域。具备基本的办公条件，满足管理团队交流的需要，兼顾设计师与施工队伍图纸交底的场所。

距离施工场所不宜过远。

专人对进入现场的材料进行检查，内容包括材料品牌、生产厂家、规格、数量、合格证等。填写入库单，办理现场入库手续。指导物料堆放位置。

特殊的、价格昂贵的、怕污染的材料，摆放的方式、位置等需要足够的经验和责任心，否则会造成不必要的浪费。

施工现场材料的堆放应遵循方便、合理为原则，不宜距离施工区域过远，也不宜过于零散，不方便管理。建立小件物料库房，需专人看管。施工人员采取随用随领制度。

9.施工条件措施

解决临时施工用水（自来水是不能用于工程施工的）。

临时施工用电协调，一般做法是独立建表计费。确保施工安全，需要由专人管理和维护。

10.安全措施

① 登高作业必须符合国家规范和要求。

② 施工现场文明施工标志。

③ 易燃区域摆放消防灭火器。

④ 施工现场每天专人清扫，保持良好的施工环境。

⑤ 不能避免木作的位置处，必须使用阻燃材料。

11.施工初期

施工前期工种划分为瓦工、力工、钢结构、木工、水暖工、电工、油工等。

① 瓦工：砸墙、砌墙。
（设计人员须与现场工人沟通，对照图纸确认砸墙位置、哪些需要轻钢龙骨建墙、哪些需要砖砌墙、哪些需要开门洞、哪些需要补洞口等）

② 水暖工：卫生间、厨房上下水走管。
（设计人员要为工人提供上下水点位图，提供洁具、感应器样品和尺寸等信息）

③ 钢结构：焊接玻璃拦河以及需要用钢结构做基层的造型。
（设计人员要提供造型详细的节点大样图）

④ 木工：做木饰面基层，轻钢龙骨建墙，吊顶造型的木作基础。
（设计人员需提供详细的节点大样图，准确的标高，新建轻钢龙骨墙、木饰面墙体的位置）

⑤ 电工：铺管走线。

12.隐蔽签证

工程隐蔽项目竣工后施工方必须书面通知甲方及监理共同验收确认。文案同时需记录参加验收的人员、验收时间、地点、项目的内容（签证单上表明材料及工艺的做法，给日后的工程决算提供依据）。

如卫生间上下水走管完成后要对相关管路进行压力测试，之后就可以做防水了。

13.施工中期

① 瓦工：地面找平，贴砖，抹灰(设计人员需要确定贴砖方向、留缝大小）。

② 水暖工：安装洁具。

③ 木工：墙体封板，贴木饰面板，部分天棚封板。

④ 油工：天棚、墙面、柱子刮大白，石膏粉找平，木饰面搓色、刷油、打磨。

⑤ 钢结构：焊接楼梯，柱体干挂件。

14.工程变更

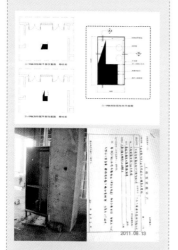

2011.08.13

追加项目或者改变原来设计需要签证。签证单上需要有追加的理由、时间、位置、单价、工艺详图。

追加签证必须要有甲方施工现场负责人签字。乙方应妥善保管，到工程决算时需提供签证原件。

工程变更原因：

① 业主原因：工程规模、使用功能、工艺流程、质量标准的变化，以及工期改变等合同内容的调整。

② 设计原因：设计的错漏、设计的调整，或因自然因素及其他因素而进行的设计改变等。

③ 施工原因：因施工质量或安全需要变更施工方法、作业顺序和施工工艺等。

④ 监理原因：监理工程师出于工程协调和对工程目标控制有利的考虑，而提出的施工工艺、施工顺序的变更。

⑤ 合同原因：原订合同部分条款因客观条件变化，需要结合实际修正和补充。

⑥ 环境原因：不可预见自然因素和工程外部环境变化导致工程变更。

15.施工末期

① 瓦工：瓦工施工基本结束。

② 水暖工：洁具安装完毕，并且做好成品的保护。

③ 木工：进入地板安装。

④ 油工：天棚、墙面、柱子刷乳胶漆。

⑤ 电工：安装灯具。

16.工程竣工验收
17.工程决算

在规定的时间工程竣工后，乙方提出验收申请，甲方确定验收的时间、参加的人员，对所有施工的部分进行质量验收，对出现的问题提出改进的要求。没有大的工程隐患和问题，甲方、监理方、施工方应在竣工报告上签字。

非一次性包死的造价，在工程结束后应完整仔细地将全部施工档案进行整理，公司负责预算的造价师按照甲乙双方原来的约定对项目进行重新核算。

二、辽宁怡亚通供应链管理公司
大连分公司装饰工程
（一）项目简介

甲方：辽宁怡亚通供应链管理公司大连分公
司装饰工程
乙方：大连异彩室内设计工程有限公司

（二）工程事项步骤

1.图纸会审、交接

2010年8月，甲方分三次将委托设计的图纸与施工方交接。

图纸交接甲乙双方人员须事先确定。图纸交接的时间、数量、地点须由专人记录备案。

2.施工合同签订

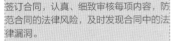

签订合同，认真、细致审核每项内容，防范合同的法律风险，及时发现合同中的法律漏洞。

3.施工进度总表

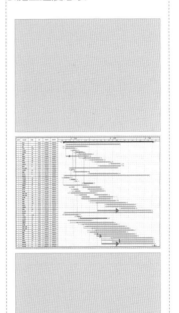

整体安排工程施工进度，建立好工种间的联系和关系。

施工进度表要强调科学性与可行性，同时充分考虑不确定因素，设置余量和根据具体情况及时修正。

4.施工前现场状态、条件记录

施工前对各个原空间，进行有效的现场记录和存档。

安排施工技术人员对施工现场进行了解和熟悉，进行有利于施工技术的选择和判断。

施工之前，安排好施工用电、水以及生活用电、水的正常供应。要密切与甲方协商，确保施工进场条件，与其他作业工种紧密配合。

229

5.材料样品

依据设计的要求，工程全部主材由公司采购去市场采购，并在约定的时间将实样交由甲方封存。大规格的材料需要提供品牌样本和产品合格证书、验收报告。

6.项目部设置

距离施工场所不远处设置，乙方施工管理现场办公区域。保障基本的办公条件，满足管理团队交流的需要。

7.现场材料交验、堆放

安排专人对进入现场的材料进行查检，一般进行材料品牌、生产厂家、规格、数量、合格证等内容的检查。

填写入库单，办理现场入库手续，指导物料堆放位置。特殊的、价格昂贵的、怕污染的材料，需要安排专门的空间和人员负责。

8.现场大型材料堆放和小型材料入库

施工现场材料的堆放注意方便原则，不宜距离施工区域过远，也不宜过于零散。建立小件物料库房，需专人看管。

建议施工人员采用随取随领的方式，并建立登记制度。

9.施工条件措施

安排临时施工用水、施工用电，确保施工安全，由专人管理和维护。

10.安全措施

注意登高作业符合国家规范和要求，施工现场设置文明施工标志，在易燃区域摆放消防灭火器，施工现场每天安排专人清扫。

11.施工初期

在施工前期，对工种进行合理划分，一般设置瓦工、力工、钢结构、木工、水暖工、电工、油工等。

12.隐蔽签证

在工程的隐蔽项目完工后，施工方要以书面形式通知甲方及监理共同验收确认。同时建立档案，记录参加验收的人员、验收时间、地点、项目的内容。在签证单上，表明材料及工艺的做法，作为日后工程决算依据。

13.施工中期

① 瓦工：完成卫生间墙面，地面找平，贴砖，局部抹灰等。

② 水暖工：完成上下水隐蔽部分。

③ 木工：进行墙体、顶部的封板等内容。

④ 油工：进行天棚、墙面、柱子等部分作业，部分木饰面搓色、刷油等工作。

⑤ 钢结构：完成焊接楼梯、玻璃墙体、局部理石干挂件等。

14.工程变更

在确保工程质量标准不降低的前提下，科学进行工程变更。"变更设计报告单"要详细申述变更设计理由、变更方案、与原设计的技术经济比较，报请审批。变更需要必须要有甲方施工现场负责人签字，乙方应妥善保管，是工程决算依据。

15.施工末期

① 瓦工：土建基本结束。

② 水暖工：洁具安装完毕。

③ 木工：完成天棚封板、木门安装、地板铺装等。

④ 油工：进行天棚、墙面、柱子刷乳胶漆，以及壁纸粘贴。

⑤ 电工：进行灯具的安装。

16.工程竣工验收
17.工程决算

在工程竣工后，乙方及时提出验收申请，甲方确定验收的时间、参加的人员。

对出现的问题提出改进的要求，没有大的工程隐患和问题，甲方、监理方、施工方应在竣工报告上签字。

在工程结束后应完整仔细地将全部施工档案进行整理，造价师按照甲乙双方原来的约定对项目进行重新核算。

/ 问题与解答

[提问1]:

项目施工管理者有着怎样的要求？我们这些学习设计的学生，将来会有着怎样的机会？听说早些年施工管理不规范，大部分的施工项目都是做设计的在引领"游击队"实施，虽然有设计沟通的优势，但管理素养的欠缺，让设计人变得"好辛苦"。老师，我们在校学习设计，一定要学会管人、管事、管现场的能力吗？

[解答1]:

过去靠关系，现在靠实力。的确早些年很多时候设计师会充当很多角色，是我国室内装饰行业起步阶段的现象之一，这些现象引发了很多弊端，不正规和不科学的管理会造成项目的隐患，现在很多不专业的管理现象已经消失，行业的发展也愈来愈良性。各个地区或地方政府对施工的管理都有着相应的规定和条款，招投标已经比较规范和成熟，项目对应要求施工的企业需要具有法人资格的资质。

项目施工管理需要具有国家颁发的建造师证和项目经理证。项目实施是一个团队在工作。项目经理的能力很重要，要求比较全面，项目经理是项目能很好完成的关键。学习设计的同时了解和熟悉施工工序、规范和要求，对设计的思考是有帮助的，对设计的理解将会变得更加全面和成熟，至于能否成为一名合格的项目经理，两者之间是不能划等号的。

[提问2]:

听说项目的施工管理在前期的计划、安排、要求等方面做的好坏，直接影响到企业利益，项目中工种的交叉是自然的，但过程中的交叉是否科学、合理就会影响工程质量，有时成品保护也很关键，没有成品保护的意识、方法，确保工程的质量是不现实的，老师，是这样吗？

[解答2]:

这个问题非常好。一个项目如果没有计划性，想顺利完成创造效益是不现实的。工序的先后、人员的配置属于专业和经验的考量。交叉作业尽量避免，不可避免的必须加强现场的管理力度和效率。资金的分配、材料的购置等还需有大局观。

施工过程中的成品保护，是质量管理控制的主要措施，成品保护最主要的措施是各项工序按正常、科学的工序施工，通常是先里后外，先上后下，先墙后地。对一些会接触到的墙角、柱角的阳角要进行局部的保护。对一些地面的施工，无论是过程中还是结束之后，成品的保护是非常重要的，尤其是高档浅色石材的施工，不仅要防止踩踏，更要防止一切带色的侵入。像一些型材在安装完成后最好再粘一层表面薄膜，防止表面腐蚀、变色，因没有进行成品保护出现的质量问题和返工现象是遗憾的，也是不能容忍的。

[提问3]:

影响制定工期的因素是哪些？听说工期的快慢完全是由甲方拨付的资金多少决定的，对吗？

[解答3]:

影响工期的制约原因是多方面的，有管理的原因，施工组织计划是否科学和严密；有队伍的原因，施工的能力是否过硬；有材料的原因，加工的周期是否过长；有天气的原因，湿作业是否受到气候的影响；还有资金的原因，是垫付还是拨付，当然还有时间的原因、环境的原因、不可预见的原因等。

工期的快慢完全取决于甲方的资金拨付这句话不完全对，首先看双方在施工前如何约定，很多时候乙方可能要首先垫付前期施工所需资金，能否垫付是由企业的实力说话。按工程进度准备资金，这是施工最基本的要求，除此就是健全施工组织机构，落实各个施工岗位的岗位责任制，细化好工程前的各项准备工作，周密的计划和预判好工序之间的穿插，才能体现科学、理性、合理的工期周期。

[提问4]:

项目前期设计图纸与现场不符是经常会出现的问题，设计师在现场应该怎样工作，我们听说设计追加和设计变更需要现场相关负责人签字，是这样吗？

[解答4]:

首先，设计变更在施工的过程中是件很正常的事情，一方面设计之初，对现场的了解不够详尽，设计尺寸与现场尺寸不符，另一方面，相关工种的隐蔽项目施工完成后对现有的空间产生了一些影响，设计调整是必需的，对工程竣工的结算将提供必要的依据。其次，项目过程中经常会出现项目的增加，那么，所有这些通常称之为设计变更。如出现设计变更，须由项目经理牵头，让设计师与甲方项目组的相关人员及时协调，达成共识后填写项目变更通知单，经甲方项目组认可后方可施工，把设计上的变更对工期的影响降低到最少。

[提问5]:

对于大型材料现场的堆放，整齐和整洁的要求是必需的，不仅便于材料领取，也是现场施工管理规范的体现，但为什么有时现场的要求是分散摆放，我们在很多次现场实习时，带班的大声要求搬运力工，为什么？

[解答5]:

小型材料和贵重材料的堆放一般施工方会在施工现场建立临时库房。大型材料往往就在施工现场摆放，而且摆放要求不允许聚堆。这完全是基于安全的角度去考虑。这是对于楼板堆放物料的具体要求，大规格的物料，我们很多时候是直接摆放在施工的现场，楼板堆放物料应摆在有梁结构的位置，对应主、次梁的位置较好，材料尽可能分散，还要按不同规格品种分别堆放，堆放时严禁超高、超厚，采取专人负责调度及做好防护工作。过于集中会带来安全的隐患，原则上每平方米不得超过楼板的超载限度。

[提问6]:

很多项目听说在施工期间，所有的材料进场必须提交材料合格证和安全监测报告，老师，这样的要求苛刻吗？通常材料供应有着怎样的情况？

[解答6]:

这样的要求不过分，安全无小事。所有的材料必须符合双方约定的要求和设计的要求，符合国家各项相应的验收标准及建筑材料行业验收标准，所有进场材料必须经甲方现场代表检查合格后，方可进场使用，特别是影响效果的面层材料。

相关的材料在使用中，甲方有权进行复检，如果发现存在质量问题或者与合同约定不符合的，甲方有权要求乙方更换或有权要求乙方承担相应材料价款的违约金。

第六章 项目组织与实施

[提问7]:

工程隐蔽项目有着怎样的要求？

[解答7]:

任何施工队伍都应文明、规范、科学地施工，施工现场对隐蔽项目的管理比较严格，要求严格按图施工，同时记录与原图纸不符之处。首先，完全封装的区域，一定做好自查，在封装之前对材料、工艺的检查是必要的。

施工方往往在隐蔽项目结束后，会被要求自查。然后提出具体时间，要求甲方和监理对施工隐蔽的部分进行安检和质检，检查结束后必须对隐蔽的项目有详细的书面记录，各方签字。

[提问8]:

听很多业内人士说过，工程施工不能抢工期，所有抢工期的工程一般质量都比较差，老师是这样吗？

[解答8]:

任何事情都不应该违背其自身的规律，工程项目也不例外。一个合格的施工队伍一定具有很好的拟定计划的能力，其中包括施工准备、人员配备、材料选定。根据施工难度、施工条件、施工人员等因素科学地制定施工周期，工期不能抢，是因为施工工序不能省，施工人员过于疲劳施工，不仅质量得不到保证，可能还会有安全的隐患，这方面的教训是深刻的。

[提问9]:

施工图和竣工图有区别，区别在哪我们表达不清楚，严格按图施工的竣工图绘制还有必要吗？竣工图有着怎样的要求和用途？

[解答9]:

施工图是工程开工之前设计师对设计的完整表达，是工程报价的依据，是施工组织安排的依据，还是材料订购的主要参考依据。竣工图是工程竣工之后由设计师按照施工现场实际情况完成的。

再完整和细致的施工图都不可能面面俱到，一定会有与现场不符的情况出现，只是多少的问题，尤其是与其他隐蔽项目的交叉，施工现场的改动和调整是正常的，所以工程竣工不画竣工图是不行的。

竣工图首先要将隐蔽工程在图纸中绘制准确和清楚，将工程竣工后各界面实际状况用图纸完整表达准确和清楚，竣工图在经过确认之后，设计方要晒成蓝图，提供双方之前预定的份数供建设方保管。竣工图是工程造价最终参照的依据，竣工图是甲乙双方存档的工程施工的主要文件，是甲乙双方日后隐蔽工程维修的图纸依据。

235

/ 教学关注点

[提问10]:

老师，施工现场太脏太乱，将来就业我们只选择设计公司，不了解施工和工艺的规范就一定做不好设计吗？

[解答10]:

界面建构的工艺、验收的标准看起来与我们学习设计关联性不大，有同学在想：创意是我的，实施是工人完成的，以后我也不想做项目经理，施工现场太脏太乱，我只想做设计，不想做工程，所以没有必要了解施工的内容。持有这一观点现在看来还是不明白什么是设计。我们说设计有着丰富的内涵，设计是具体的，解决问题是我们的能力和责任，表达从图纸开始，不了解施工，不懂得工艺的规范，就无法要求按图施工，就不可能适应市场对设计师的要求，就很难承担大型的设计主持。首先空间的安全无法得到保障，图纸的专业性、合法性缺乏说服力，设计无法细化，深化设计会变得十分困难，在缺乏相关知识的情况下空间的表达是令人生疑的。

1.熟悉和了解施工组织、规范和要求

学生在学校主修的是设计，以后可以是项目的设计者，也或许将来会有机会承担项目的管理和监理的工作。所以在校期间多学习相关知识，有助于提高自己的综合素质。各项施工规范的了解和熟悉是施工管理创造价值的保障。

2.施工管理的了解对设计的影响

施工组织的了解和学习，设计师更加熟知本行业的规范以及各个工种之间的关系，工程施工需要一整套完整的管理系统，这样才能合理分析施工中可能出现的各种问题，并能落实解决。任何施工单位必须建立一套既有明确职责权限，又能互相监督促进的管理系统，集体的智慧是实施优秀空间品质的保障。

对施工管理的预想会加深对各工种及工艺的了解，有助于更好地对设计思考，专业的管理能力有助项目的实施，同样对设计的管理有着一定的启示。对空间中的界面设计会避免更多的工种交叉。

3.有效的计划能力

制定计划是一种能力。施工组织的成败，计划是关键。没有一个切实可行的、科学合理的、可行的计划，要完成项目只能是空谈，良好的计划能力是企业实力的体现，也是管理团队完成项目的基础，全部工作需要细化的思考，关系到人、财、物、时等，合理安排好工种间的衔接和交叉，是完成项目，创造价值的保障。

4.设计、实施与安全

安全永远是第一位的要求。安全对设计师来讲是能力更是责任。对材料的选择，对结构的把握、通道的尺度等等都关系到人们的健康和安全。

项目实施必须符合国家消防规范和要求，施工现场要求建立完善的安全消防措施。应遵循国家有关工程建设安全生产的各项管理规定，确保文明施工、安全施工，无重大工伤事故，杜绝死亡事故的发生。

安全不只是生理的满足，在满足相应法规的基础上，安全还包括心理的和视觉的，有时甚至是感觉的，所以对形态的把握、对材料的选择、对工艺的选择都是同样重要的。

/ 参阅资料

5.签单与结算

进入到施工阶段，工作的重点转移到施工质量的保证和施工安全的保障，一切工作按照双方约定来执行和完成，设计的微调是允许的，但大的变化和调整是不主张的，因为施工进程中的资金拨付是按照既定的设计方案来确定的。所有的变更、追加，任何的人口头要求和安排都是不可取的。正确的方法是甲方负责人或者项目部，要以文字的形式提出改动原因和要求，在得到设计变更的图纸后需签字（盖章）确认，同时还应要求现场的监理签字（盖章）确认，这样的程序有利甲乙双方日后的工程决算。

[1]《装饰工程手册》，王朝熙，中国建筑工业出版社，1991

[2]《建筑装饰工程施工工艺》，史春册，辽宁科学技术出版社，1989

[3]《建筑装饰构造》，陈卫华，中国建筑工业出版社，2000

[4]《建筑学教程：设计原理》，赫曼·赫茨伯格，天津大学出版社，2003

[5]《室内设计程序与项目运营》，盖永诚，中国水利水电出版社，2011

[6]http://www.quanjing.com/

从开始的想法到现在辑文成册挺不容易，一路过来，时间已经不短。编者们每一次交流、研讨就像一颗颗沙砾，铺就在我们历经的路上。沙砾上留下了一串串歪歪扭扭的脚印，那是我们记录工作最好的印迹。当回过头来，会看见那些若隐若现的脚印，叙述我们每一次"碰头和交流"的记忆。

我们年龄有差距，可我们路径相似，做设计、管工程、跑材料、跑现场、当教员。当我们年轻的时候，曾为自己是设计人自豪，盲目的自大和无知不可一世，现在想来还很可笑。当我们从梦中醒来的时候，却发现现实的落差早已将美梦击碎，一晃二十余年，始终在坚守。当我们静下心来，会浮现喧嚣的施工现场，满屋的尘土，刺耳的噪音，安全的不确定性，尊严的丧失等，什么学识已然不知所往。好在这些经历和实践是我们教学过程中最大的财富，值得记忆和留存。

为人师表，要对学生负责。我们没有理由不把我们的记录呈现出来，结合思考编写出有价值的教材，重要的是不能重复。虽有实践但苦于不擅总结，编写过程是试图将杂乱不堪的枝条理顺，让"枯木"可以逢春。

今天，教材将要在上海人民美术出版社出版了，有那么些激动。不仅是自己努力编写的书稿能够与大家见面，更为得到许多人的帮助而感激。首先感谢出版社的潘毅和霍覃两位编辑，是他们不厌其烦的一次又一次地组织我们编稿，不辞辛苦的一遍又一遍地给我们改稿。其次是大连工业大学艺术设计学院的各位参编老师，他们能够在忙碌的事务中，为教材贡献出许多宝贵时间和教学经验，不断给教材输入一手实践的资料。更要感谢的是大连工业大学环艺专业的同学们，是他们提供了大量素材和教学案例，丰富了教材的内容。还有马荣伟、黄凌曦等同学进行了大量的图片绘制和处理工作，一并感谢他们！

教材不会给我们带来多大的经济效益，希望给可爱的学生们带来点滴的帮助，让他们在专业设计的道路上继续前行。教材记录着我们的心路历程，也会释放我们的教育思想。或许教材中还有几许梦想，那曾是我们一生的理念和期盼。真诚希望得到专家和学者的批评和指导，所有的问题我们会留待下次修正。

后 记
EPILOGUE

公共空间设计系列教材编组
二〇一三年十月

编组成员（以姓氏笔画为序）：
于玲 王东玮 王洋 王楠 刘利剑 刘彬 刘育成 刘歆 孙艳梅 李赛飞
邵丹 张长江 张瑞峰 沈诗林 宋一 宋桢 林林 杨静 郝申 周海涛
闻静 顾逊 高铁汉 高榕 高巍 薛刚